「からくり設計」実用メカニズム図例集

熊谷英樹 著

思いどおりに動く
自動機を簡単に実現できる

日刊工業新聞社

はじめに

からくりのメカニズムをつくったり、設計することは簡単にはできないと思われがちですが、設計手順と設計に使う要素を知っていればそれほど難しいことはありません。からくりを動かすメカニズムの設計は、次のような設計手順で順番に設計を進めていくことで、目的とする運動をつくり出すことができるようになります。

(1) メカニズムの最終端を運動方向にガイドする

メカニズムの運動をガイドする方法は、回転かスライドの2つの方法しかありません。からくりが仕事をするメカニズムの最終端が、目的どおりの運動方向に動作するように回転軸やスライドユニットを使ってガイドします。

(2) ガイドした最終端を操作するための手掛かりをつける

ガイドされた最終端のメカニズムに外から操作する力を加える部分（手掛かり）をつける設計をします。設計した手掛かりを使ってメカニズムを動かしたときに、すべての範囲において運動の邪魔にならずに十分な力が伝わるように、手掛かりの位置を検討して手掛かりの形状を決定します。メカニズムを直接駆動するのではなく、手掛かりを操作すればメカニズムが動くようにしておきます。

(3) 手掛かりを動かすための運動をつくる

手掛かりを動かすための動力源は、手動ハンドルやモータあるいはシリンダのようにいずれも単純な回転運動か往復運動をするものに限られます。そこで、その単純運動を変換して意図する運動特性をつくり出すメカニズムを選定して動力源に連結します。運動特性を変換するメカニズムの種類は限られていて、本書に掲載されたメカニズムをマスターするだけでも、十分にからくりメカニズムを設計することができます。

(4) つくられた運動と手掛かりを連結する

選定したメカニズムの出力を手掛かりに連結すれば、からくりの最終端の部分を思いどおりに動かすことができます。

本書では、この設計手順を意識して設計を進められるように、それぞれの設計手順に必要な要素を章立てして解説してあります。

第1章のリンクの連結では、運動を伝達する方法や、手掛かりを連結する方法を考えるときに必要なからくりメカニズムの連結に関する知識を習得します。第2章の首や尻尾を振りながら移動するメカニズムでは、最終端をガイドする方法や、手掛かりのつけ方、1つの動力源から複数の運動を取り出す方法について具体例をあげて解説しています。第3章から第8章は思いどおりの運動特性をつくり出す方法と、そこに使われるメカニズムを解説しています。これらの章を理解すると、からくりに使われるメカニズムはそれほど多くないことがわかると思います。第9章ではメカニズムの運動変換特性を利用して、動力を使わないメカニカルチャックを設計する方法を解説します。第10章では制御コントローラを使わずに順序制御を行う方法を考えます。第11章ではからくりを使って装置を高速化する手法について解説しています。

本書の内容をよく理解されると、からくりに使われる典型的なメカニズムの知識が得られ、メカニズムでつくった運動を連結してからくりの動作を実現する手法をマスターできるので、自分の力でからくりメカニズムの構成をイメージできるようになります。

読者の皆様が本書を活用して、メカニズムの学習や機械設計に役立てていただければ幸いです。

2022年7月

熊谷 英樹

目次

第4章

移動端で一時停止する連続往復メカニズム

第5章

回転しながら移動するメカニズム

第6章

ワンモーションでワークを引き込んでプレスするメカニズム

第7章

ワークをピッチ送りするメカニズムと往復運動のメカニズム

第8章

移動しながら下降するメカニズム

第 9 章

メカニカルチャック

第 10 章

リレーや PLC を使わない からくりメカニズムの制御方法

第11章

自動化装置を高速化するからくり

リンクの連結が難しいときの対処方法

からくりメカニズムでは、運動を伝達するときにリンクで連結を行うことがよくありますが、リンクの運動方向によっては簡単に連結できない場合も出てきます。まず、リンクを使った連結方法の基本となる仕組みを理解して、うまく連結できないときの対処方法を考えてみましょう。

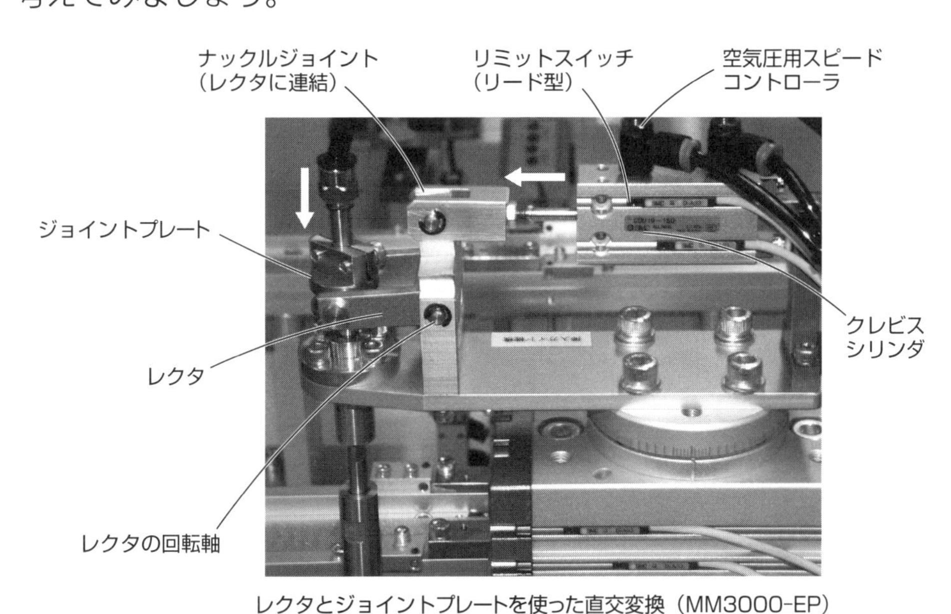

レクタとジョイントプレートを使った直交変換（MM3000-EP）

図例 1-1　リンクはコンロッドとリンク棒で連結する

一般的にリンク機構を使って連結するときには回転運動の連結になり、直線的な動きにはなりません。このためリンク同士を連結するには、リンク棒やコンロッド（コネクティングロッド）、スラッドなどを使います。

（1）レバーの運動

リンク機構の中でもっともよく使われるもののひとつにレバーがあります。レバーは、支点、力点、作用点の3つの力の点をもっていて、テコのように増力したり、運動の方向を変換する機能があります。たとえばL型のレバーでは、固定されている支点を中心に、力点と作用点が円弧を描いて移動します。力点と作用点は支点を中心とした円の接線方向に移動するので、**図1-1-1**のように90°曲がっているレバーの力点を動かすと作用点は90°方向変換された動きをします。このような90°変換するレバーを「レクタ」と呼んでいます。

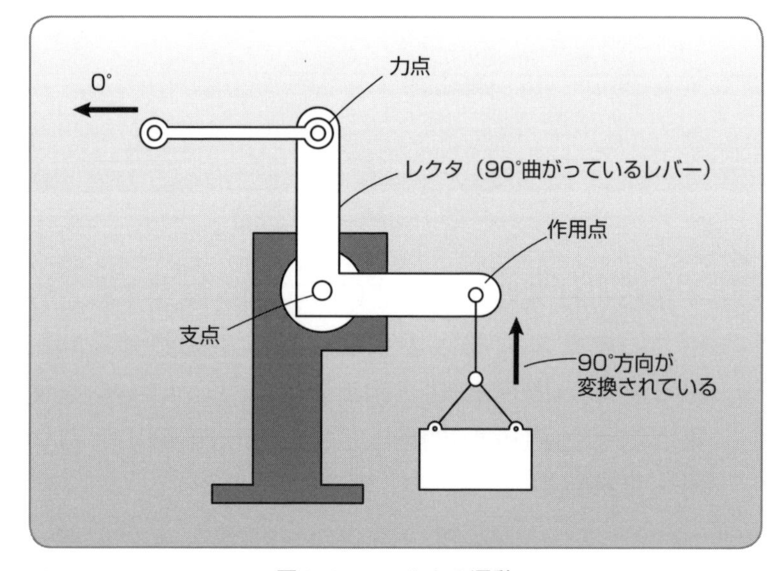

図1-1-1　レクタの運動

（2）直進運動と揺動運動の連結

たとえば**図1-1-2**のように、直動ガイドされた水平入力でレクタのA側を動かすと、B側から垂直出力を取り出すことができます。AからA′への移動は円弧の運動になって水平運動する直動ガイド1の動きから外れた動作をするので、リンク棒を使って軌道の違いを吸収しています。

このように、直線運動と同じ向きの揺動（往復円弧運動）に連結するときには、**図1-1-3**のようなコンロッドやリンク棒を使います。

図1-1-2の例では直動ガイド1の水平運動をレ

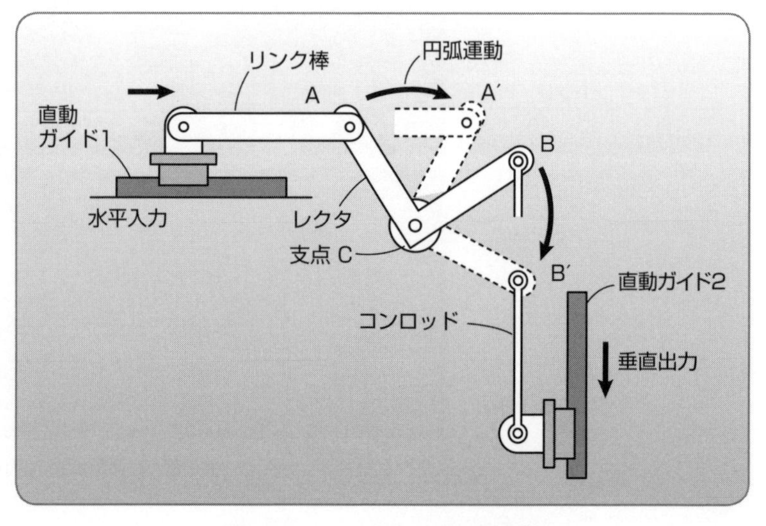

図1-1-2　レクタによる90°変換

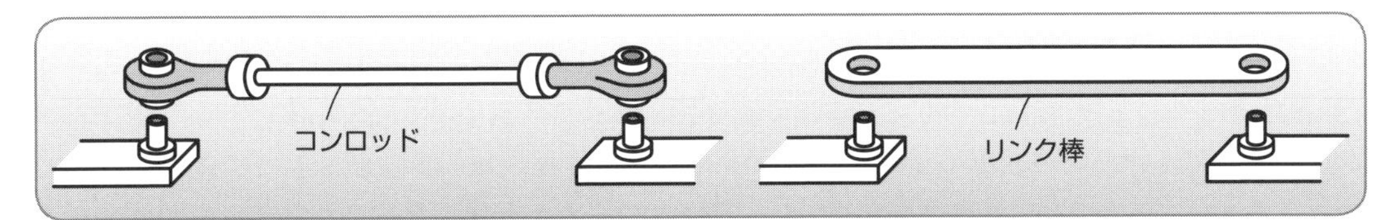

図 1-1-3　コンロッドとリンク棒による連結

クタを使って直動ガイド 2 の動作に 90°変換していることになります。

(3) リバーサを使った 180°変換

図 1-1-4 は、180°方向変換するレバーである「リバーサ」を使い、クレビスシリンダの出力を反転して出力ブロックを動かすメカニズムです。出力ブロックは直動ガイドされているので直線の動作をしますが、リバーサは円弧を描いて直線から外れた動きをするので、その差異を吸収するためにリンク棒で連結しています。

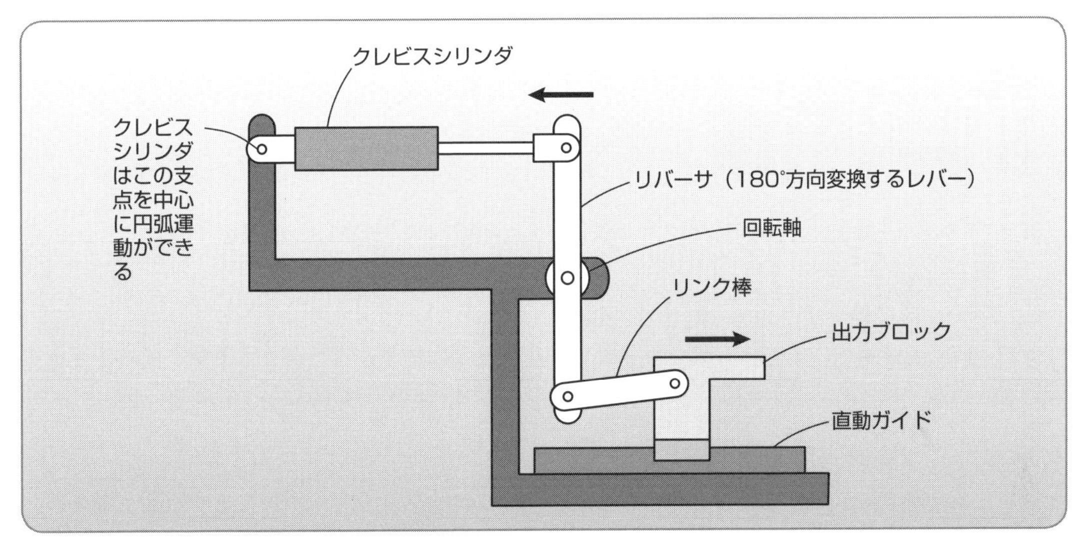

図 1-1-4　リンク棒による連結

(4) スラッドを使った連結

リンク棒やコンロッドを使わずに直接的に連結するには「スラッド」を使います。

図 1-1-5 のようにリバーサの連結部分にスラッドと呼ばれる溝をつけて、出力ブロックに立てたピンを駆動します。

リバーサが円弧運動するとピンと回転軸の距離が変化するので、その変化分をスラッドの溝で吸収しています。

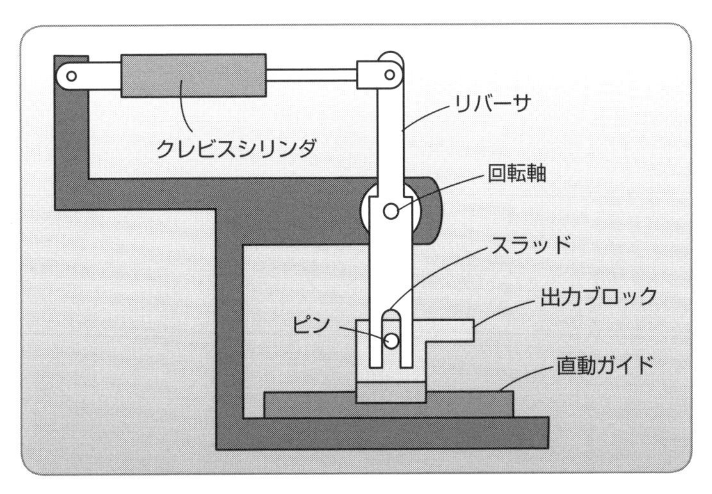

図 1-1-5　スラッドによる連結

(5) コンロッドを使ったレバー同士の連結

図 1-1-6 は、入力レバーと出力レバーをコンロッドで連結した例です。クレビスシリンダで入力レバーを駆動し、出力レバーにはコンロッドを使って連結しています。**図 1-1-7** は、クレビスシリンダを引き込んだときの状態です。入力レバーの回転角度が比較的小さいときは問題ありませんが、移動量が大きくなって図の角度θが 0°や 180°に近づくと不安定になることがあるので注意します。角度γは駆動側なので何度になってもかまいません。

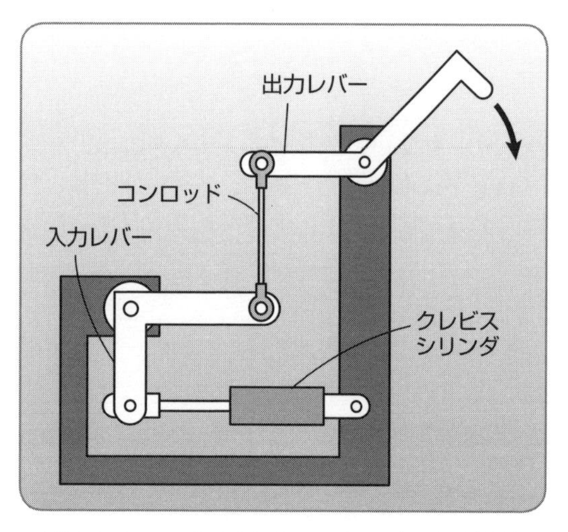

図 1-1-6　レバー同士のコンロッドによる連結

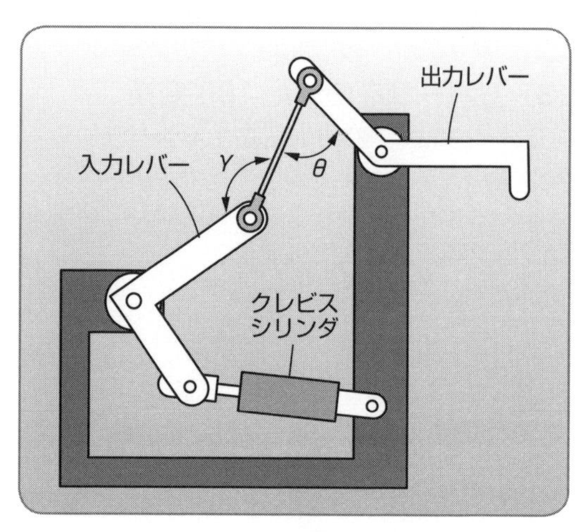

図 1-1-7　移動端の状態

(6) スラッドを使ったレバー同士の連結

レバー同士を連結するときにもスラッドとピンを使って直結することができます。**図 1-1-8** はその例で、入力レバーにスラッドをつけて、出力レバーにつけたピンを駆動しています。

(7) グルーブを使った連結

レバーと直動ガイドされた出力ブロックを連結するには「グルーブ」が使えます。**図 1-1-9** は、グルーブとピンを使ってレバーの円弧運動を直線運動に変換しています。

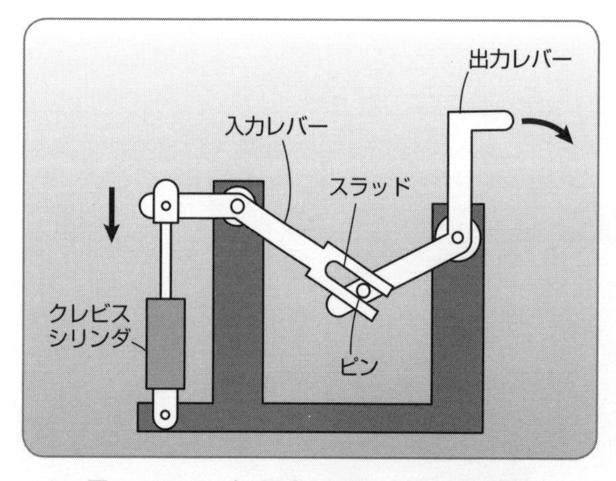

図 1-1-8　レバー同士のスラッドによる連結

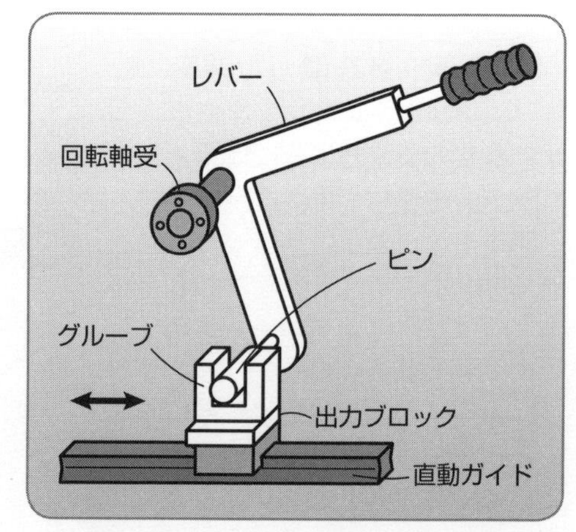

図 1-1-9　グルーブを使った連結

図例 1-2 運動面が異なるリンク接続が難しいときには歯車を使う

直結したい２つのレバーの運動の方向が一致しないときにはリンクを利用して連結することが難しくなることがあります。このようなときは、歯車を使って運動方向を変換してから直結することを考えます。

リンク機構で運動を連結する方法として、連結する側とされる側が同じ面に沿って動く場合には、リンク棒やコンロッド、スラッド、グルーブなどを使って運動を伝達できます。ところが、**図1-2-1** のように、垂直面に円運動する入力レバーと、水平面で円運動する出力レバーを連結するときには、リンクやコンロッドでは連結できず、スラッドを使ってもうまくいきません。

このようなときには、歯車を使った連結を考えます。**図1-2-2** のように、かさ歯車を使って入力の回転を垂直から水平に変換すると、出力レバーと連結できるようになります。

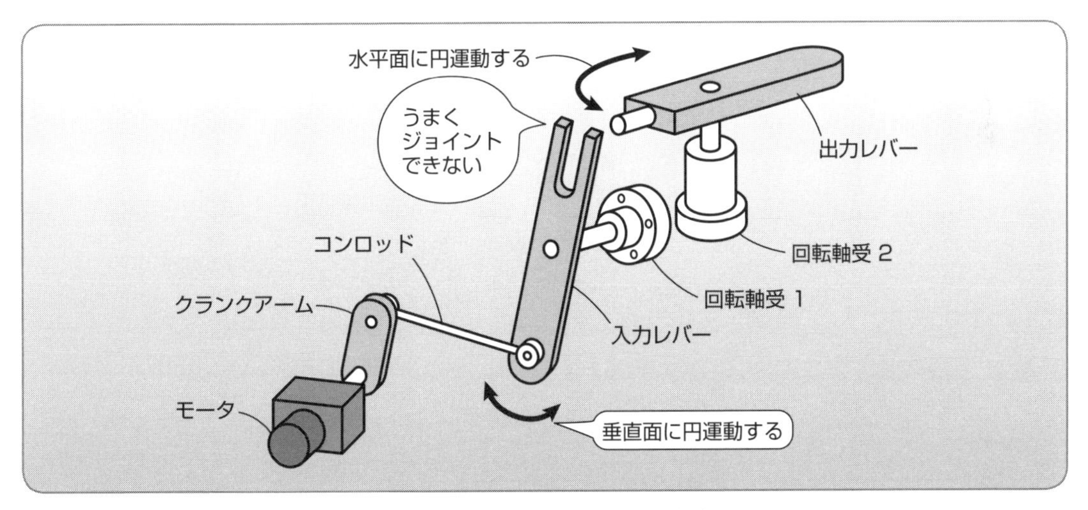

図 1-2-1　垂直円と水平円の連結

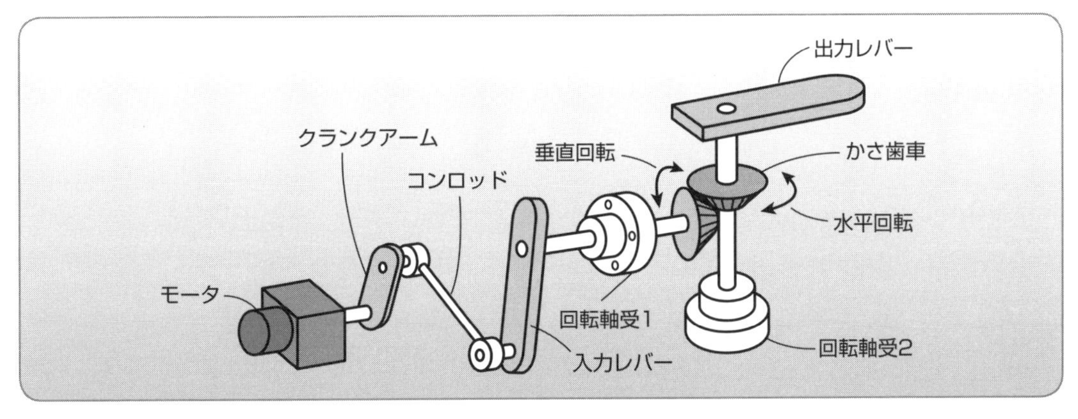

図 1-2-2　かさ歯車を使った連結

図例 1-3 揺動運動の連結が難しいときにはいったん直線運動に変換する

連結するリンク機構の運動する平面が異なる場合には、いったんガイドされた直進運動に変換するとうまく連結できることがあります。

図 1-3-1 は、クランクで駆動レバーを往復運動しています。その駆動レバーの出力で、水平に揺動運動する出力レバーを動かそうとしています。ところが、駆動レバーが垂直面に沿って円弧運動をするので、このままでは水平面に沿って動く出力レバーとうまく連結できません。

このようなときには、**図 1-3-2** のように直動ガイドを使って、垂直面の運動をいったん直動に変換してから連結すると、うまく力を伝達できるようになります。直動にガイドされた直動ブロックと出力レバーを連結するには、リンク棒やコンロッド、スラッドなどを使うことができます。この例ではスラッドを使って連結しています。

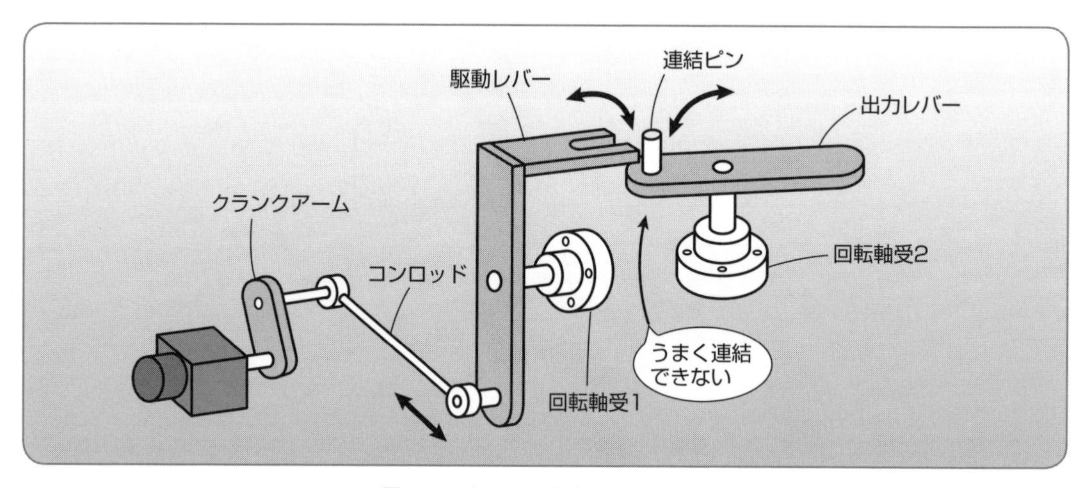

図 1-3-1　リンク接続が難しい例

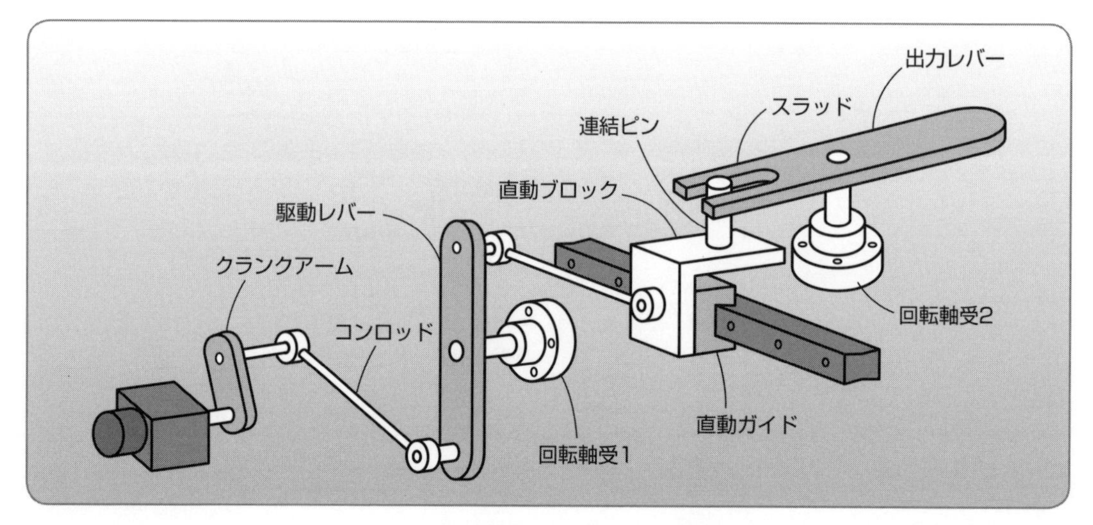

図 1-3-2　直動ガイドを使った連結

図例 1–4 直接リンク接続できないときには距離を離してコンロッドで連結する

図例の要旨 運動する平面が異なっていても、連結部の距離を離せば、ボールジョイント型のコンロッドで連結できることがあります。

図 1–4–1 は、クレビスシリンダで円弧を描いて往復運動をする入力レバーの運動をグルーブとピンを使って出力レバーに連結しようとしていますが、うまくいきません。

このような場合には、連結する距離を離して、ボールジョイント型のコンロッドで連結する方法があります。

図 1–4–2 のコンロッドは、ジョイント部が球面軸受になっているので、ある程度、上下左右方向に接続部の姿勢を変えることができます。このコンロッドの片側の接続部を90°角度を変えてから、入力レバーと出力レバーを連結したものが**図 1–4–3** の連結方法です。この場合、コンロッドがねじれた形で連結することになるので、長いコンロッドを使って入力レバーと出力レバーの連結部の距離を離しておく必要があります。

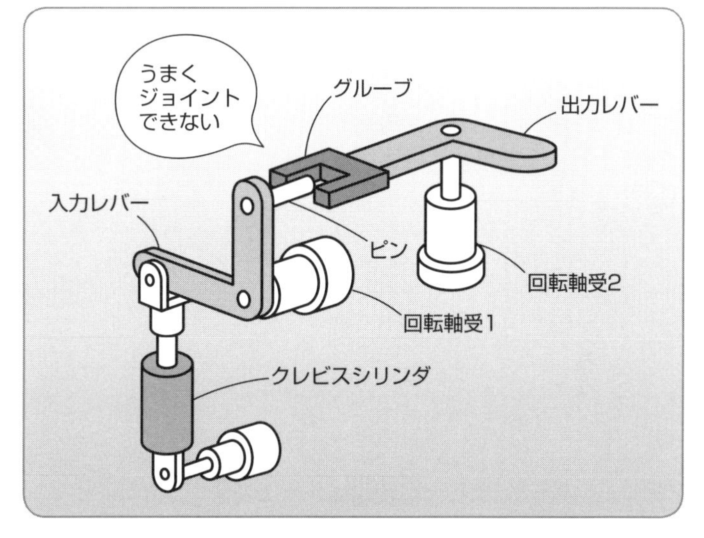

図 1–4–1　入力レバーの運動を出力レバーに連結する

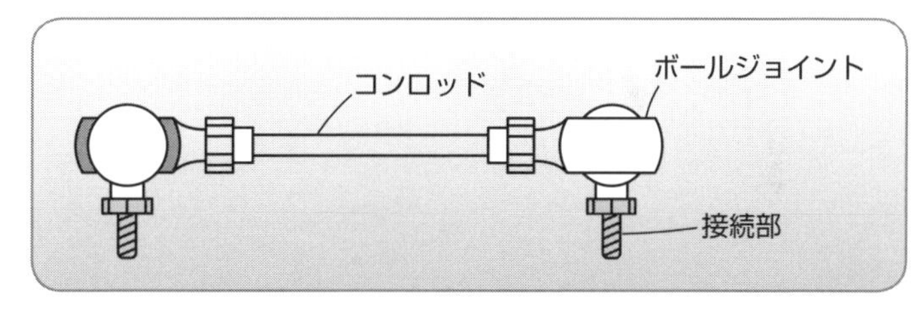

図 1–4–2　ボールジョイント型コンロッド

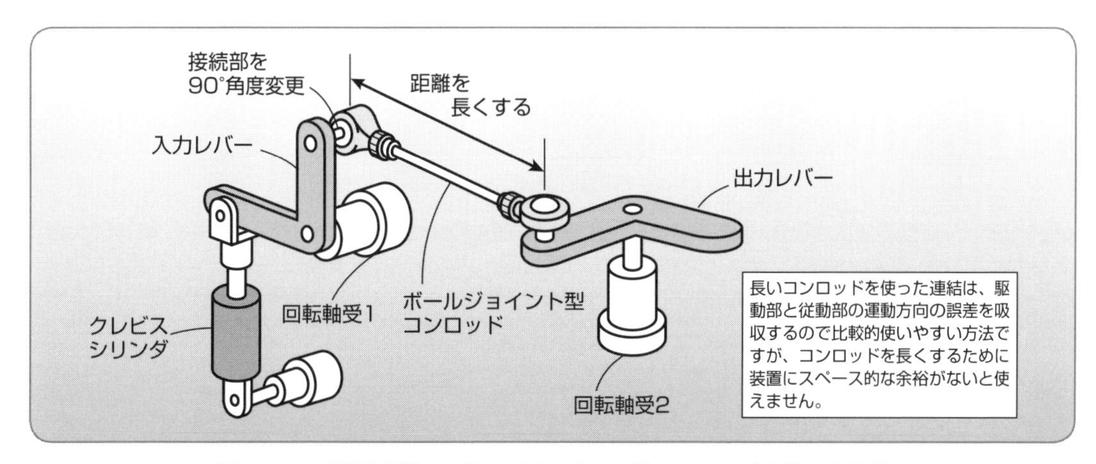

図 1–4–3　距離を離してボールジョイント型コンロッドを使った連結

図例 1–5 駆動する対象が軽負荷であればスプリングを使って連結できる

負荷が小さい場合には、連結部を固定せずにスプリングを使って押し当てるようにすると簡単に連結できることがあります。

図 1–5–1 は、クランクで駆動したレバーの出力をスラッドを使って水平に移動するレバーに連結しようとしているものです。

このような連結では、スラッドに差し込まれたピンがスラッドの移動とともに傾斜するので、ピンとスラッドがこじれる状態になってしまいます。

出力レバーで駆動する対象が軽負荷であれば、**図 1–5–2** のようにスプリングを使って連結することができます。

連結アームと出力レバーの間はスプリングの力だけで連結しているので、負荷や慣性、摩擦などが大きかったりすると、動作不良を起こすので気をつけます。

駆動ピンと従動ピンが離れなければいいので、出力レバーと連結アームの間にスプリングをつけてもかまいません。

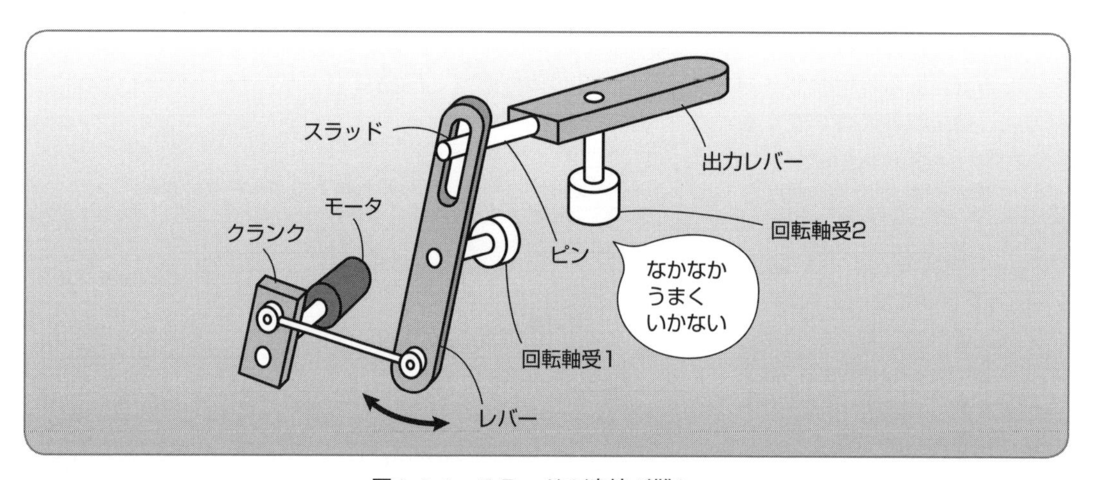

図 1–5–1　スラッドの連結が難しい

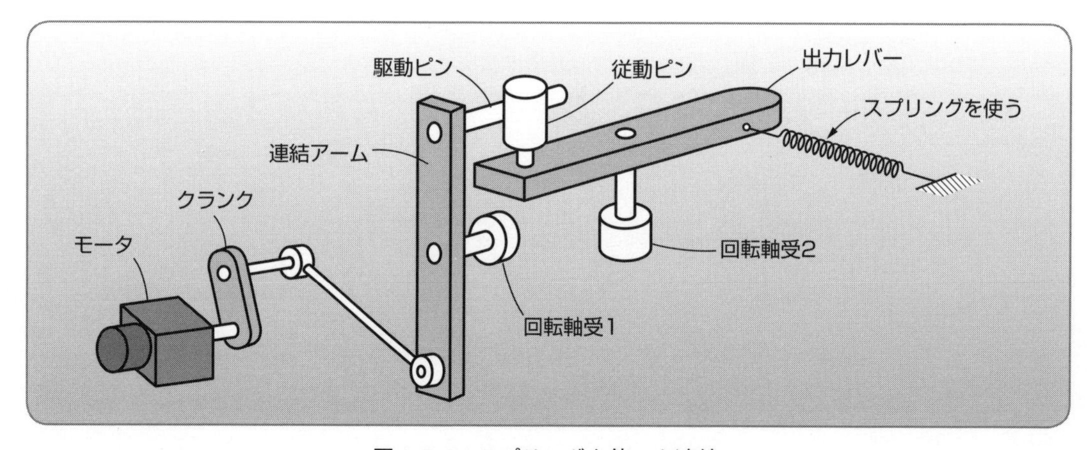

図 1–5–2　スプリングを使った連結

第2章 手順に従ったからくりメカニズムの設計手法

　からくりの動作をつくるには、次の４つの手順で設計します。
①最終端を運動方向にガイドする。
②ガイドした最終端を動かすための手掛かりをつける。
③手掛かりを動かすための運動をつくる。
④つくった運動と手掛かりを連結する。
　おもちゃの車のタイヤの回転運動を利用して、首や尻尾を縦や横に振りながら移動するからくりメカニズムを、この手順に従って設計してみましょう。

クランクメカニズム（VM230）による回転-直動運動変換

図例 2-1　手順通りに設計すれば首を振りながら前進するからくりができる

タイヤの回転シャフトの動力を使って首を振りながら動くおもちゃの車をからくりの設計手順に従って設計してみましょう。

（1）首を縦に振るメカニズム

首を上下に振るおもちゃのからくりを**図 2-1-1** の①～④の手順に従って設計します。

まず①の回転ガイドを使って首のついている出力レバーを縦方向にガイドします。②の出力レバーは首を動かす手掛かりにもなっています。上下運動は、前輪の車軸を③のクランクにして往復運動をつくります。最後に④のリンク棒を使ってクランクの出力を出力レバーに連結すると、首を上下に振りながら前進するおもちゃができあがります。

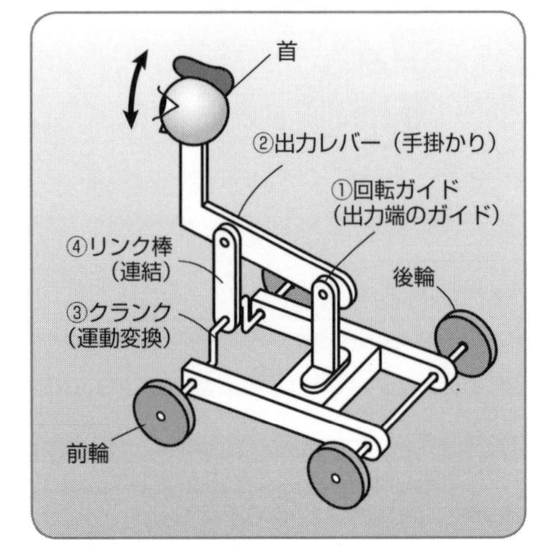

図 2-1-1　首を縦に振りながら前進するメカニズム

（2）キョロキョロしながら前進するメカニズム

次に首を横に振りながら前進するおもちゃの車のメカニズムを考えてみます。**図 2-1-2** のように、タイヤが回転すると首が水平に回転往復運動（揺動運動）するようにしてみましょう。

このような装置を設計するには、まず**図 2-1-3** ①のように最終端の首を、回転させる方向にガイドします。そして、②のように、回転軸に回転運動させるための手掛かりとなるレバーをつけて、この手掛かりを前後に往復すれば、首が回転するようにしておきます。

次に、手掛かりを動かす往復運動をするメカニズムを選択して、動力に連結します。ここでは、車軸の回転出力を動力として③のクランクプレートを回転して往復運動をつくることにします。クランクプレートの出力と手掛かりを同じ平面にそろえるために、クランクプレートは水平に回転するように設置します。

車軸は垂直面で回転するので、垂直回転から水平回転に変換するために、④のかさ歯車を使って回転の方向を変換します。

最後に⑤のコンロッドを使ってクランクプレートの出力を手掛かりのレバーに連結すると、キョロキョロしながら前進するおもちゃの車が完成します。

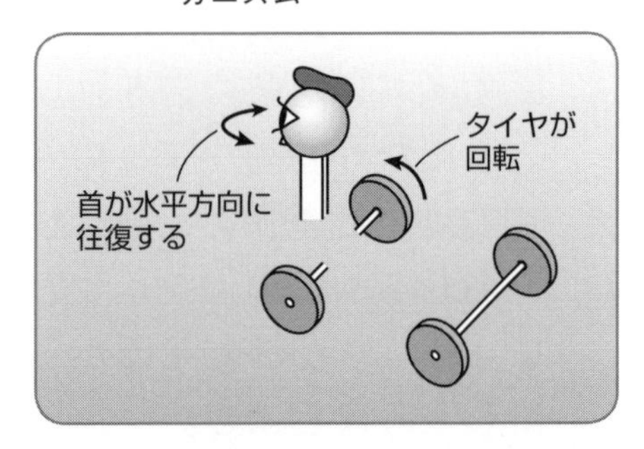

図 2-1-2　キョロキョロしながら前進する

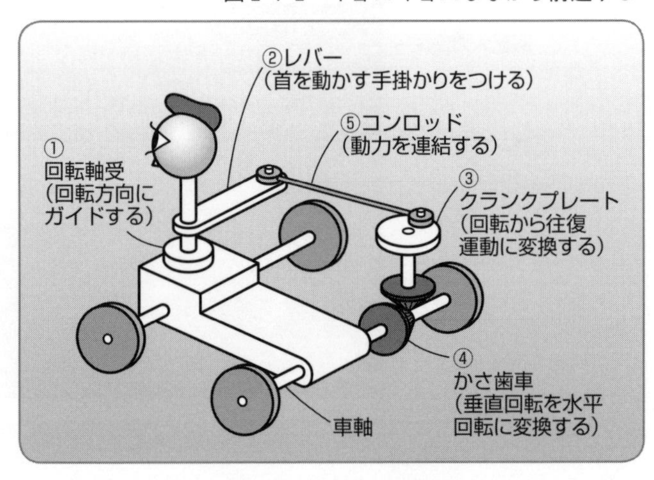

図 2-1-3　首を横に振りながら前進するメカニズム

図例 2-2 尻尾を横に振るメカニズムを手順に従って設計する

図例の要旨 **ここではおもちゃの車に尻尾をつけて、車軸の回転で横に往復運動させるからくりの設計方法を考えてみます。**

図 2-2-1 のように、尻尾のついた出力レバーをタイヤの回転で横に振る動作をさせてみます。

手順１として出力端を運動方向にガイドします。**図 2-2-2** のように、出力レバーにドライブシャフトをつけて、回転軸受で尻尾を横方向に回転できるようにガイドします。

手順２の手掛かりはドライブシャフトです。尻尾を振るにはこのドライブシャフトを往復駆動します。

手順３として車軸の回転運動を使って往復運動をつくります。**図 2-2-3** は、車軸をクランク形状にして連結レバーを往復することで、連結シャフトが揺動往復するようになっています。

最後の手順４では連結シャフトをドライブシャフトに接続しますが、シャフトが高さ違いで直交しているので、直接接続できません。そこで、**図 2-2-4** のねじ歯車を使って高さを変えて直交変換をします。

上記の４つの手順を使うと、**図 2-2-5** のように尻尾を横に振りながら前進するおもちゃの車が完成します。

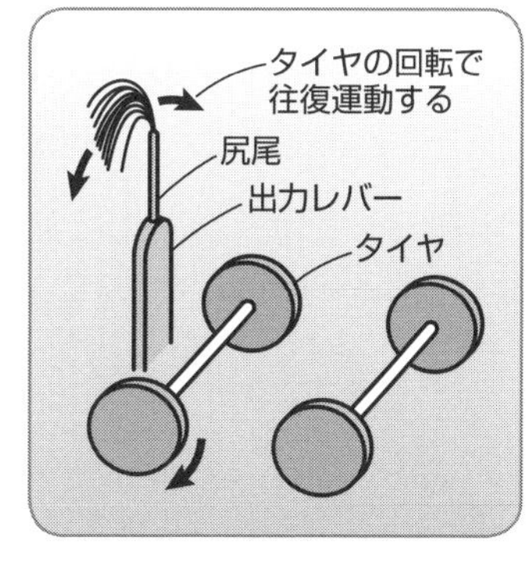

図 2-2-1　尻尾を横に振る

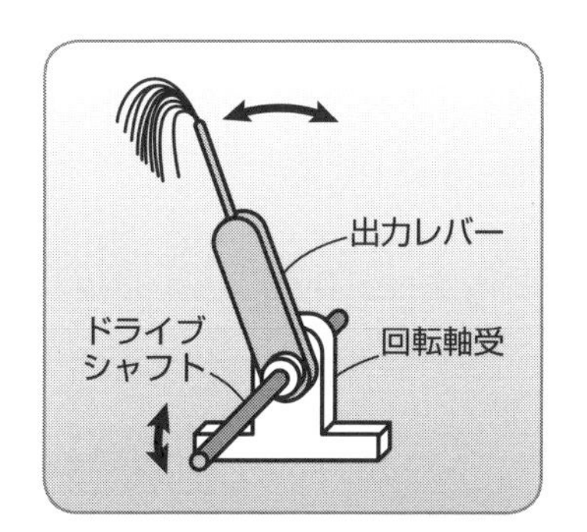

図 2-2-2　回転軸受でガイドする

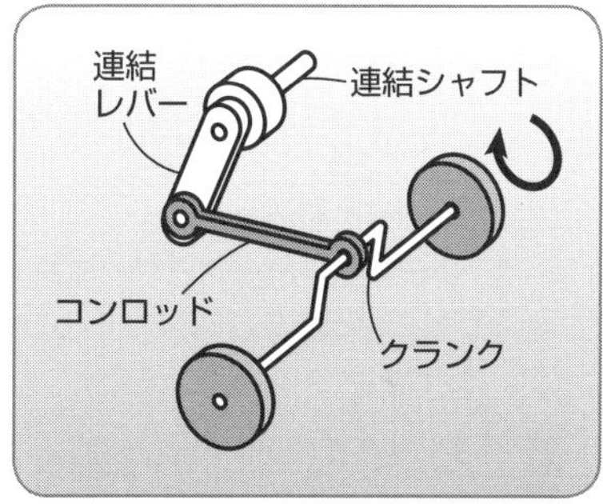

図 2-2-3　クランクによる往復運動

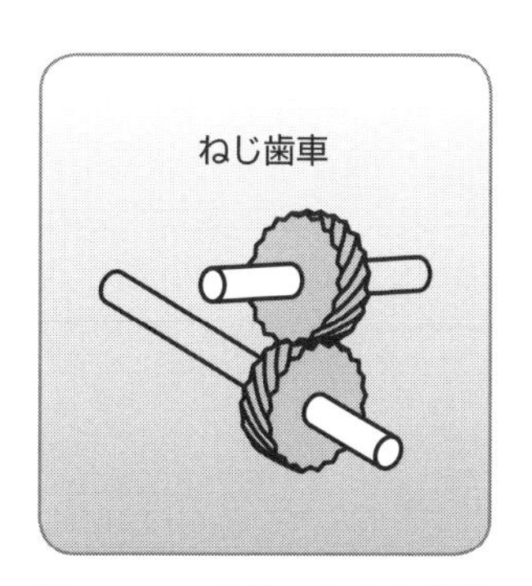

図 2-2-4　段差つき直交変換

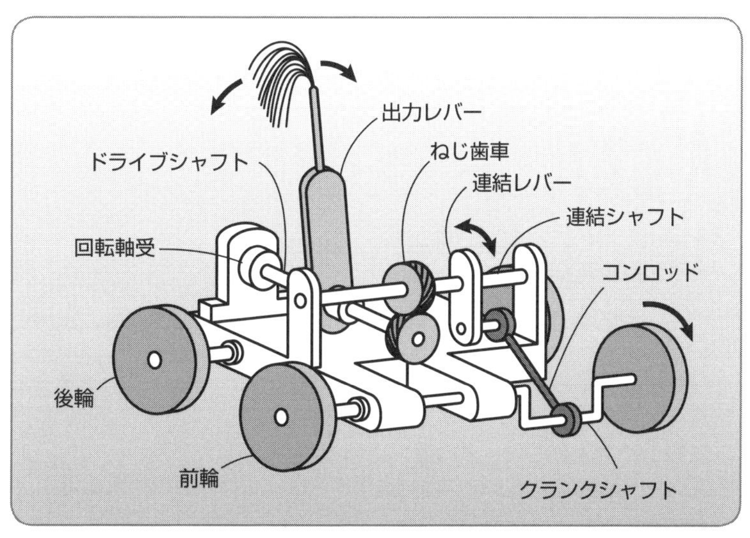

図 2-2-5　尻尾を横に振りながら前進するメカニズム

図例 2-3 運動方向が一致しないときには直動ガイドを使って伝達する

回転ガイドされた尻尾を図例2-2とは別の方法で横に振るメカニズムを考えてみます。

(1) スラッドを使った尻尾を横に振るメカニズム

図2-3-1のように、尻尾を回転軸でガイドします。次に手掛かりとして揺動レバーにスラッドをつけて、直動にガイドされたピンで連結すると、移動ブロックを往復運動することでレバーが横に往復します。

そこで、**図2-3-2**のようにクランクプレートにコンロッドをつけて往復運動をつくり、移動ブロックに連結します。移動ブロックが前後に往復運動し、移動ブロックに立てたピンがレバーのスラッドを押し引きすると、尻尾のついたレバーが往復するようになります。

次にクランクプレートの回転を90°変換して車軸の回転に連結するために、**図2-3-3**のかさ歯車を使います。

この3つの運動変換を使って、**図2-3-4**のようにおもちゃの車を構成すると、尻尾を横に振りながら前進するメカニズムになります。

(2) スコッチヨークを使った往復運動

もう少し簡単につくるのであれば、クランクをスコッチヨークに変更して**図2-3-5**のようにします。するとコンロッドがなくなり、クランクプレートで直動ガイドされた移動ブロックを直接駆動するようになります。

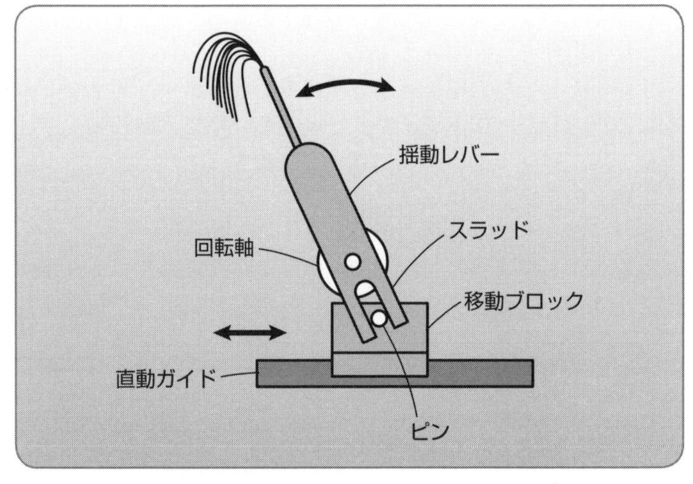

図2-3-1　直動から回転に変換するメカニズム

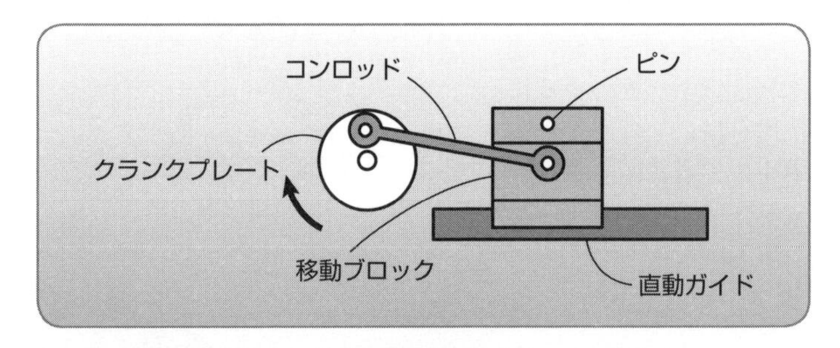

図2-3-2　連続回転から往復に運動変換するメカニズム

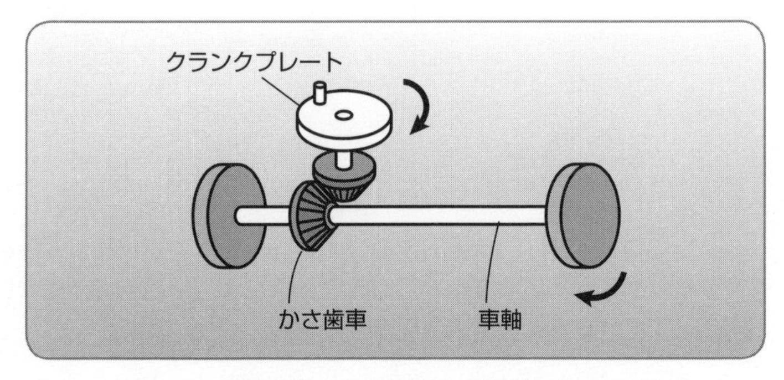

図2-3-3　垂直回転を水平回転に変換するメカニズム

図例 2-3　運動方向が一致しないときには直動ガイドを使って伝達する

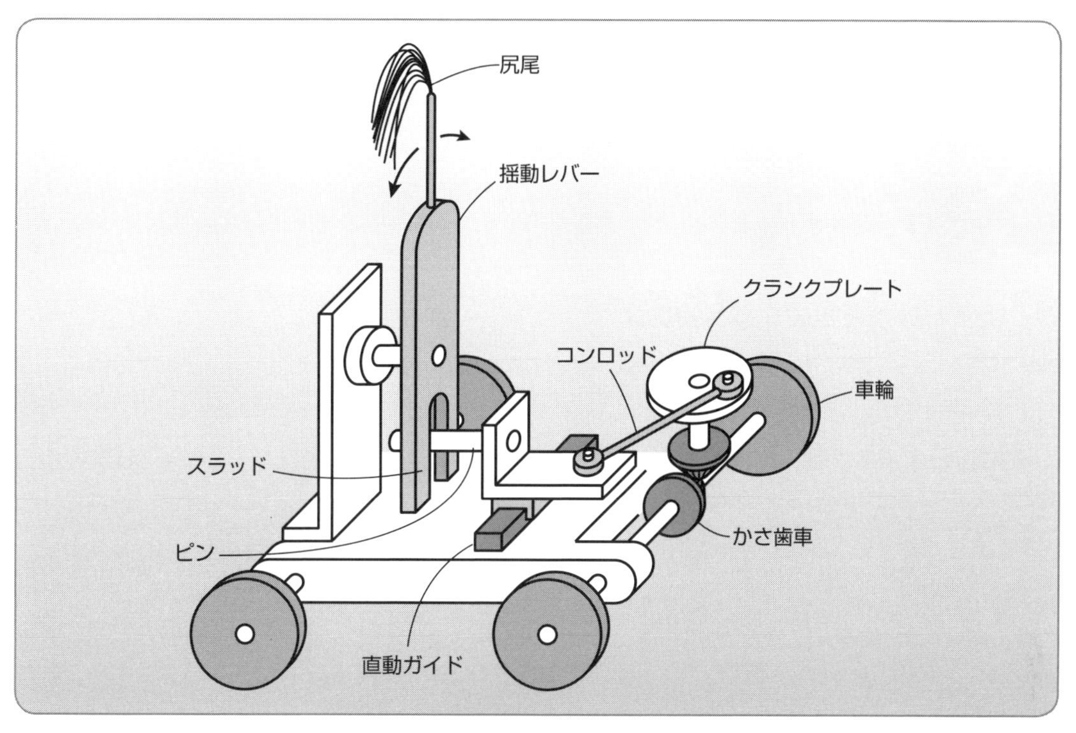

図 2-3-4　尻尾を横に振りながら前進する

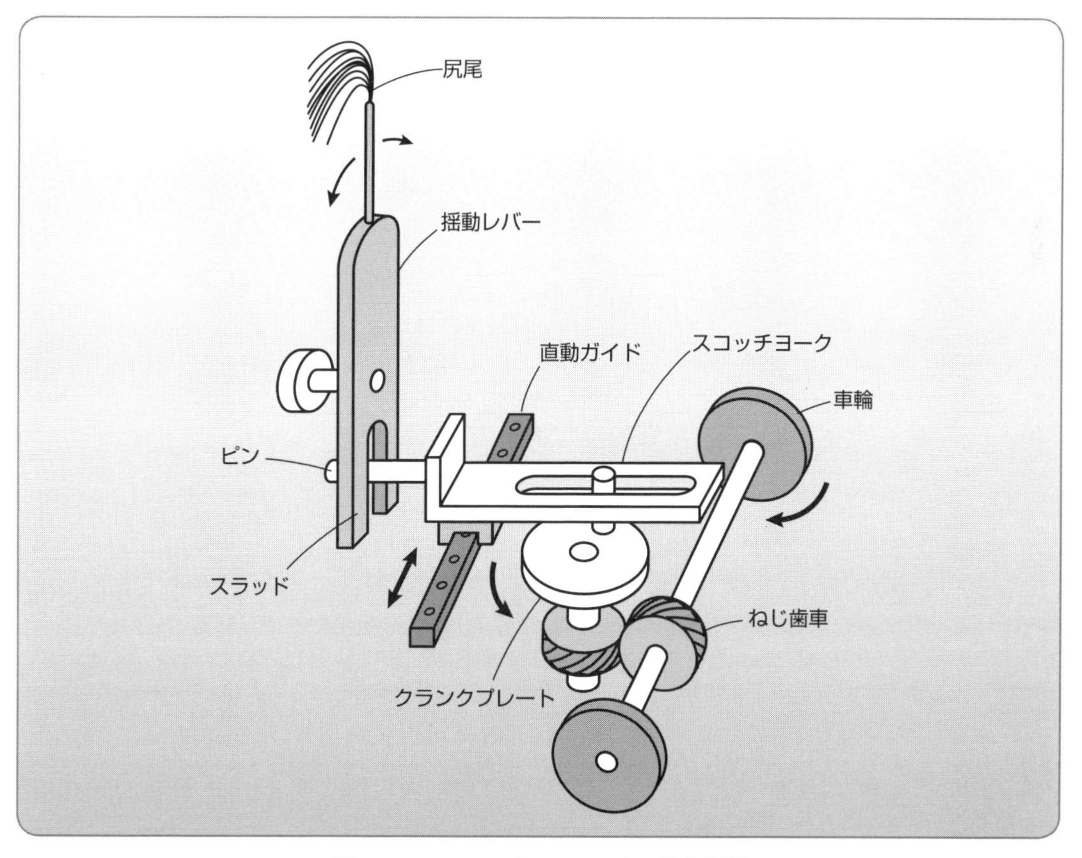

図 2-3-5　スコッチヨークによる往復運動

図例 2-4 首を上下に動かしながらキョロキョロするにはクランクの運動を分岐する

車輪の回転を動力として、首を上下に動かしながら水平方向にも揺動運動をするためのメカニズムを考えてみます。

（1）上下しながら揺動するメカニズム

図 2-4-1 のように、首を水平に回転往復しながら上下にも移動するメカニズムをつくります。

首を上下に動かす運動は、車輪の軸をクランクシャフトにして縦方向の往復運動をつくり、その運動で首を動かします。

水平方向の揺動運動は、車軸の回転をねじ歯車で直交変換し、クランクアームで水平面の往復運動にしてから、首の回転軸に連結します。

図 2-4-2 は、そのようにしてつくられたおもちゃの車のメカニズムです。クランクシャフトの出力でリバーサを縦方向に上下動させて、ジョイントプレートの上下運動に伝達しています。接合部はジョイントプレートとカムフォロワを使って首が自由に回転できるようになっています。

首の回転往復のために、ねじ歯車の先にクランクアームをつけて平歯車の回転軸についている揺動レバーを前後に動かすようにしています。首の回転軸はリバーサによって上下に動くので、長尺歯車と平歯車を組み合わせて上下にすべるメカニズムにしています。

このように上下動と回転往復の運動をそれぞれ独立してつくって組み合せると、上下しながらキョロキョロするメカニズムができます。

（2）1つのクランクによる動作

1つのクランクで上下動作と回転往復動作をつくるのであれば、**図 2-4-3** のように水平回転部分の構成を変更します。

クランクシャフトは垂直面での往復運動で、平歯車の回転軸は水平面での往復になるので、クランクシャフトの出力をいったん直動ガイドを使って直進運動に変換します。直動ブロックの水平面にピンを立てて、スラッドを使って揺動レバーを動かすようにするとうまく連結できます。

首の回転軸、長尺歯車、ジョイントプレートの構造は図 2-4-2 と同じにします。

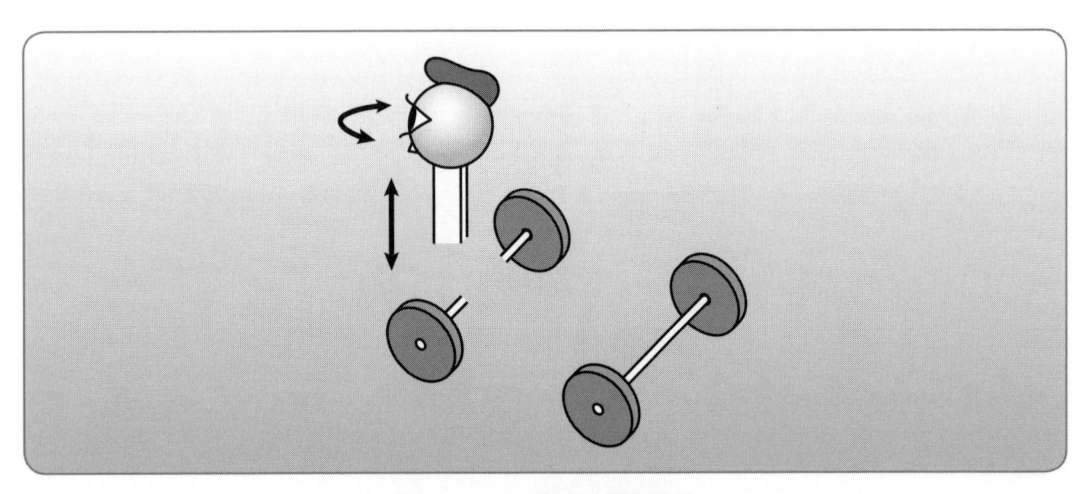

図 2-4-1　上下運動と揺動運動

図例 2-4　首を上下に動かしながらキョロキョロするにはクランクの運動を分岐する

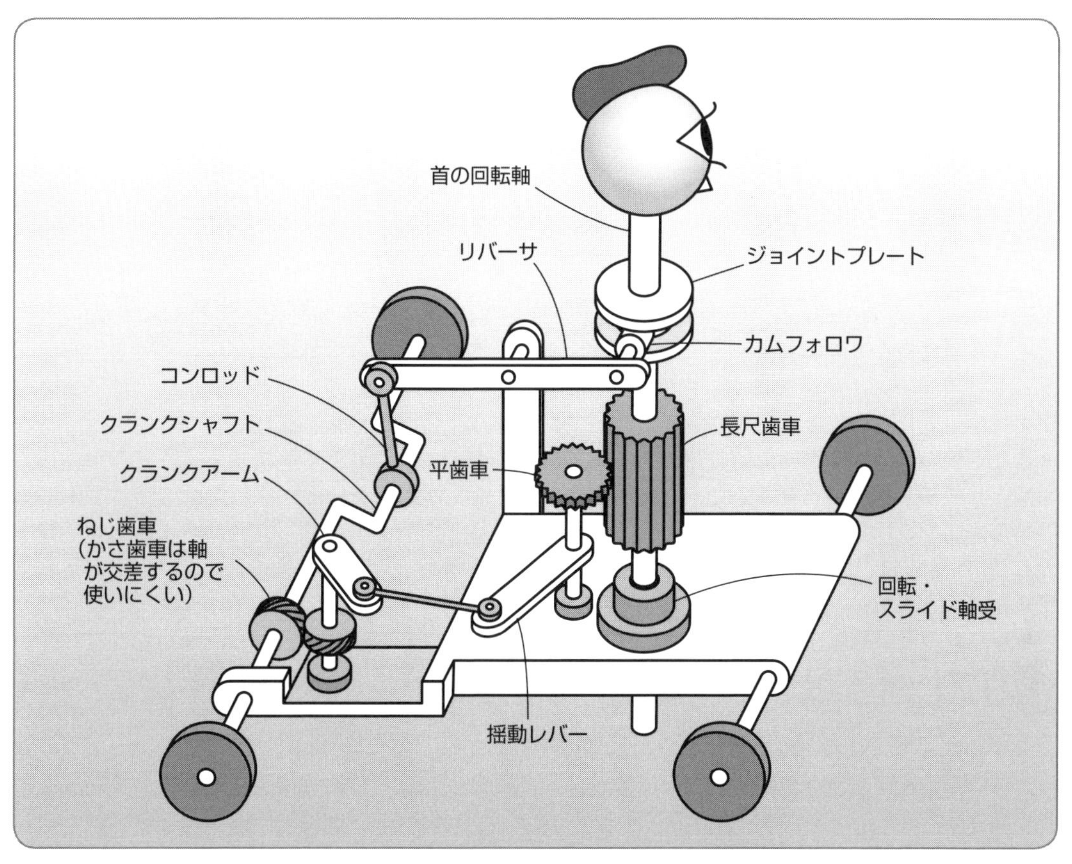

図 2-4-2　動力を独立させた上下運動と揺動運動

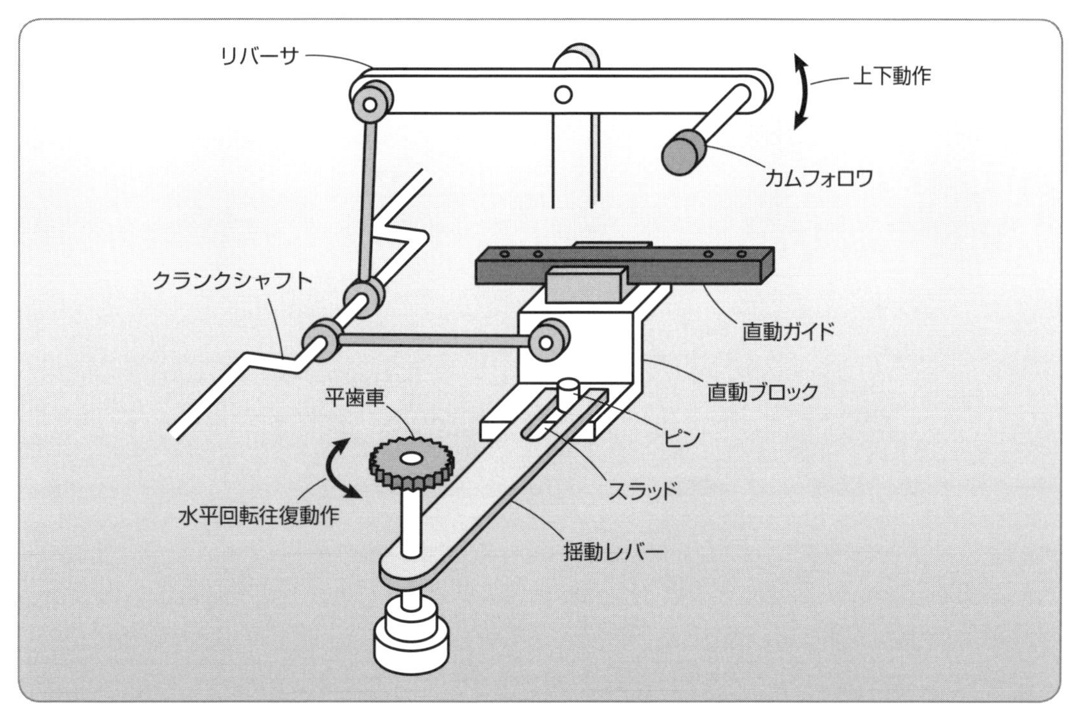

図 2-4-3　クランクシャフトの出力を分岐した上下運動と揺動運動

図例 2-5 キョロキョロしながら上下にも動かすには偏心カムと摩擦プレートを使う

偏心カムと摩擦プレートを使ってテーブルを往復回転するようなメカニズムをつくってみます。

図2-5-1 は、2つの偏心カムと摩擦プレートを使って首が上下と回転往復をするメカニズムです。このような特殊なメカニズムを使うときには、メカニズムの構造を中心にして設計します。摩擦プレートはスライドブッシュでガイドされていて、自由に上下と回転ができるようになっています。摩擦プレートは重力によって偏心カムと密着しています。偏心カム1が摩擦プレートに当っているときに車輪を図の矢印方向に回転すると首は下降しながら左に回転します。

図の状態から偏心カム1が90°回転すると、今度は偏心カム2が摩擦プレートに接触します。そのまま回転を続けると摩擦プレートは偏心カム2によって上昇しながら右方向に回されます。偏心カム2が180°回転すると偏心カム1に摩擦プレートが乗り移るので、摩擦プレートは再度上昇しながら左回転します。

摩擦プレートの回転中心から偏心カムまでの距離が短いほど回転量は大きく、偏心カムの直径が大きいほど回転量は大きくなります。偏心カムの偏心量が大きいほど上下の移動量が大きくなります。

このメカニズムの入力軸をタイヤの回転軸に連結して出力軸で首が動くようにすると、2つの偏心カムによってプレートの回転方向だけでなく高さも変化するので、首は上下しながらキョロキョロと動きます。

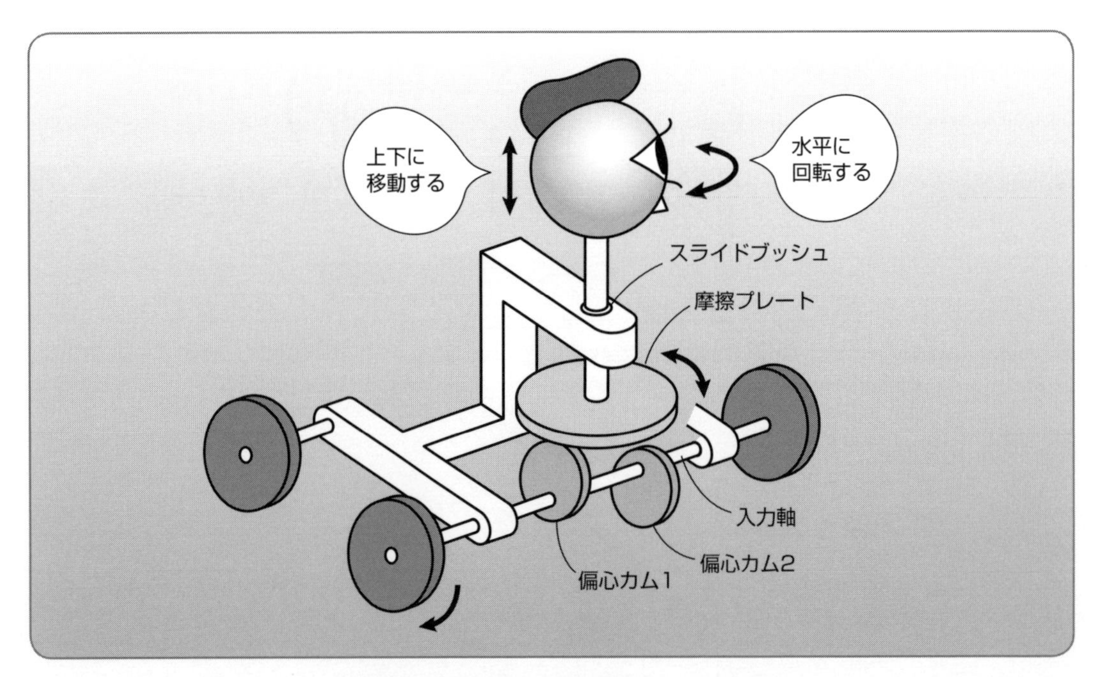

図2-5-1　2つの偏心カムを使ったメカニズム

図例 2-6 伸縮しながら前進する車をつくるにはクランクの機能を使う

前輪と後輪の車軸の間隔を伸縮しながら進むおもちゃの車を考えてみます。

(1) ホイールベースの伸縮

前輪と後輪の距離を変えながら動くおもちゃの車をつくってみます。

後輪に直動ガイドをつけて前後に移動させるために、図 2-6-1 のような手順で設計してみましたが、どうも伸縮させる運動を連結することができません。

このようなときには発想を少し変えて、まず車輪の回転から前後に往復する運動をつくるところから考えてみます。

たとえば図 2-6-2 のように、前輪の外側にピンを立ててみます。そして、クランクと同じ効果になるように、後輪の軸中心に連結します。このようにすると、車が前進して前輪が回転すると、後輪は前輪に近づいたり離れたりしながら移動します。後輪は自由に回転できるようにしておきます。前輪の内側にピンを立てると、前輪のシャフトが邪魔をしてロッドが回転できません。

(2) クランクを使った伸縮

もう 1 つの例をあげてみます。図 2-6-3 は前輪のシャフトをクランクにして、後輪と連結したものです。

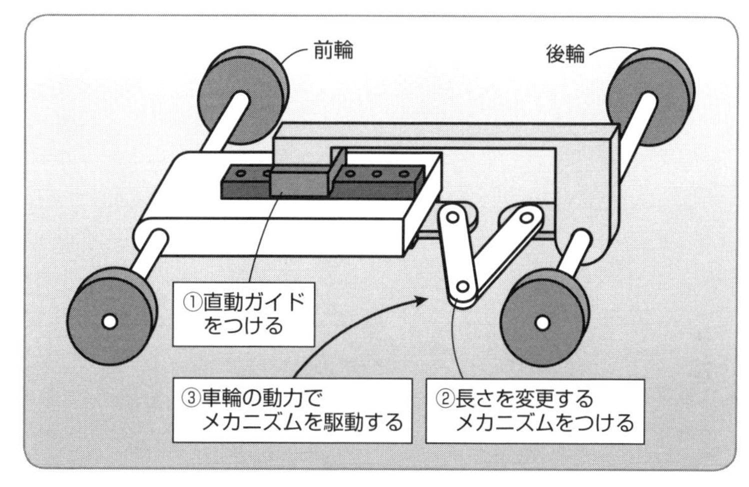

図 2-6-1　直動ガイドをつけてみる

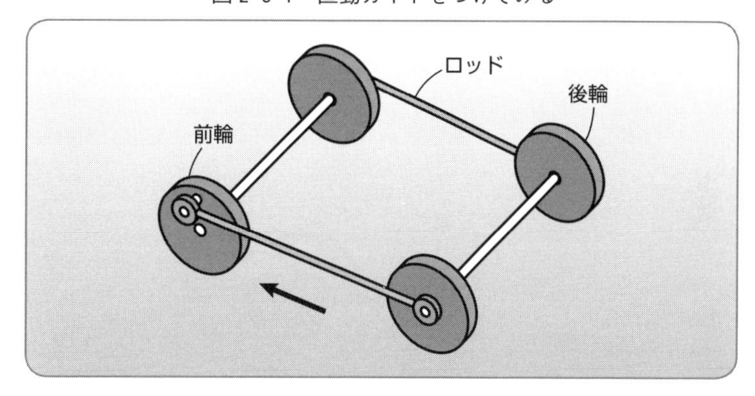

図 2-6-2　車輪をクランクにして伸縮するメカニズム

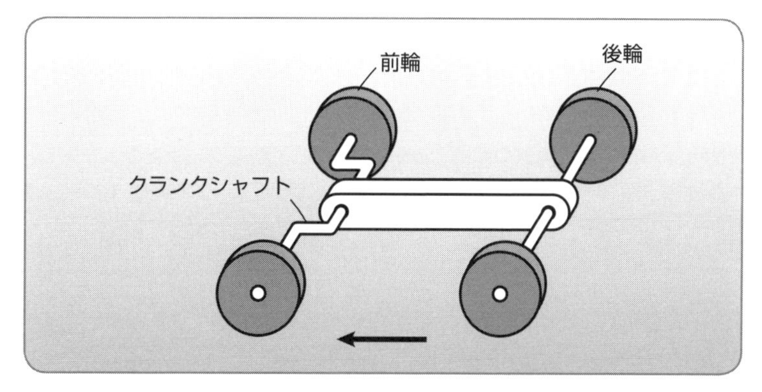

図 2-6-3　シャフトをクランクにして伸縮するメカニズム

前輪のタイヤとクランクシャフトは一体型になっていて、後輪は自由に回転できるようにしておきます。

ここで、もう一度図2-6-1に戻ってみると、クランクで車輪幅を変化させる方法が思い浮かぶことでしょう。**図2-6-4**のように、車軸をクランクシャフトにして、前輪と後輪の間をコンロッドで連結すればよいわけです。

(3) レバーを使った伸縮

図2-6-5は、車輪間の距離を可変にしたおもちゃの車の例です。

水平レバーに垂直レバーを取り付ける位置を前輪側に移動すると、前輪と後輪の間隔が広くなります。垂直レバーにリンク棒を取り付ける位置を上側にするとクランクシャフトによる運動が拡大されるので、後輪が大きく前後に移動します。このときの垂直レバーは、てこの役割をしていて、リンク棒の取り付け位置が支点に近づくと動作が拡大されることになります。

このようにレバーを使うと運動の拡大や縮小を行うことができます。

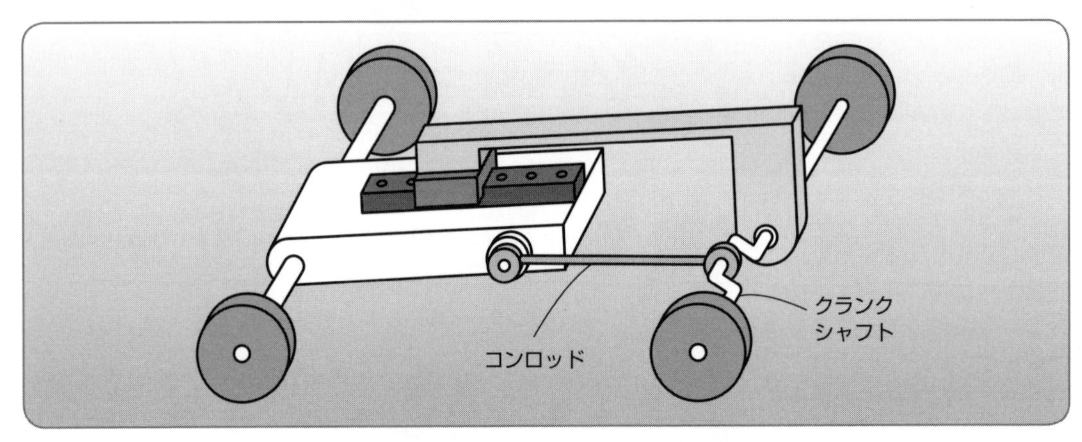

図2-6-4　クランクシャフトを使った車輪幅の変化

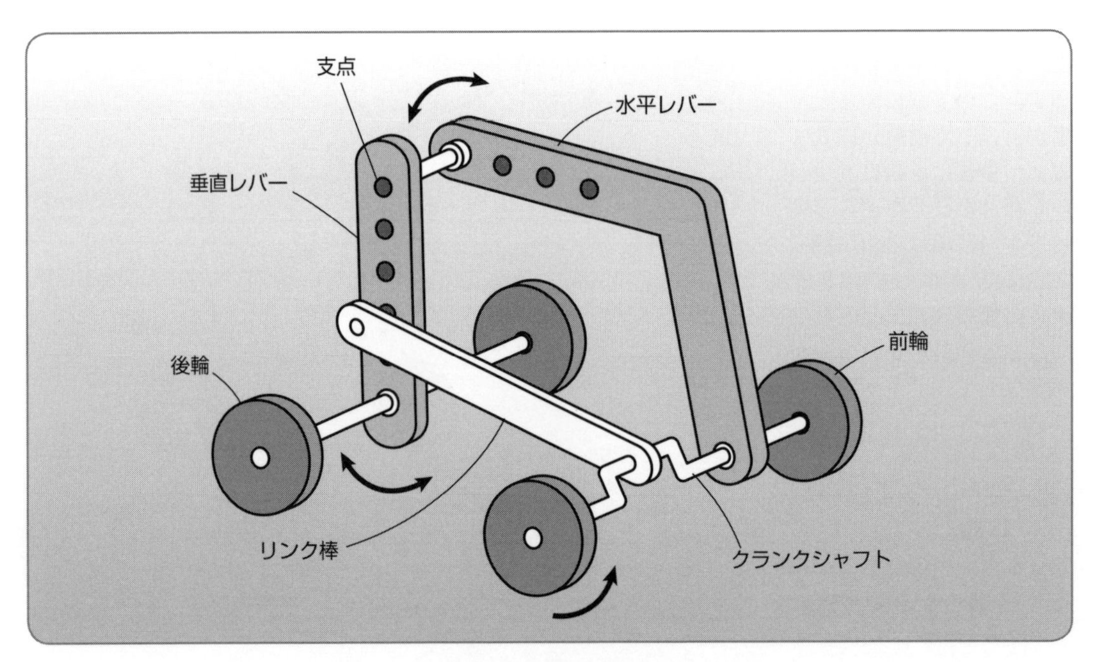

図2-6-5　伸縮する軸間距離を可変にする

第3章 運動方向を反転するメカニズム

限られた数の動力でメカニズムを動かすには、運動方向を変換するからくりが必要になります。本章では運動方向を反転するメカニズムについて考えてみます。

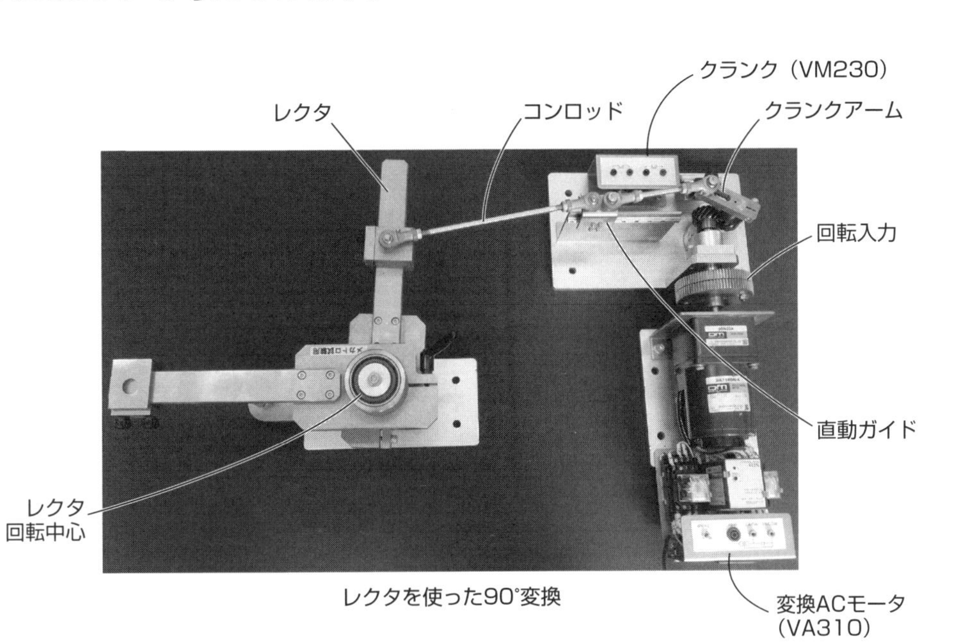

レクタを使った90°変換

図例 3-1 ラックピニオンを使い運動方向を反対にする

ラックピニオンを使うと、運動方向を逆転するメカニズムを構成することができます。

図 3-1-1 は、ワークをストッカから引き出してカメラで検査する装置です。ラック１とラック２をピニオンの上下に配置して、ピニオンを駆動するモータを回転するとラックがお互いに反対方向に動くようになっています。上側のラック１は、カメラを移動して、下側のラック２はワークが載せられたトレーをストッカから移動しています。

モータを回転すると、カメラの前進と同時にトレーがストッカから前進移動して、カメラの下にワークが配置されます。カメラ検査が終了したら、モータを逆転して、元の位置に戻します。ワークの移動とともにカメラも動くので、カメラを固定しておくよりも早く検査ができます。

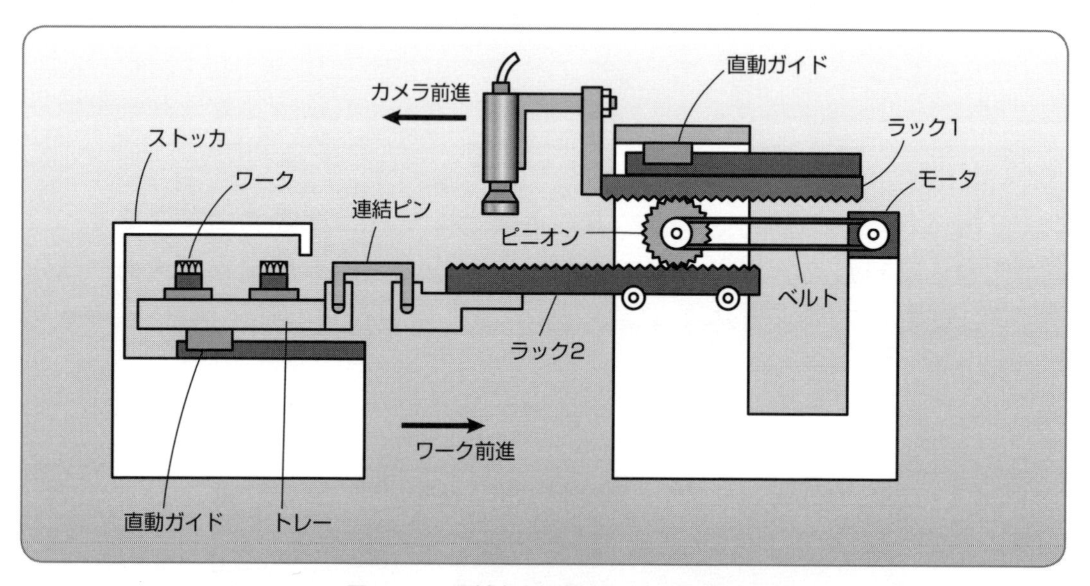

図 3-1-1　反対方向に動かすメカニズム

図 3-1-2 は、大きさの違う２つのラックピニオンを組み合わせて、ピニオンがついている回転軸を共通にすることで、ラック２がラック１の２倍の移動量になるようにしたものです。ラック１を距離 x だけ動かすと、小ピニオンの外周はそれと同じ x だけ回転移動します。大ピニオンは小ピニオンと同じ角度だけ回転しますが、直径が２倍になっているので、ラック２はラック１と反対方向に２倍の距離だけ移動します。

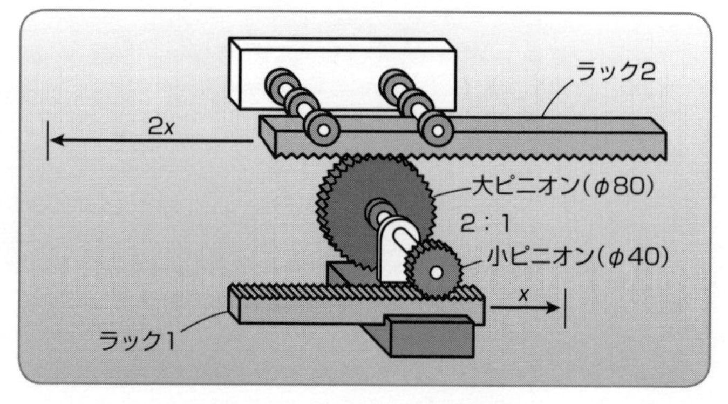

図 3-1-2　ストロークの拡大

図例 3-2 レバー出力を反転するにはリバーサを使う

リバーサを使うと、レバーや直動の運動を反対方向に変換して出力できるようになります。

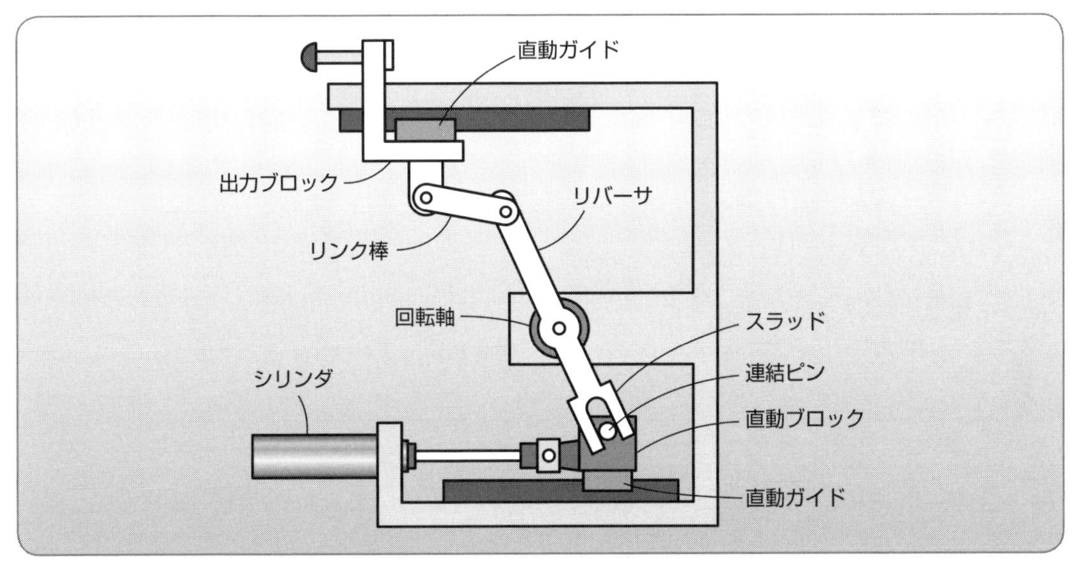

図 3-2-1　リバーサを使った反対方向移動

図 3-2-1 は、シリンダの動きを反転して出力ブロックを動かす装置です。連結ピンを立てた直動ブロックをシリンダで前後に動かし、その出力の運動方向をリバーサを使って逆向きにしています。リバーサにはスラッドがつけられていて、連結ピンによって駆動しています。リバーサは回転軸を中心にシーソーのような機能でリンク棒をシリンダの動作と逆方向に動かします。リンク棒は出力ブロックに連結しています。

図 3-2-2 は、先ほどのリバーサのレバー角度を変更して、斜め方向に出力する例です。このようにレバーの角度を変えることで、出力の移動方向を自由に変更することができます。

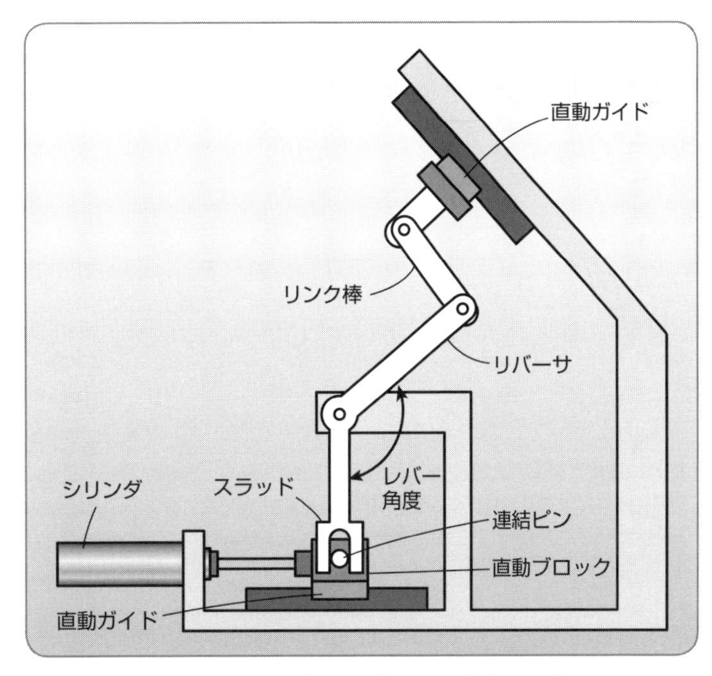

図 3-2-2　レバーの角度による方向の変換

図例 3-3 スライドリンクを組み合わせてテーブルを反対方向に移動する

2つのスライドガイドを90°に配置してリンク棒で連結すると、水平運動を垂直運動に変換することができます。3つのスライドガイドを使って逆方向に動かすメカニズムをつくってみます。ここでいうスライドガイドとは直動ガイドやリニヤガイドと呼ばれるものと同じものです。

図 3-3-1 は、スライドガイド1とスライドガイド2で水平方向から垂直方向へ運動方向を変換して、さらにもう1つのスライドガイド3を追加して、180°運動方向を変換したものです。摩擦が小さいスライドガイドを組み合わせると、スムーズな運動変換ができます。

スライドガイドされた直進運動同士を連結する方法を「スライドリンク」と呼ぶことにします。スライドリンクはスライド方向とリンク棒が直線に近づいたときに、運動の方向によって動きが不安定になるので注意します。

具体的には**図 3-3-2** のようになったときにAの方向から駆動するとまったく動きませんが、Bの方向から駆動すると問題なく動作します。

スライドリンクでは、どこを駆動源とするかの選択も重要です。

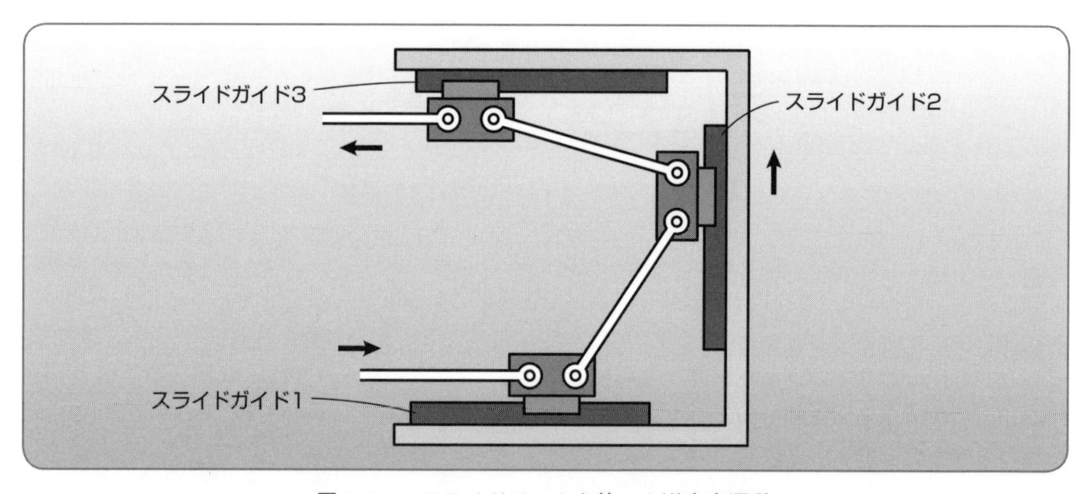

図 3-3-1　スライドリンクを使った逆方向運動

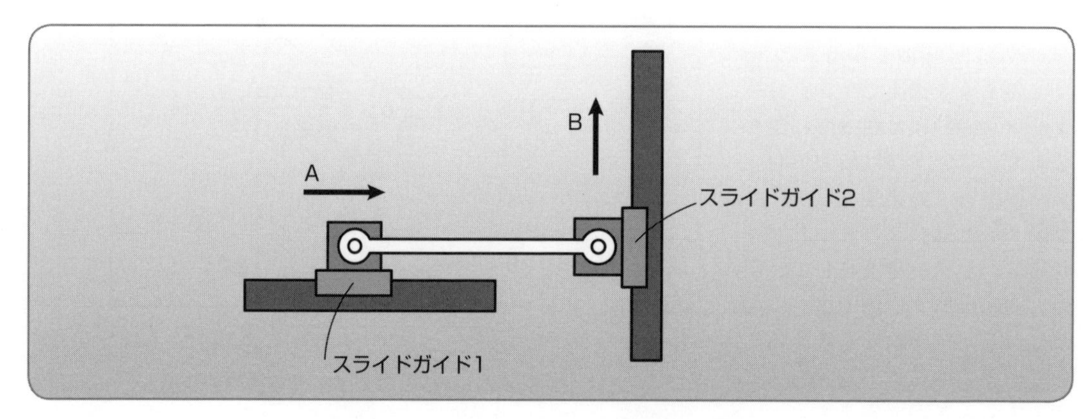

図 3-3-2　スライドリンクの不安定な位置

図例 3-4 タイミングベルトを使うと任意の角度に運動変換できる

図例の要旨 タイミングベルトを使って自由に運動方向を変換するメカニズムを考えてみます。

図 3-4-1 は、タイミングベルトを使ってシリンダの入力と逆方向にプッシャを動かすメカニズムです。シリンダが前進してタイミングベルトを動かすと、ベルトの上側についているプッシャが反対向きに動いてワークを押し出します。

図 3-4-2 は、タイミングプーリを3個つけてタイミングベルトを三角形に組み、水平方向のシリンダの動作を垂直に変換しています。タイミングベルトは入力の変化に対して出力が一定の割合で変化する均等変換メカニズムなので、シリンダの運動特性がそのまま出力の運動特性になります。

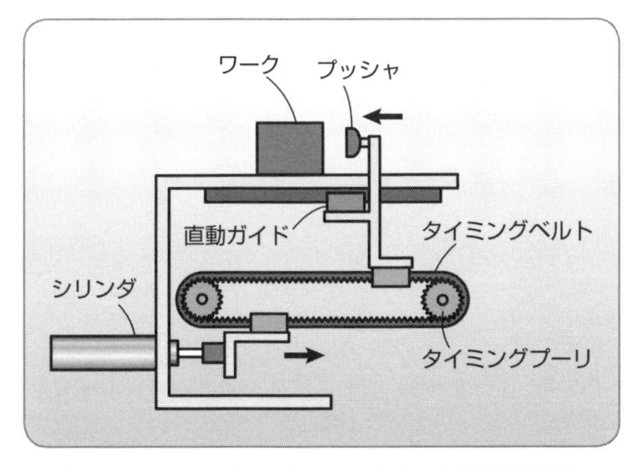

図 3-4-1　タイミングベルトを使った逆方向運動

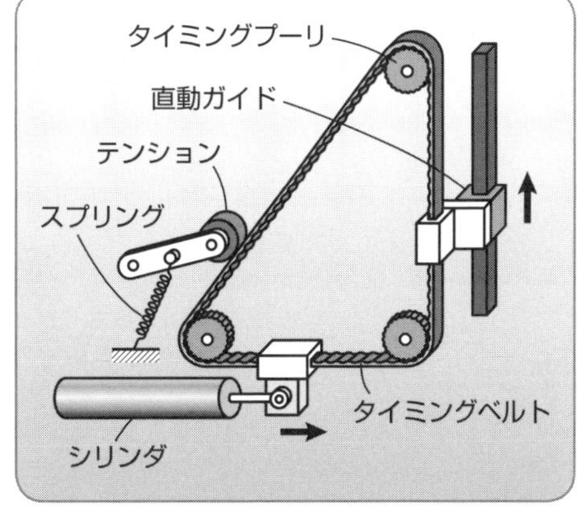

図 3-4-2　3つのプーリを使った直交変換

図 3-4-3 はタイミングベルトを2つ使って、出力を任意方向に変換できるようにした可変メカニズムです。角度設定プレートを回転して、角度位置決めピンで変換角度を設定します。

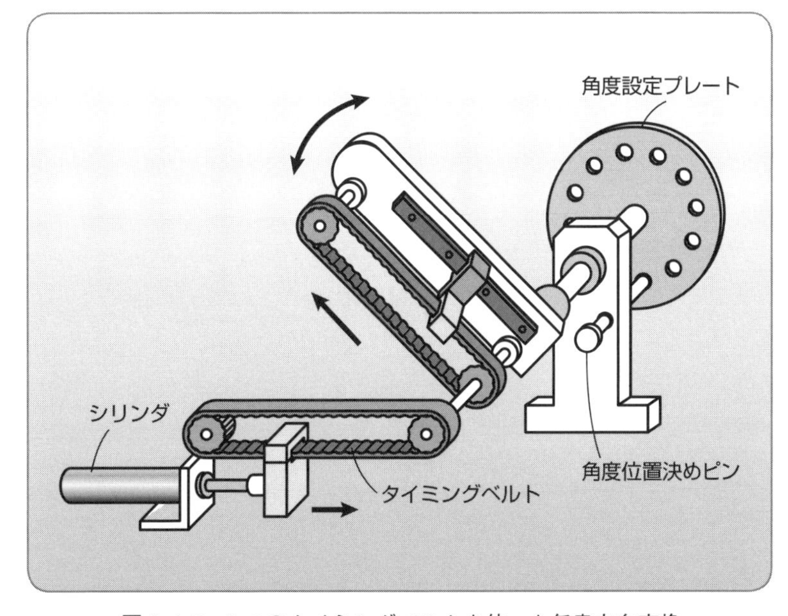

図 3-4-3　2つのタイミングベルトを使った任意方向変換

図例 3-5 離れた場所のレバーを駆動するにはタイミングベルトを使う

タイミングベルトの両端のプーリにレバーをつけると離れた場所にあるレバーを動かすことができます。たとえば入力側にあるトリガレバーでプーリを駆動するとタイミングベルトの反対側についているプーリで押し出しレバーを動かすことができます。

図 3-5-1 は、ローラコンベヤを使ってワークを搬送する装置です。

下側のローラコンベヤ上のワーク１が下降して、トリガレバーを駆動すると、押し出しレバーが回転して上側のローラコンベヤに載せられているワーク２を押し出します。

タイミングプーリ１とタイミングプーリ２を同じ大きさにすると、トリガレバーの回転量と同じだけ押し出しレバーが回転します。タイミングプーリ２の直径をタイミングプーリ１の２倍にすると、押し出しレバーの回転角度を２倍にできますが、押し出す力は半分になります。

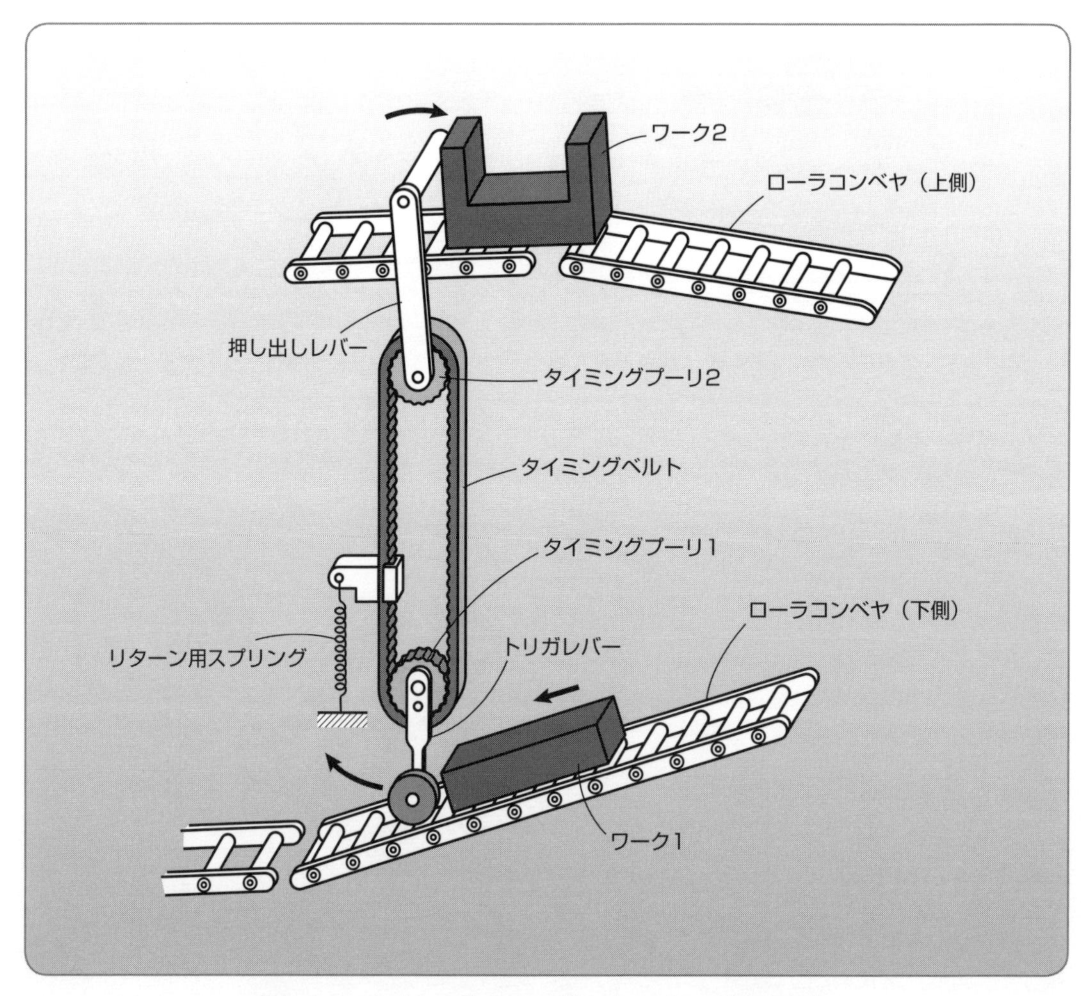

図 3-5-1　タイミングベルトを使ったレバーの逆向き動作

図例 3-6 上下方向に反対の動作をさせるときには滑車を使う

滑車を使って運動方向を逆転するメカニズムを考えてみます。

(1) 滑車を使った逆移動

図 3-6-1 は、滑車を使ってシリンダの動作を反転するメカニズムです。滑車はワイヤで出力ブロックを吊るしているだけなので、重力の力で下降することになり、軽い負荷だとワイヤがたるんで既定の位置まで下降しなかったり、摩擦が大きいと動きが不安定になったりします。

図 3-6-1 では、そのようなことがないようにスプリングを使って出力ブロックを下降方向に引っ張っています。しかし、ストロークが大きいときにはスプリンクをつけるのが難しくなるので、重力だけの力でも十分に規定位置に移動できる場所に滑車を使うようにします。

(2) 動滑車による倍速移動

図 3-6-2 は、シリンダのストロークを 2 倍にする例です。動滑車をシリンダで駆動することで、出力ブロックはシリンダの 2 倍のストローク移動します。ストロークが倍になれば速度も倍になり、出力ブロックを移動する力は半分になります。

一方、動滑車を使うと出力ブロックの重さの 2 倍の力がシリンダにかかることになり、シリンダのパワーが不足することがあるので注意します。

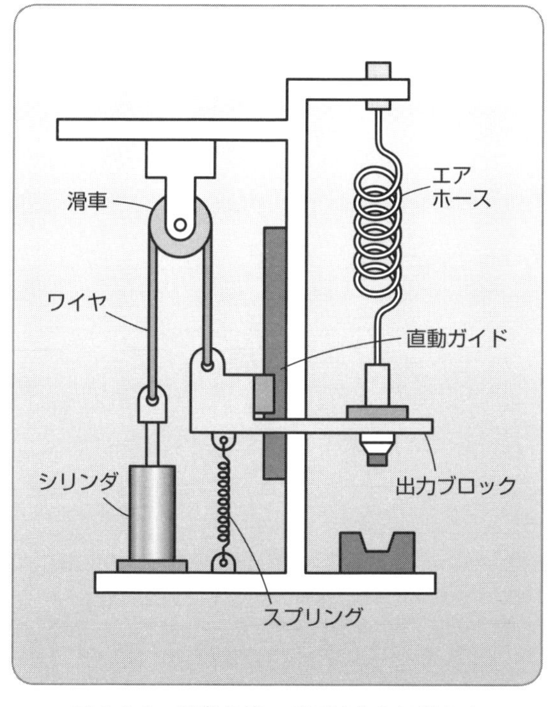

図 3-6-1　滑車を使って反対方向に動かす

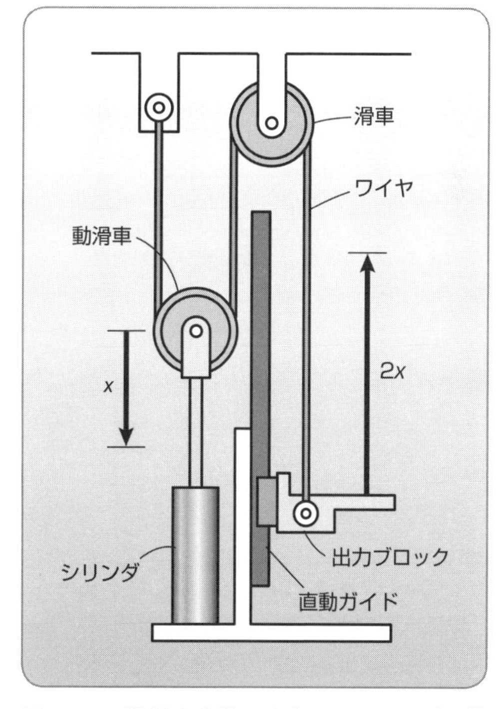

図 3-6-2　動滑車を動かすとストロークが 2 倍になる

図例 3–7 足で踏んだときに持ち上げるにはトグルを使う

ペダルを踏んだときに上向きに動かすために、トグルとレバーを組み合せることを検討してみましょう。

(1) トグルを使った逆移動

図 3–7–1 は、ペダルを足で踏んで容器の中の液体を小さな容器に移し替える装置です。ペダルを踏むとトグルが伸びて、回転軸でガイドされている容器の後方を持ち上げるので、容器が傾くようになっています。

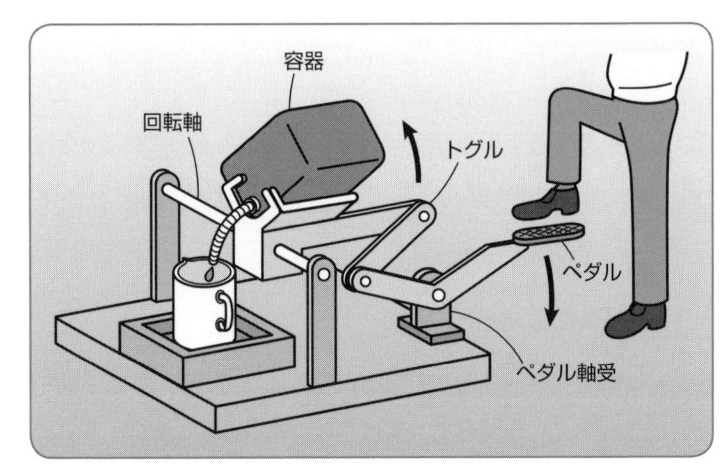

図 3–7–1　トグルを使って反対方向に動かすメカニズム

(2) トグルを使った 90° 変換

トグルを使うと運動方向を逆にするだけでなく、出力を90°変換することもできます。

図 3–7–2 がその例で、水平方向に動くクレビスシリンダを使ってトグルを駆動して、垂直方向に出力しています。トグルの第1アームの中間にクレビスシリンダを接続しているので、シリンダのストロークは拡大されて出力します。トグル角度が 180°になった伸びきった位置で突っ張り棒と同じ状態になるので、その位置ではワークは安定して停止しています。

(3) トグルによる直交変換

図 3–7–3 もトグルによる直交変換の装置ですが、第1アームをレバーと考えて、レバーの反対側をクレビスシリンダで駆動しています。

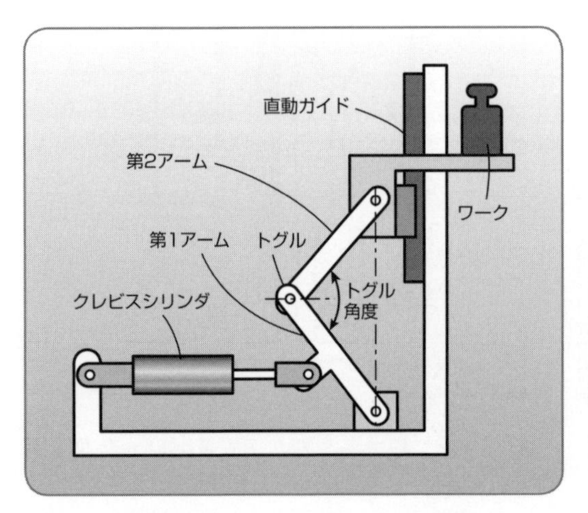

図 3–7–2　トグルを使った 90°変換

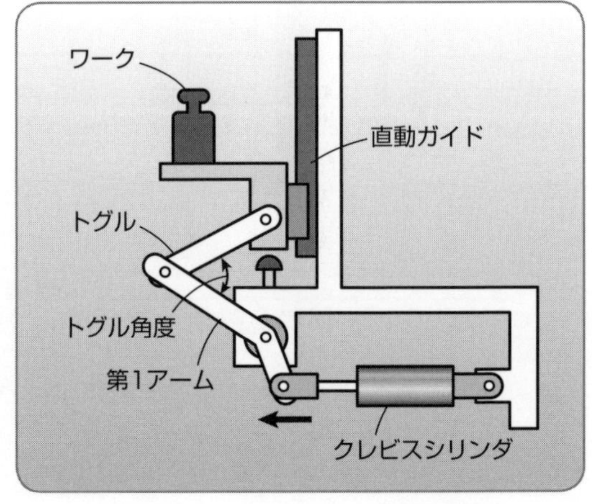

図 3–7–3　トグルを使った直交変換

図例 3-8 平行リンクを使った逆方向駆動

平行リンクを使って反対方向に動作するメカニズムをつくってみましょう。

(1) 平行リンクによる逆移動

図 3-8-1 は、平行リンクを使って、シリンダの動きを逆向きにしてプッシャを前後に移動する装置です。

シリンダで直動ガイドされた移動ブロックにつけたピンを動かして、スラッドを駆動しています。スラッドがついたアームは平行リンクを動かすので、シリンダが図の右方向に前進すると、プッシャは逆向きの左方向に移動します。平行リンクを使っているので、プッシャが前進するときには、水平を保ったまま上下方向にも動くので可動範囲に注意します。

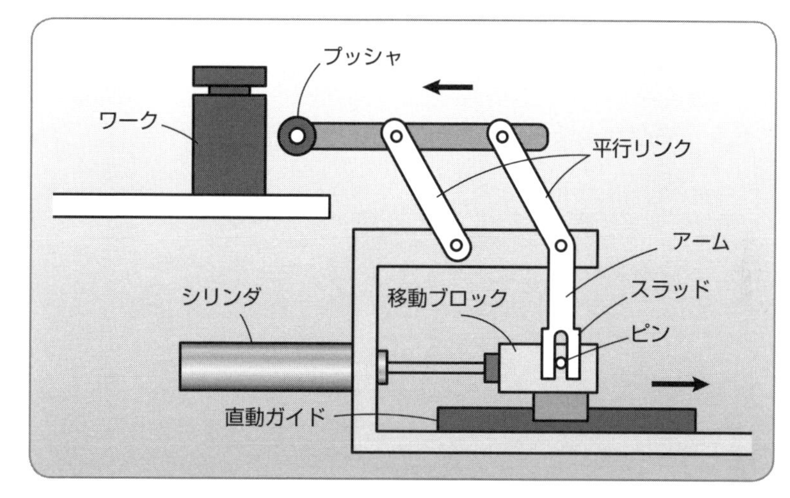

図 3-8-1　平行リンクを使った逆方向駆動

(2) 平行リンクによる直交移動

図 3-8-2 は、平行リンクを使って、クレビスシリンダの垂直方向の運動を水平方向に変換したものです。アーム 1 とアーム 2 が重なって縮まった位置を 0 とすると、両方のアームが伸びきる位置になったときに、$2L$ の位置まで出力テーブルが移動します。

図 3-8-3 は、平行リンクを使って出力ブロックを垂直に移動する装置です。コンロッドと駆動アームのなす角θが 180°に近づくと出力ブロックの上昇駆動ができなくなるので注意します。

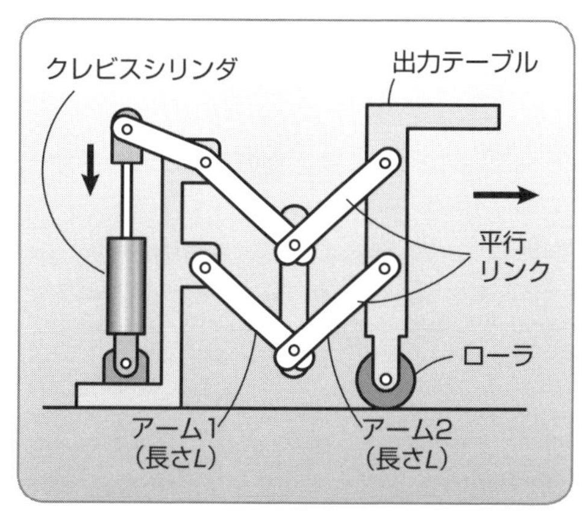

図 3-8-2　平行リンクを使った拡大メカニズム

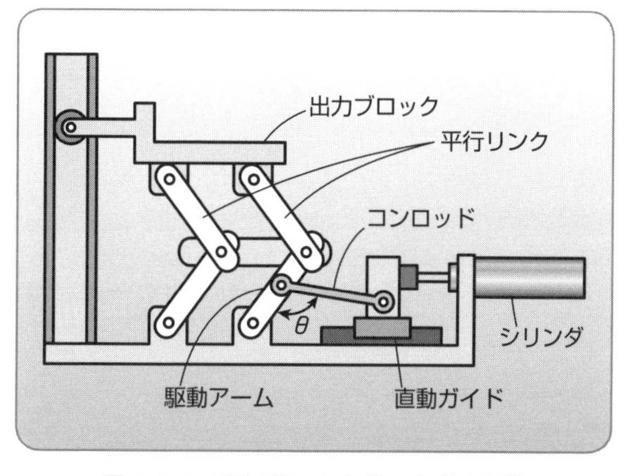

図 3-8-3　平行リンクを使った垂直移動

図例 3-9　同一軸上で逆回転するには歯車を組み合わせる

歯車を使って回転方向を逆にしたり、回転軸の向きを変えたりする運動の変換方法を考えてみます。

図 3-9-1 のように、1〜5番の5個の平歯車を組み合わせると、入力軸と出力軸が一直線上に並んでいるときに回転方向を反対にすることができます。4番目の歯車がないと入力軸と出力軸は同じ方向に回転します。

図 3-9-2 は、3つのかさ歯車を組み合わせて入力軸の回転を逆転して出力軸に伝えるもので、中間にある3番目のかさ歯車は自由回転するようになっています。かさ歯車を複数個使うと**図 3-9-3** のように、いろいろな方向に回転軸の運動を分岐することができます。かさ歯車を使って軸を交差させるときには、**図 3-9-4** のように4個のかさ歯車を組み合わせて回転軸が3つ必要になりますが、**図 3-9-5** のねじ歯車を使えば、1対の歯車で2つの軸を交差させることができます。

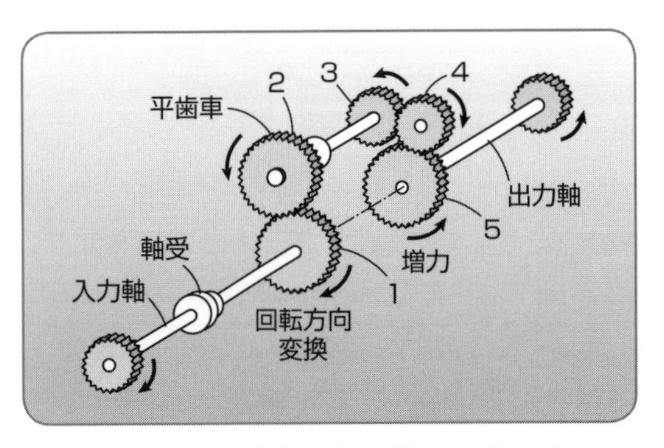

図 3-9-1　平歯車を使い回転を反転する

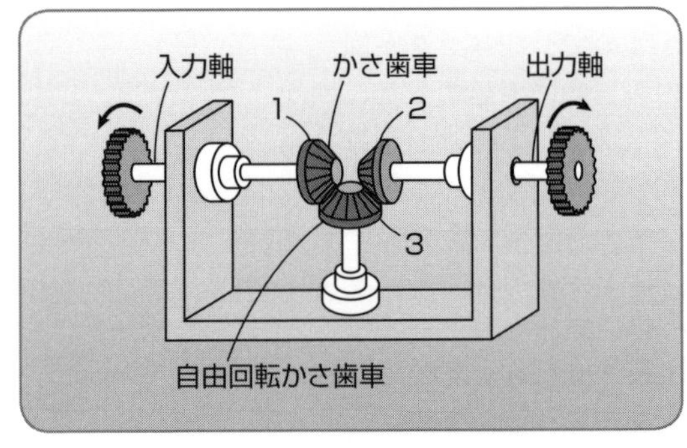

図 3-9-2　かさ歯車を組み合わせ

図 3-9-3　かさ歯車を使った回転軸の運動方向変換

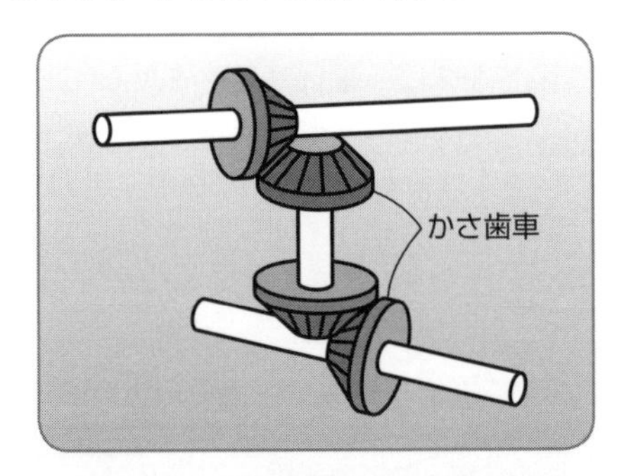

図 3-9-4　かさ歯車による軸の交差

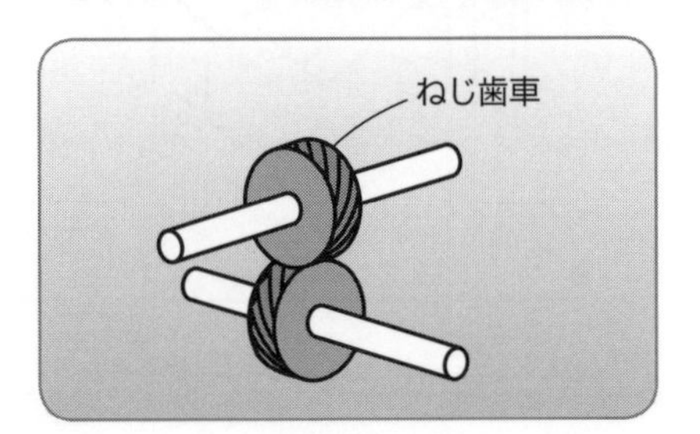

図 3-9-5　ねじ歯車による軸の交差

図例 3-10 任意の角度に出力するには ラックピニオンを使う

ラックピニオンを使うと、ピニオンの円周上の任意の位置にラックを配置できるので、出力する運動の方向を簡単に変更できるようになります。

(1) ラックピニオンによる方向変換

図 3-10-1 は、クレビスシリンダでレバーを駆動してピニオンを回転させるものです。ラックはピニオンに外接するように配置します。図ではラックの向きは垂直になっていますが、ピニオンの歯に接するようになっていれば、どの向きに配置してもかまいません。

このように、駆動部の動作をピニオンの回転に置き換えてしまえば、任意の方向に出力することができるようになります。

レバーはピニオンの回転軸を中心に揺動運動をするので、駆動するシリンダにはクレビス型を使っています。

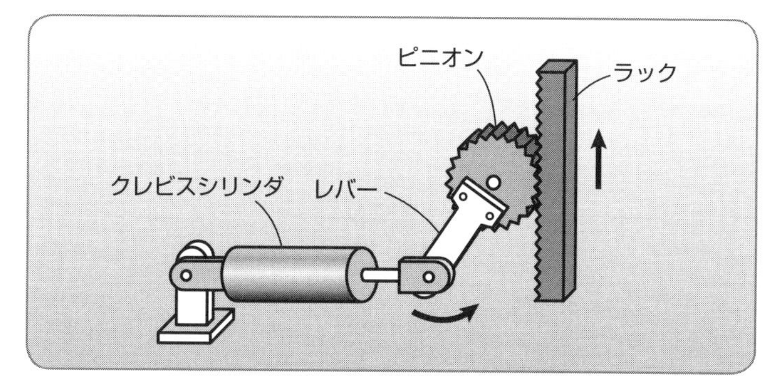

図 3-10-1　ピニオンのレバー駆動

(2) 2 本のラックを組み合わせた運動方向変換

図 3-10-2 は、ピニオンの幅を厚くして、2 つのラックを取り付けられるようにしたものです。ラック 1 は直進するので、空気圧シリンダの出力をラックに直接接続しています。

図 3-10-3 は、斜めにラック 2 を配置した例です。このように、入力運動でラック 1 を動かしてピニオンを回転すれば、任意の角度に出力のラック 2 を配置できるようになります。

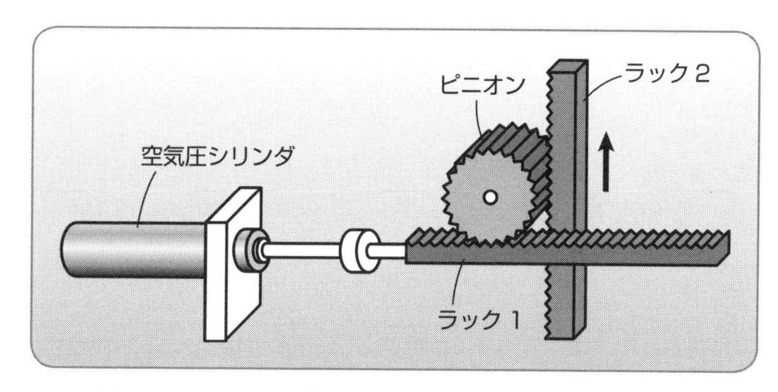

図 3-10-2　1 つのピニオンと 2 つのラックの組み合わせ

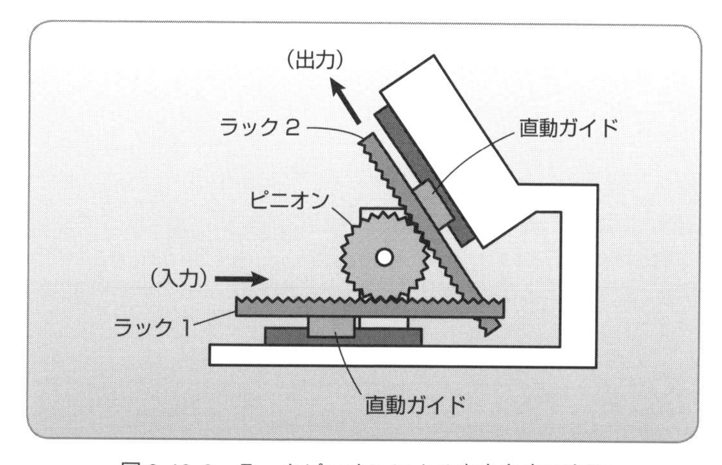

図 3-10-3　ラックピニオンによる出力角度の変更

図例 3-11 ラックピニオンとレバーを組み合わせると直交変換ができる

ラックピニオンとレバーを組み合わせて直交変換をするメカニズムを考えてみます。

(1) ラックピニオンとレバーの組み合わせ

図 3-11-1 は、ラックについている入力ノブを押し引きして、直動ガイドされている出力ブロックを上下に移動するものです。

ピニオンの直径を小さくすると、入力ノブの動作が小さくてもレバーは大きく動くので、入力の動作を拡大して出力することができます。また、レバーの長さを長くしても、直動ガイドを大きく動かすことができます。

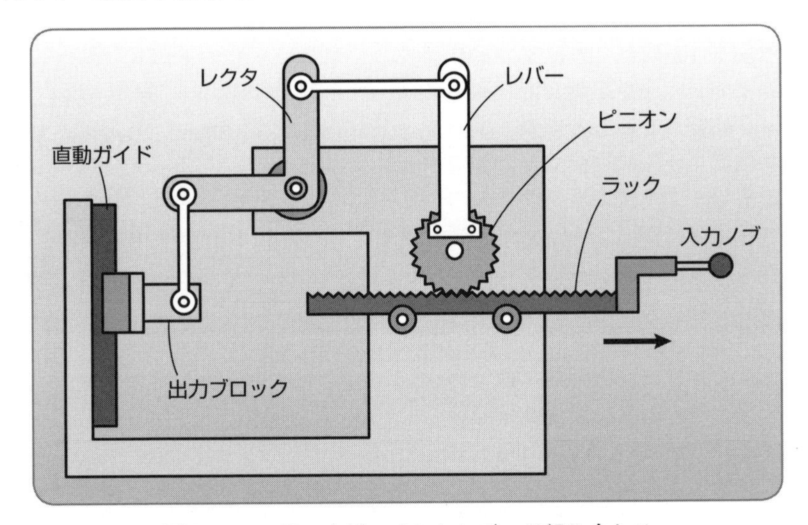

図 3-11-1　ラックピニオンとレバーの組み合わせ

(2) ラックピニオンとレバースライダの組み合わせ

図 3-11-2 の装置では、ピニオンにピンを立てて、スラッドのついたレバーを駆動するレバースライダ機構になっています。ピニオンの A 軸と、レバーの B 軸が直角になったところでレバーの速度は 0 になるので、その点でラックを止めるようにすると、停止時の衝撃を小さくすることができます。垂線 C をはさんで線対称の位置にも、速度が 0 になる点があるので、その 2 点間で往復するようにラックの移動量を決めると、出力ブロックは滑らかな往復運動をするようになります。

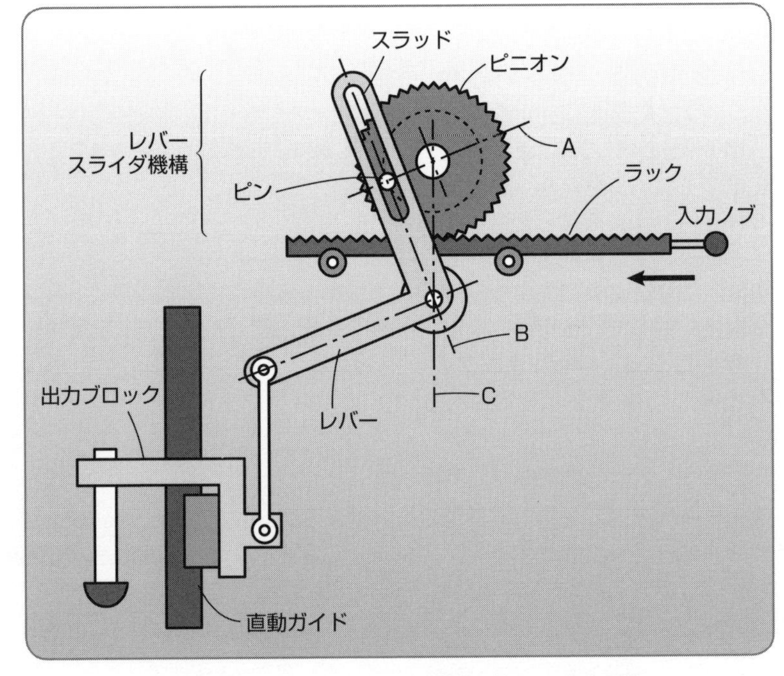

図 3-11-2　レバースライダ機構を使った直交変換

図例 3-12 ラックピニオンとベルトを組み合わせると任意角度変換ができる

ラックピニオンでタイミングベルトを駆動して、直動ガイドされた出力テーブルを動かします。タイミングベルトの向きを調節して直動出力の配置角度を変更できるようにしてみます。

図 3-12-1 は、空気圧シリンダの水平動作をタイミングベルトを使って垂直に変換する機構です。空気圧シリンダの前進後退でラックを前後に移動してピニオンを回転し、タイミングベルト側のプーリ１でタイミングベルトにつけた出力テーブルを上下に移動するようになっています。

ピニオンの直径を小さくすると、同じラックの移動量に対してたくさん回転するようになります。また、プーリの直径を大きくすると、出力テーブルの移動ストロークが拡大されます。

直動ガイドとプーリの回転軸がついている縦プレートは、プーリ１の回転軸を中心に角度を変えることができるようになっています。

メカニズムの運動出力の移動量と力は反比例の関係にあるので、移動量を倍にすると力は半分になります。

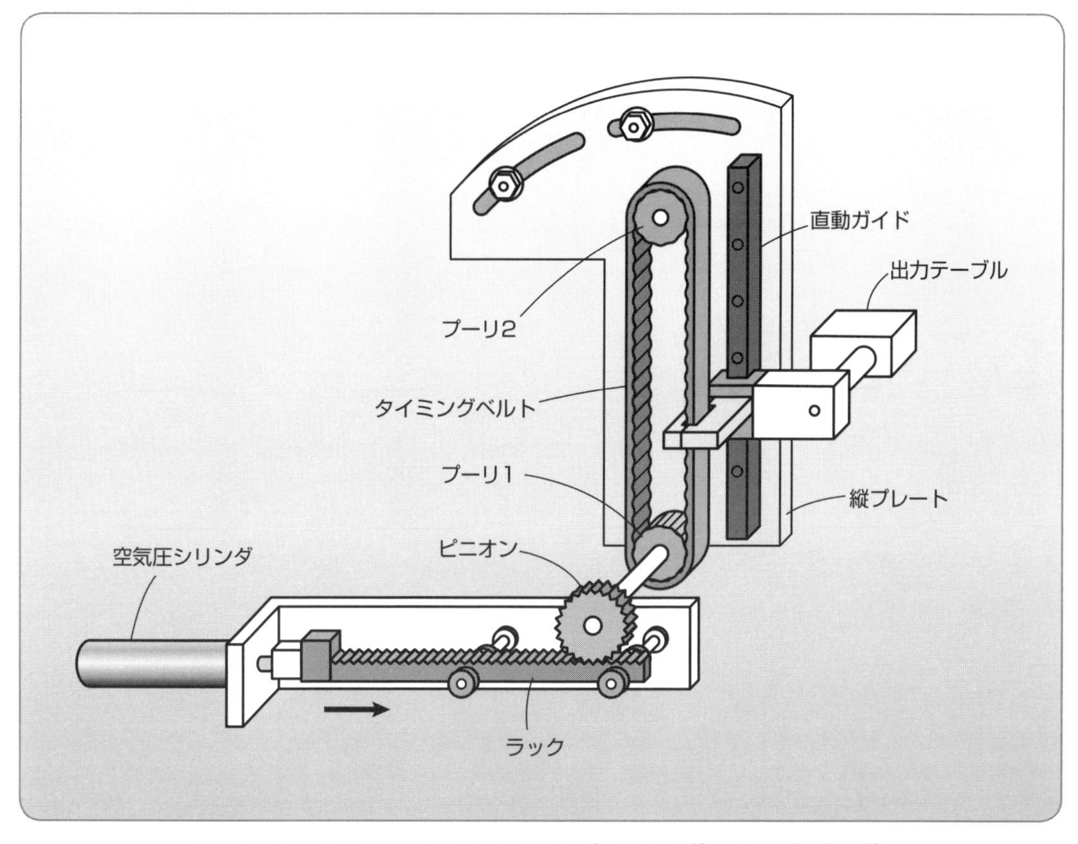

図 3-12-1　ラックピニオンとタイミングベルトを使った運動方向変換

図例 3-13 水平から垂直に運動変換するにはレクタを使う

レバーによって入力の運動を直角方向の運動に変換するにはレクタを使います。

レクタは運動方向変換の角度を 90°にしたレバーで、片端を水平に駆動すると反対端はその垂直方向に移動します。

図3-13-1 は、レクタを使って水平動作を垂直に変換しているものです。レクタの入力端はクレビスシリンダに接続して、出力端はコンロッドを介して、直動ガイドされている出力ブロックに接続しています。

図 3-13-2 は、平行リンクの駆動入力をレクタにして、水平入力を垂直に変換する例です。出力テーブルは水平の姿勢を保ったまま上下に運動します。モータを動力とするクランクでレクタを往復駆動しています。

図3-13-3 も平行リンクを使った出力テーブルの上下機構ですが、レクタの方向を変更して、平行リンクの下側を駆動するようになっています。レクタの駆動にはクレビスシリンダを使っています。

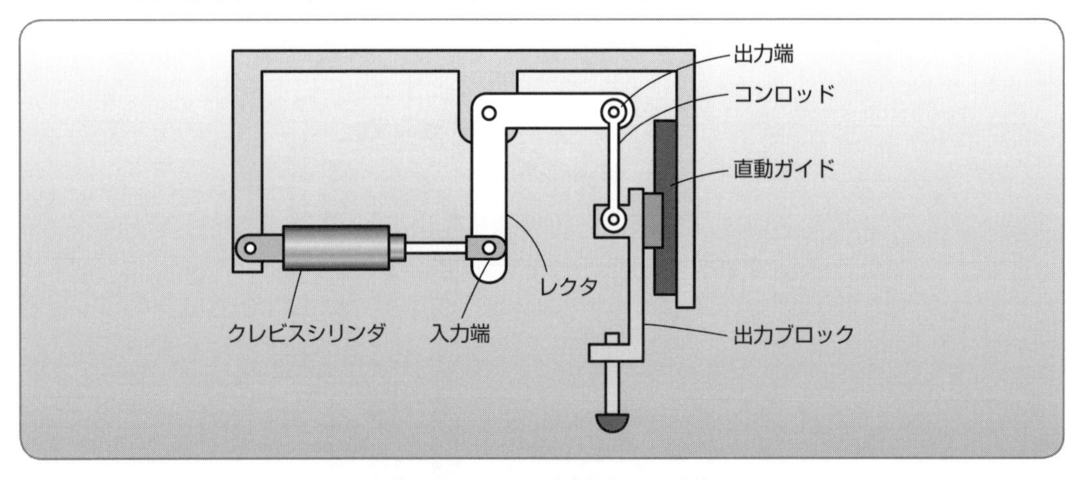

図 3-13-1　レクタを使った 90°変換

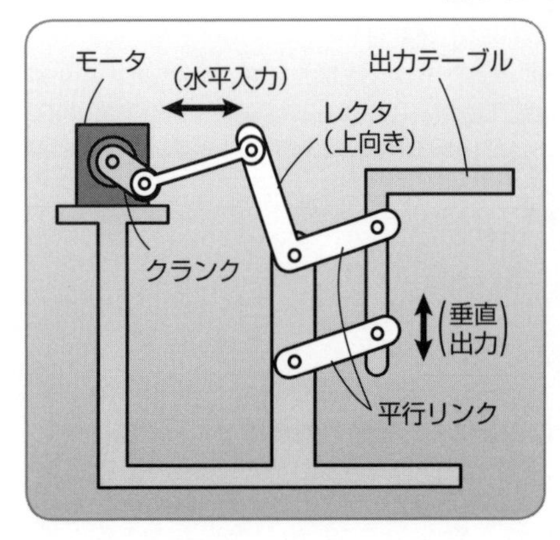

図 3-13-2　平行リンクとレクタを使った方向変換

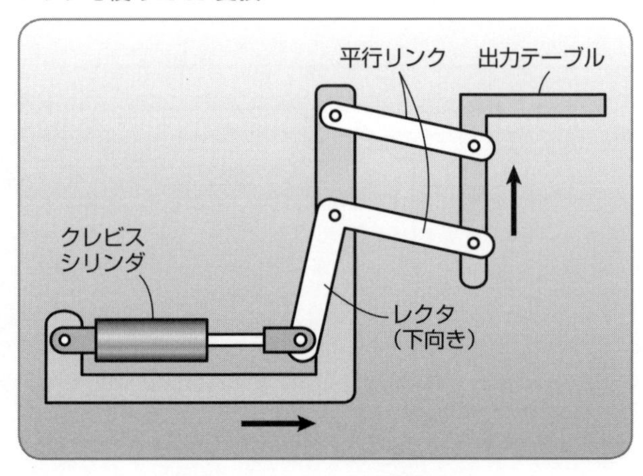

図 3-13-3　レクタの向きの変更

第4章 移動端で一時停止する連続往復メカニズム

連続で往復運動をするメカニズムの行き端や戻り端で作業を行うために、移動端に達したときにすぐに戻らず、少しの間停止しているからくりを考えてみます。

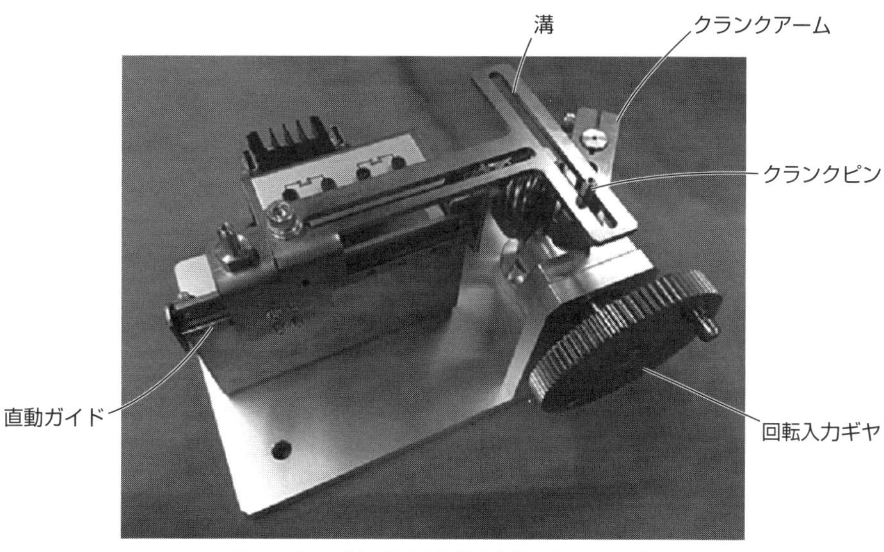

スコッチヨークによる直進往復運動（VM290）

図例 4-1 ドウェルつきスコッチヨークを使うと前進端で一時停止できる

ドウェルをつけたスコッチヨークを使い、往復運動の片端で一時的に停止する運動特性をつくってみましょう。

カムやリンクのメカニズムを連続して動かしているときに、入力軸が動いていても出力が動かない場所を「ドウェル」と呼びます。英語のDwellを日本語読みしたものなので、「ドゥエル」や「ドエル」と呼ぶこともありますが、いずれも同じものです。

たとえば、カムの場合ではカムの回転中心に対して同心円状にカム曲線があると、その場所では出力が変化しなくなり、この区間がドウェルに相当します。

図4-1-1は、スコッチヨークを使って、モータの回転運動を往復運動に変換する装置です。モータが回転すると、クランクピンがついたクランクアームが回転して、直動ガイドされたドライブプレートにつけた溝を使って水平方向の往復運動出力をつくり出しています。前進端で一時停止するために、クランクピンの軌跡と同じ回転中心をもつ円弧の溝をつくって、ドウェルとして利用しています。ピンがドウェルの位置にある間はドライブプレートは停止します。

ドライブプレートがモータの右側に来たときには、円弧の溝の影響で部分的に出力の速度が上がってしまうので、右端の運動特性はあまりよくありません。

モータを連続回転して、前進端で一時停止して検査するようなメカニズムとして利用します。

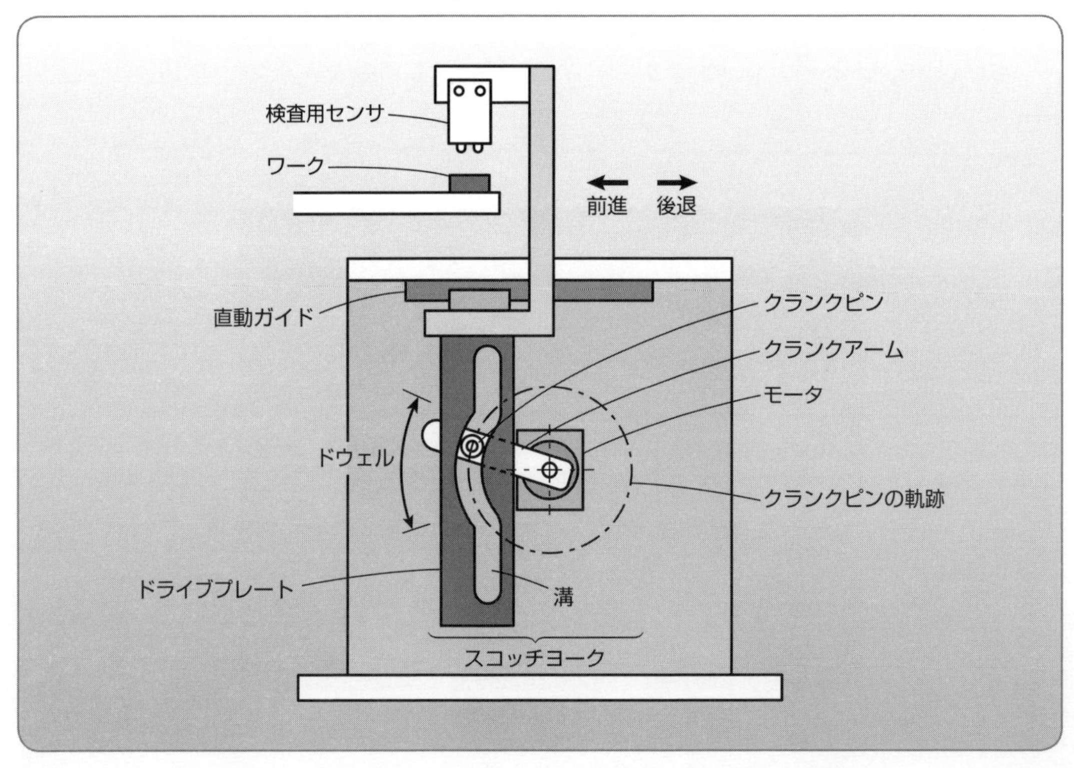

図4-1-1　ドウェルつきスコッチヨークを使った前進端一時停止

図例 4-2 片端で一時停止するにはクランクとスプリングフォローを組み合わせる

スプリングフォローを使ってクランクによる往復運動の片端で一時的に停止する装置をつくってみます。

図 4-2-1 は、モータで駆動されているクランクでスライドブロックを連続し、出力ブロックを往復運動させる装置です。

センサヘッドのついた出力ブロックは直動にガイドされていて、スプリングでストッパ方向に引っ張られています。この状態でクランクを矢印方向に回転すると、スライドブロックが図の右方向に移動するので、出力ブロックも押されて一緒に移動します。

クランクがさらに回転してスライドブロックが左方向に移動すると、出力ブロックもスプリングの力で左に移動し、ストッパに当たった位置で停止します。そのあと、スライドブロックだけがさらに左に移動して、左端までいってから戻ってきて出力ブロックに当たると、出力ブロックはまた右方向に移動します。

このように出力ブロックは、左側のストッパに当たった位置で置き去りになって、一時的に停止するヒールスプリングフォローの動作をします。この左端における停止時間に、センサヘッドを使った検査工程などを実施します。停止時間を長くするには、出力ブロックが置き去りになる時間を長くするように、モータの取り付け位置を左に移動しますが、後退のストロークが短くなるので、その分クランクアームを長くします。

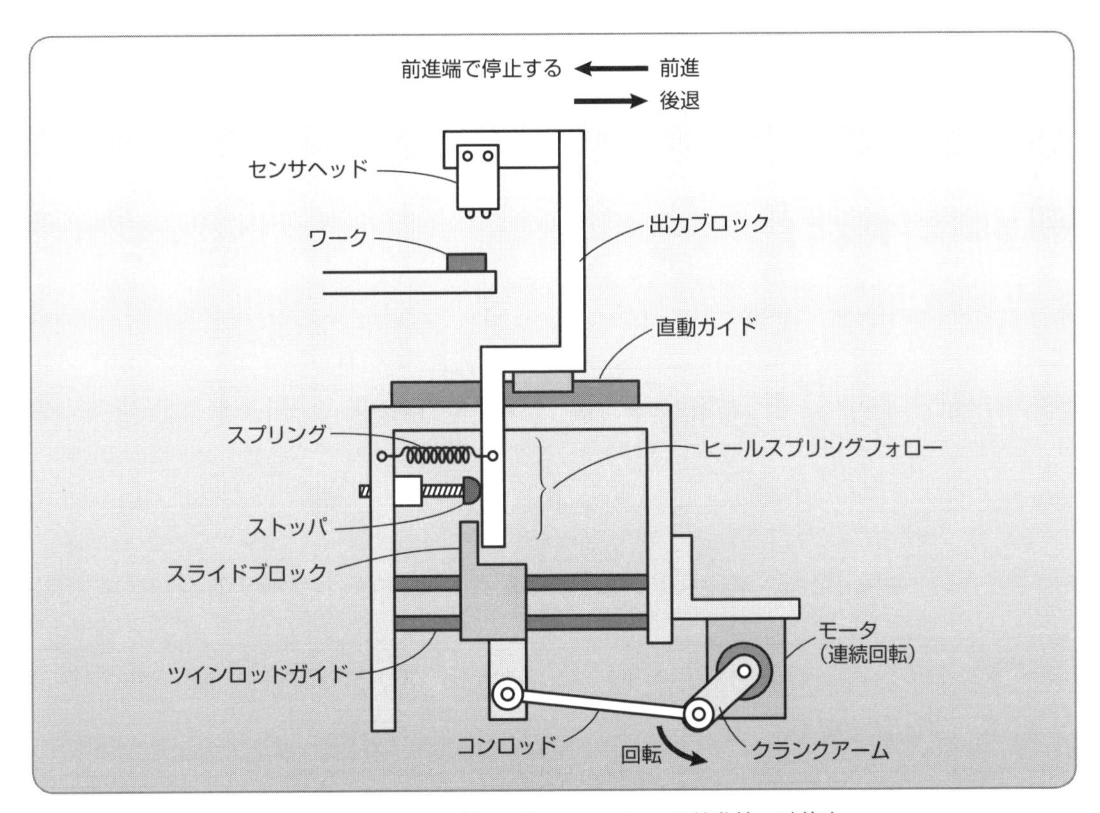

図 4-2-1 ヒールスプリングフォローによる前進端一時停止

図例 4-3 クロッグと摩擦を使った両端で停止する往復運動メカニズム

図例の要旨 **クロッグを使うと、連続往復駆動の両端で一時的に停止するからくりをつくることができます。**

図 4-3-1 はクロッグを使って、ツインロッドで直進にガイドされた作業ヘッドを横方向に移動する装置です。ツインロッドと摺動ブロックの間には摩擦があって、作業ヘッドは外部からある程度の力がかからないと自由に動かないようになっています。

モータでクランクアームを回転して、クランクについているピンでスラッドのついたレバーを往復運動させています。そのレバーの先につけたコンロッドで直動ガイドされたクロッグを左右方向に駆動します。クロッグが往復運動すると、ティーがクロッグで押されて移動しますが、移動端でティーが置き去りになるので、作業ヘッドは往復の両端で一時的に停止します。

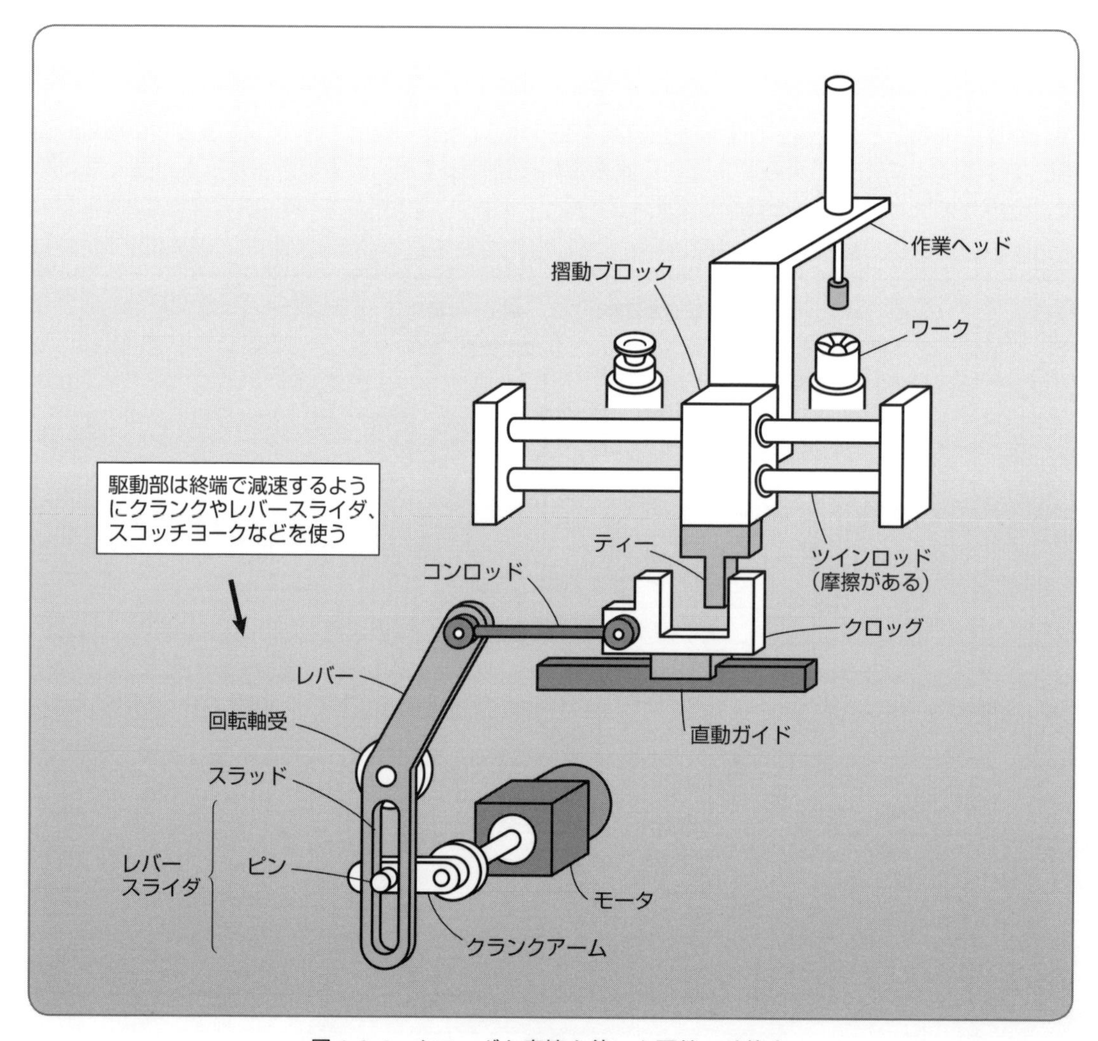

図 4-3-1　クロッグと摩擦を使った両端一時停止

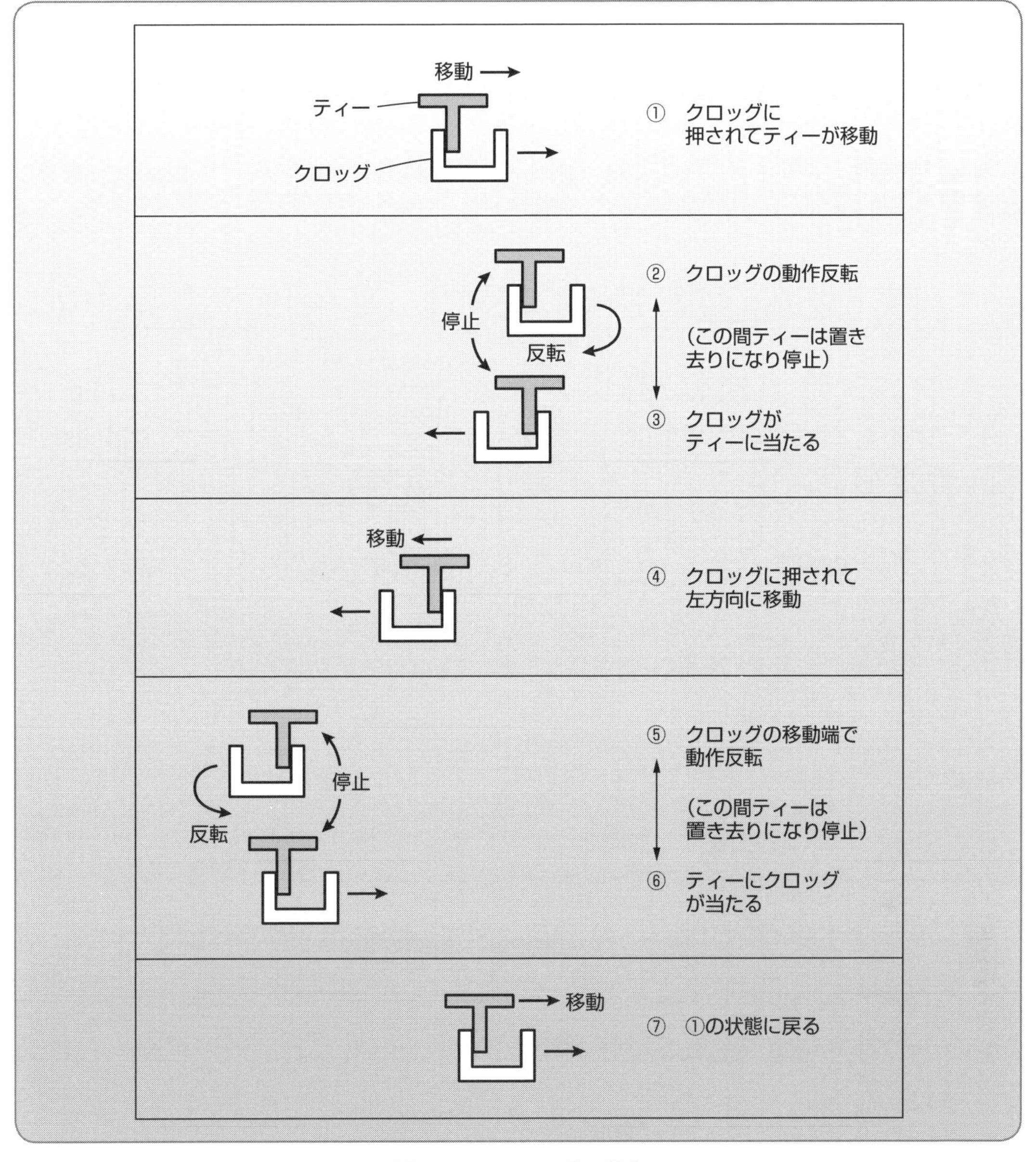

図 4-3-2　クロッグの動作

図 4-3-2 には、その様子が書かれています。①ではクロッグに押されてティーが右方向に移動しますが、②の移動端の位置まできてクロッグが反対方向に動き出すと、ティーはクロッグから離れて②と③の間の状態で置き去りになります。

③の位置までクロッグが戻ってきてティーに当たると、④のようにティーも左方向に動き出して、左端まで移動して⑤の状態になり、クロッグは右方向に移動を始めます。

⑤から⑥の状態になるまでの間ティーが置き去りになり、ティーは停止します。クロッグが戻ってきて⑥の位置にくると、ティーにクロッグが当たって、また最初のように右方向に動き出します。

このように、クロッグと摩擦による効果で、クランクアームを連続して回転したときに、ティーについている作業ヘッドは両端で一時的に停止をします。

この装置では両端の停止時間の間に、作業ヘッドを上下してワークに対する作業を行います。

図例 4-4 スコッチヨークとスプリングを使うと往復の両端で一時停止する

スコッチヨークにドウェルをつけ、ドウェルと反対端をヒールスプリングフォローにすることで、連続した往復移動の両端で一時停止するメカニズムをつくることができます。

図 4-4-1 は、クランクアームで駆動されるスコッチヨークで直動にガイドされた出力ブロックを往復運動させる装置です。行き端と戻り端の両方で出力ブロックは一時停止をするようになっています。

スコッチヨークのドライブプレートにはドウェルをつけてあるので、図の右側にドライブプレートが移動したときには一時的に停止をします。

一方、出力ブロックとドライブプレートとは、ヒールスプリングフォローで連結しているので、分離した動作をすることができます。ドライブプレートが左に移動すると、移動途中で出力ブロックはストッパに当たって停止します。ドライブプレートはさらに左に移動して左端まで行ってから戻ってきて、また出力ブロックに接触します。この間には出力ブロックはストッパに当たったまま停止していることになります。

このように、クランクアームが連続して回転すると、出力ブロックはドウェルとヒールスプリングフォローによって、右端と左端で一時的に停止するようになります。

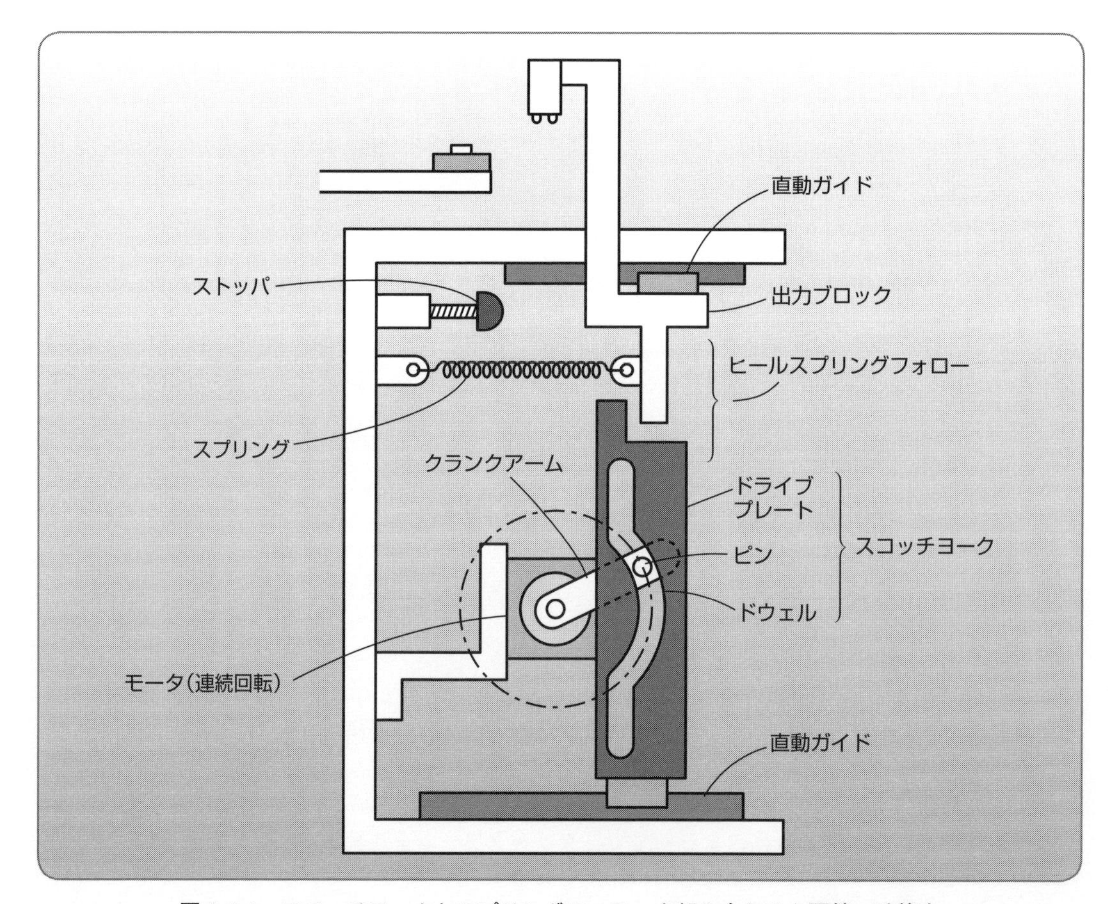

図 4-4-1　スコッチヨークとスプリングフォローを組み合わせた両端一時停止

図例 4-5　3重の末端減速にすると減速端で一時的に停止する

図例の要旨　多重減速にすると、終端で停止に近い状態になることを利用して移動端で一時停止をするメカニズムをつくってみます。

図 4-5-1は、モータでクランクアームを駆動して、その先に2つのトグルを組み合わせた装置です。

クランクは、クランクアームとコンロッドが180°に近づくと、コンロッドの先端の移動速度が遅くなって、ちょうど伸びきる位置で速度が0になる末端減速のメカニズムです。

トグルもトグル角度が180°に近づくと大きく減速する末端減速のメカニズムです。3重減速をつくるために、クランクと2つのトグルを組み合わせて同じ点で同時に減速するように配置します。すると3つのメカニズムの減速端が重なって、超高減速になります。そこで、この3つの末端減速のメカニズムを使って、**図 4-5-2**のように、減速端が重なるように配置すると、すべてのアームが伸びきる位置で、出力ヘッドがほぼ一時的に停止するような超低速の運動をつくることができます。

モータは連続して回転しているので、もちろん完全に停止するのは一瞬だけですが、減速端の付近における出力ヘッドの動きはほんのわずかなので、比較的長い時間停止する効果が得られます。

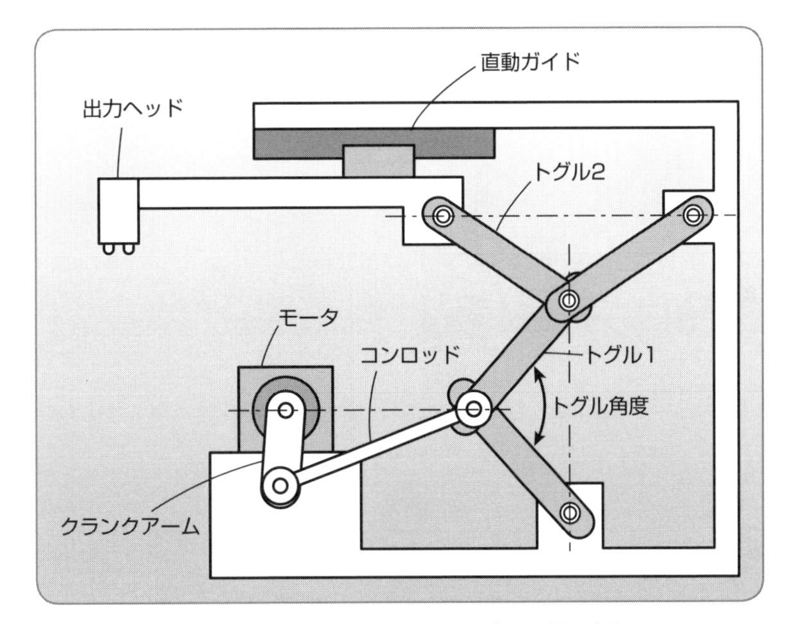

図 4-5-1　クランクと 2 つのトグルの組み合わせ

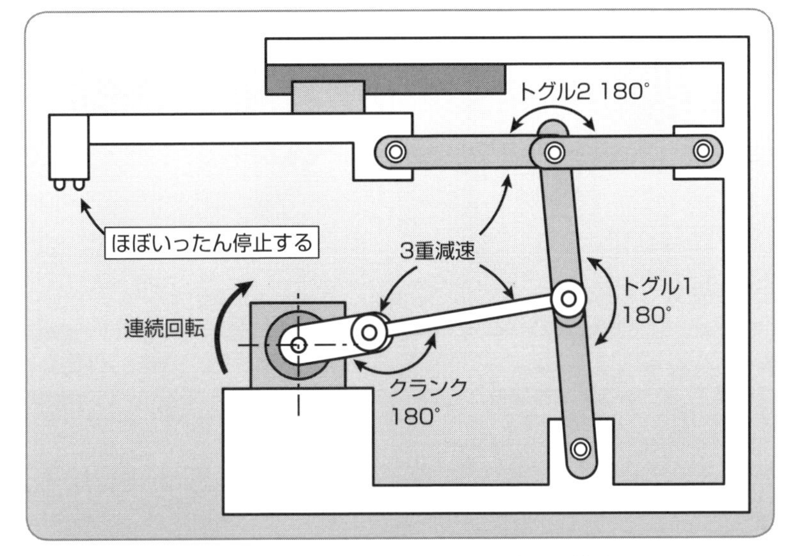

図 4-5-2　3 重減速を使った前進端一時停止

図例 4-6 ラチェットを使った連続往復の両端で長い時間停止するメカニズム

クランクを使ってモータの回転を往復運動に変換し、ラックピニオンでその往復運動を回転の往復運動に変換します。その回転往復で送り爪を使ってラチェットホイールを180°ずつ回転すると、ストロークの両端で長い時間停止する往復運動をつくることができます。

（1）クランクとラチェットを使った両端一時停止

図4-6-1は、モータを連続回転させて、出力ヘッドを前進端と後退端で一時的に停止するように構成した装置です。

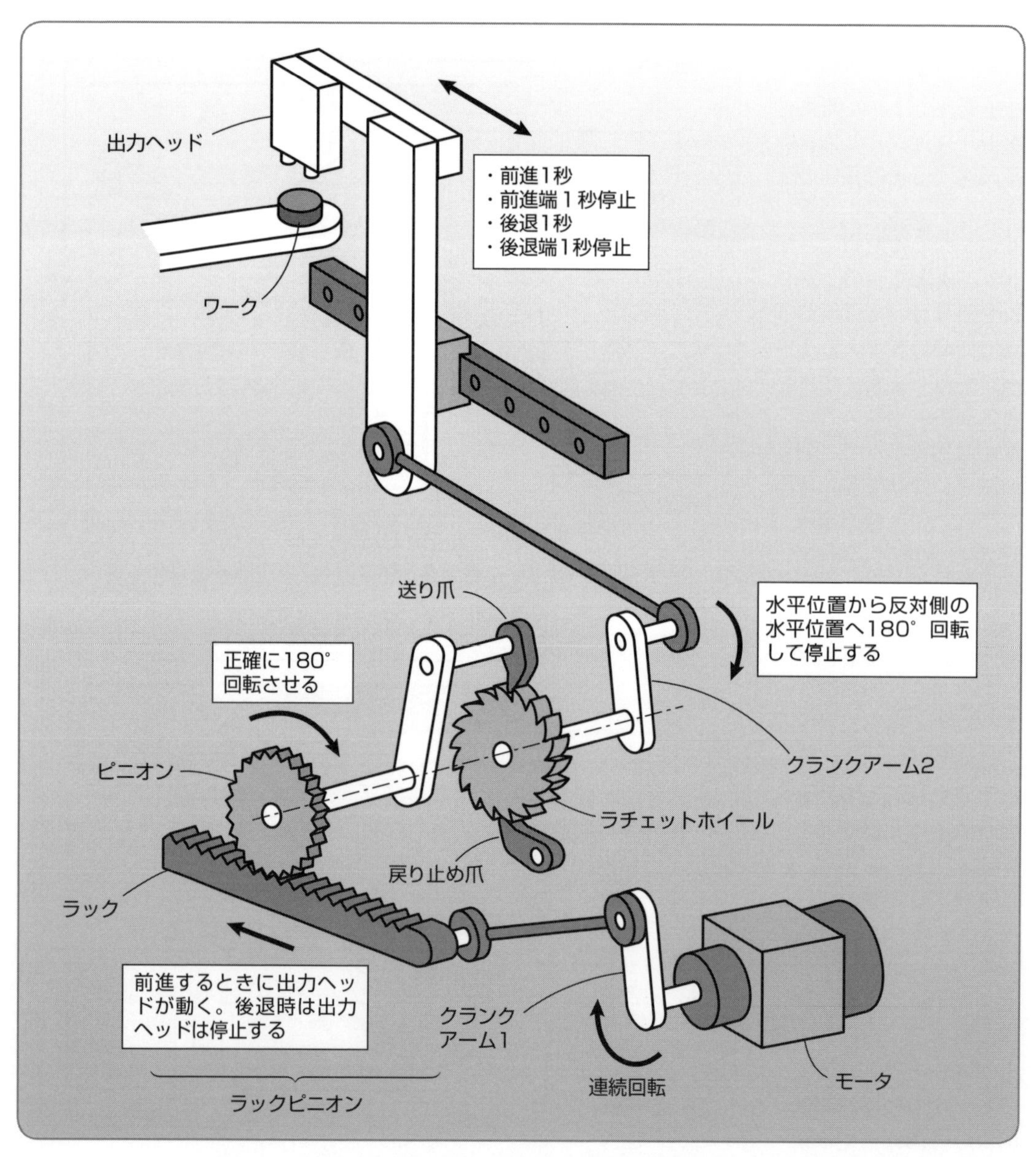

図4-6-1　ラチェットを使った両端一時停止

送り爪の 1 回の往復で、ラチェットホイールの先につけたクランクアーム 2 が毎回 180°ずつ回転するように設定すると、クランクアーム 1 が 2 回転したときに出力ヘッドが 1 往復するようになります。

モータについているクランクアーム 1 の最初の半回転で出力ヘッドが前進して、次の半回転のときは送り爪の戻り動作になるので、出力ヘッドは停止します。クランクアーム 1 の 3 回目の半回転で送り爪が 180°動いて出力ヘッドを後退させます。4 回目の半回転では送り爪の戻り動作になるので、ラチェットホイールは動かずに出力ブロックも停止したままになります。

2 秒でモータが 1 回転するのであれば、出力ヘッドは最初の 1 秒で前進し、次の 1 秒で停止、次の 1 秒で後退、最後の 1 秒は停止するという動作になります。

このように、送り爪がラチェットホイールを駆動するときに、出力ヘッドが前進移動と後退移動をして、送り爪の戻り動作のときには停止するようになります。

停止と移動は同じ時間間隔になるので、たとえば 1 秒間で前進したら、前進端で 1 秒間停止し、次の 1 秒間で後退して、1 秒間停止するような動きになります。

クランクアーム 1 の出力で送り爪を 180°回転駆動できるメカニズムであれば、ラックピニオンを使わなくてもかまいません。

(2) ラチェットの送り量の調節

ラチェットの送り量を調節するために、**図 4-6-2** のような移動可能な調節プレートをつけることがあります。ラチェットの送り爪がラチェットホイールにかみ合う位置を、送り量調節プレートで変更します。

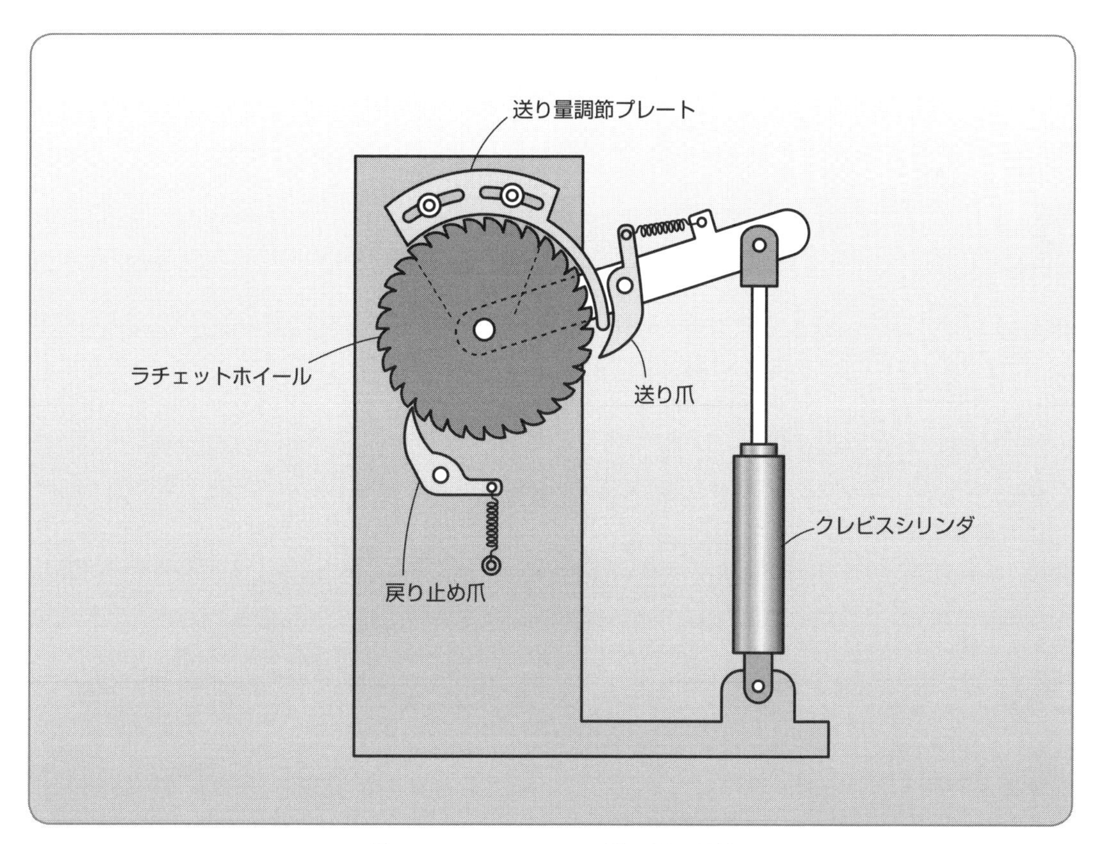

図 4-6-2　ラチェットの送り量の調節

図例 4-7　ダブルピンゼネバを使った両端で一時停止する往復メカニズム

ダブルピンゼネバの間欠運動の出力を利用して、連続した往復運動のストロークの両端で一時停止するメカニズムをつくってみます。

図 4-7-1 は、モータの連続回転出力で出力ブロックを往復運動して、その両方の移動端で一時停止をする装置です。モータの回転出力を６分割のダブルピンゼネバで60°の角度送りと停止を繰り返す間欠運動に変換して、さらにギヤ比が１：３の歯車を使って、60°の角度を３倍の180°に変換しています。

この変換で、クランクアームは180°の回転と停止を繰り返す間欠動作になるので、その出力を直動ガイドされた出力ブロックにコンロッドで接続すると、出力ブロックは前進→停止→後退→停止の順番に動作を繰り返すことになります。６分割のダブルピンゼネバの回転出力の特性は、60°の角度移動が１秒のときに、停止時間がほぼ半分の0.5秒程度になるので、比較的長い停止時間を確保できます。

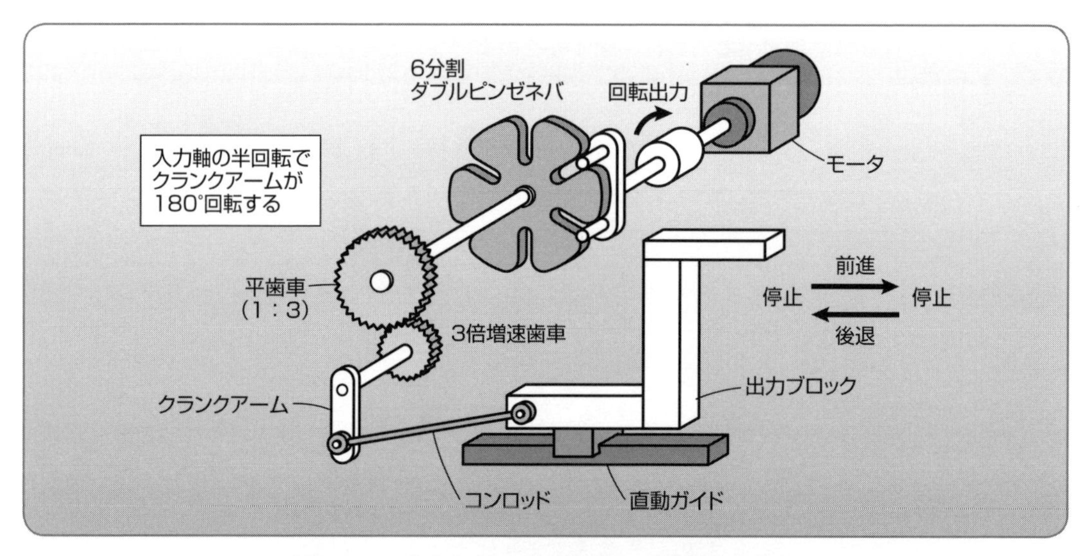

図 4-7-1　ダブルピンゼネバを使った両端一時停止

出力ブロックも同様に１秒の移動と0.5秒の停止を繰り返します。

写真 4-7-1 は、ダブルピンゼネバ、３倍増速歯車、クランクアームを使って両端停止の往復運動出力をつくり、ピック＆リムーバを駆動する実験に使用したMM3000シリーズのモデルです。単層誘導モータを回転すると、ピック＆リムーバが往復移動して前進端と後退端で一時停止します。停止時間内でチャックの上下動作を行うとピック＆プレイス動作になります。

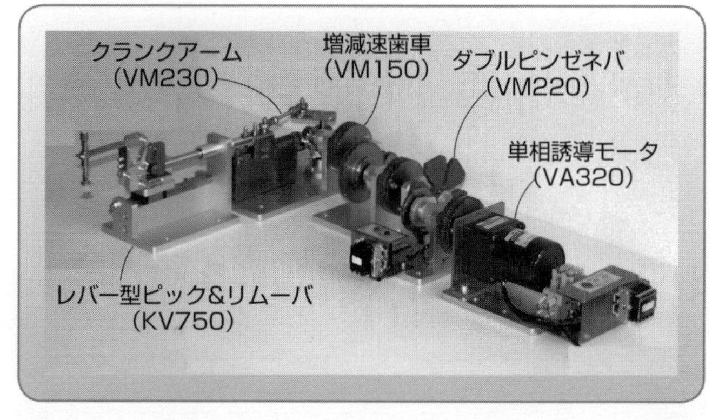

写真 4-7-1　ダブルピンゼネバを使ったピック＆リムーバを駆動するモデル

図例 4-8 前進端と後退端で一時停止するにはドウェル付きのカムを使う

カムのドウェルを使うと往復運動中の任意の位置で一時停止させることができます。

(1) 円盤カムを使った両端一時停止

図 4-8-1 は、2 カ所にドウェルがついた円盤カムを使って出力ブロックの往復と移動端における一時停止をする装置です。

円盤カムをモータで回転すると、カムフォロワがスプリングの力で円盤カムに密着しているので、カムフォロワのついたレバーがカム曲線に沿って往復運動します。レバーの往復出力は、コンロッドで連結して出力ブロックを前後に移動します。

カムの形状は、**図 4-8-2** のようになっていて、ドウェル 1 とドウェル 2 の 2 カ所のドウェルが配置されています。ドウェルはカムの回転中心から同一半径の円弧になっているので、ドウェルの範囲ではカムが回転してもレバーは動きません。

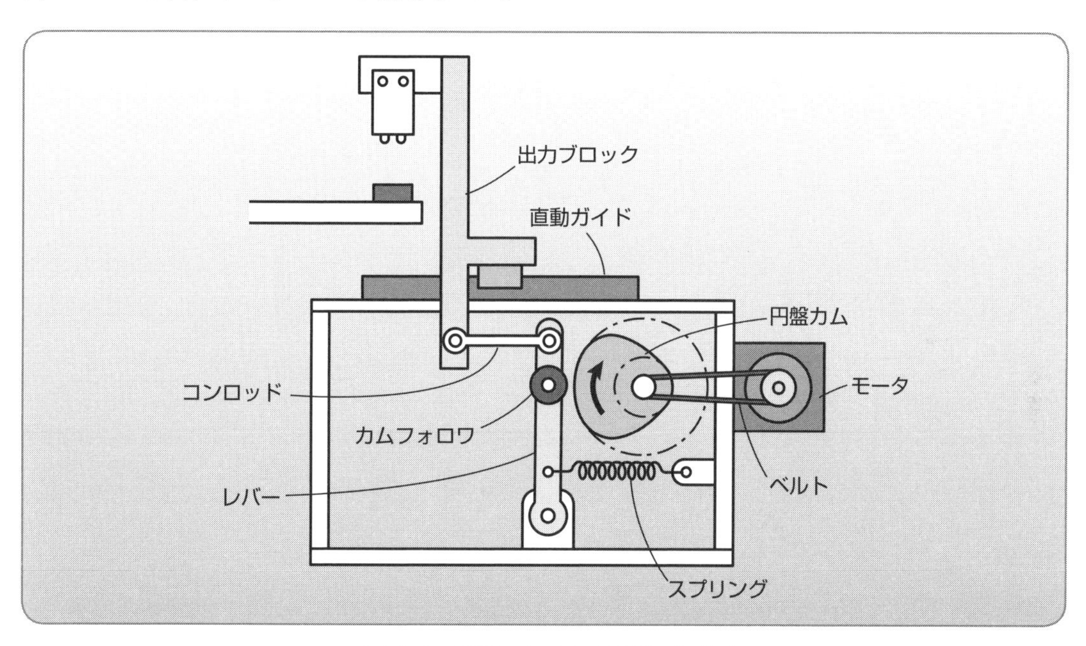

図 4-8-1　円盤カムによる両端一時停止

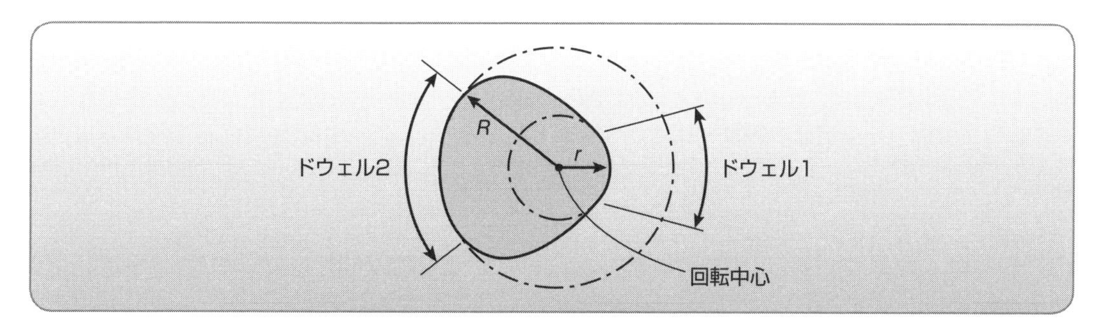

図 4-8-2　円盤カムの 2 つのドウェル

(2) 円筒カムを使った両端一時停止

図 4-8-3 のような円筒型のドラムカム（円筒カム）でも、同じようにドウェルを使った両方の移動端における一時停止の運動特性をつくることができます。

ドラムカムのドウェルは、**図 4-8-4** のように底面からの距離が同じになるように加工した面のことになります。ドウェル１の面にカムフォロワが当たっているときにはカムフォロワの位置は動かないので、出力テーブルは停止したままになります。ドウェル２でも同様にカムフォロワは停止するので、出力テーブルは両端で停止します。

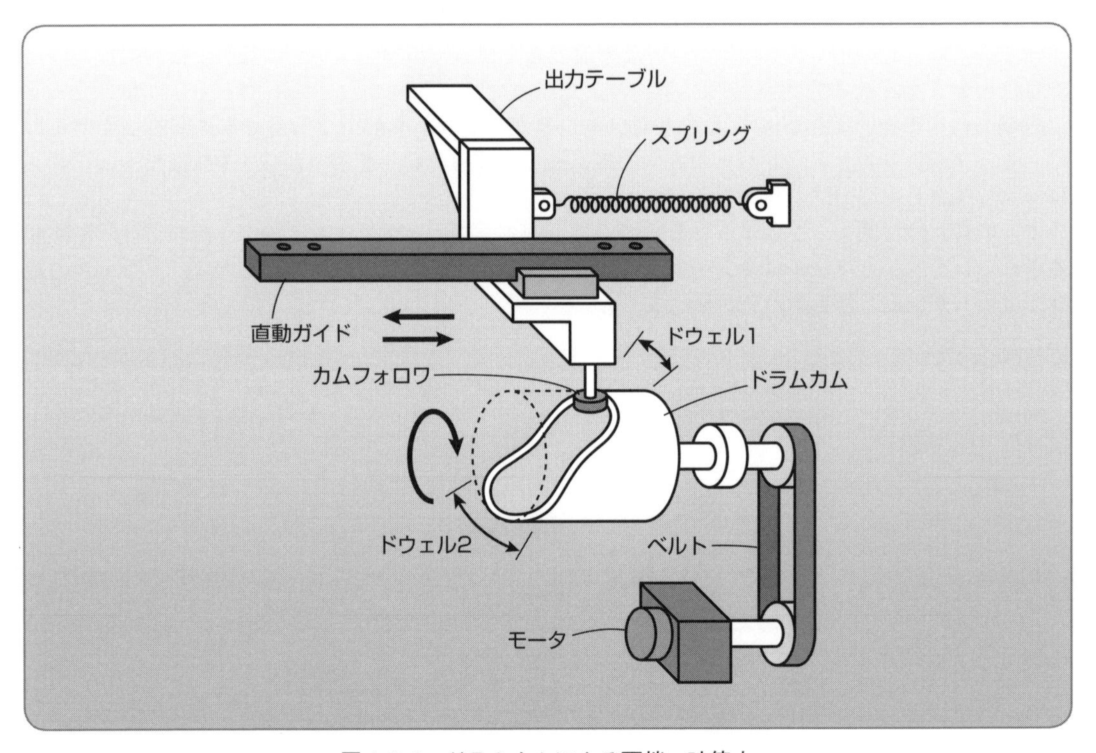

図 4-8-3　ドラムカムによる両端一時停止

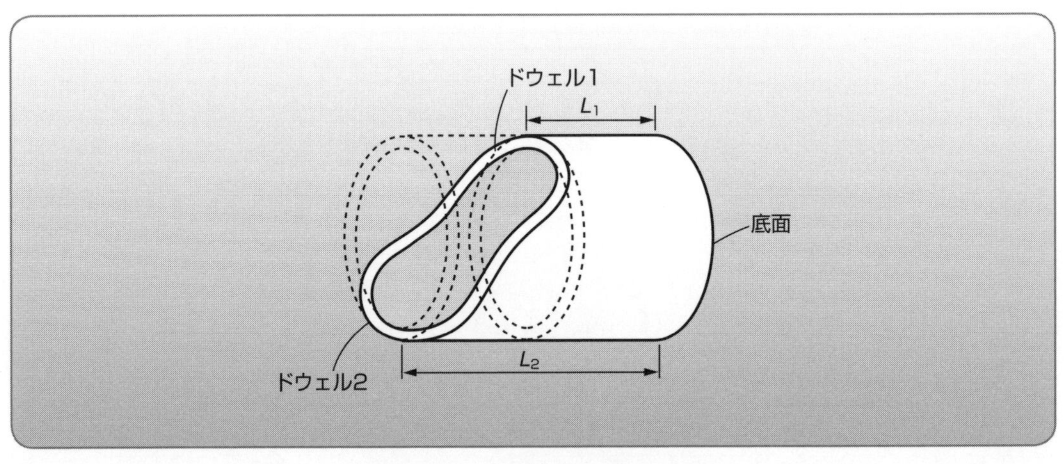

図 4-8-4　円筒カムのドウェル

回転しながら移動するメカニズム

汎用のメカニズムを使って回転しながら移動するユニットや、歯車を利用したアーチモーションユニットを設計する方法を紹介します。

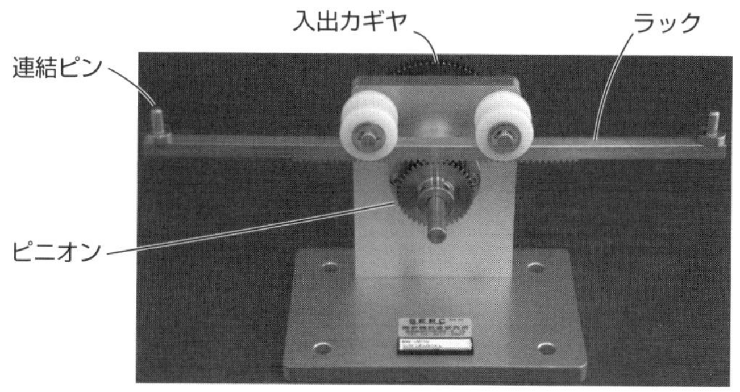

ラックピニオン（VM110）

増減速歯車（VM150）

図例 5-1　回転しながら移動するには固定ラックと遊星ピニオンを使う

固定ラックと遊星ピニオンを使うと、回転しながら直進に移動する装置を簡単に構成できます。

(1) 固定ラックを使った回転移動

図 5-1-1 は、モータの回転出力で回転ツールを回しながら往復運動させる装置です。モータが矢印の方向に回転すると、ピニオン1がラック1を駆動して、直動ブロックがリミットスイッチ LS_2 の方向に移動します。ラック1先端の移動プレートには自由に回転できる回転ツールが取り付けてあります。移動プレートが移動すると固定されているラック2とかみ合っている遊星ピニオンが回転するので、回転ツールは直進移動しながら回転します。このようにラックを固定しておき、遊星ピニオンを連結すると、回転しながら移動するメカニズムになります。

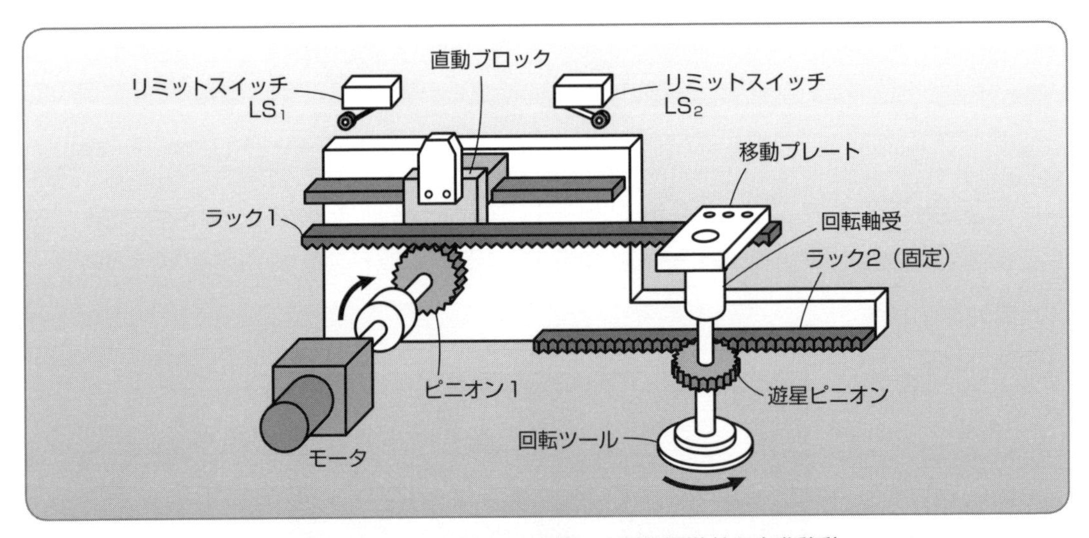

図 5-1-1　ラックとピニオンを使った回転運動付き直進移動

(2) 回転を使った移動

図 5-1-2 は、固定されたラックにかみ合った遊星ピニオンの先にチャックを取り付けて、位置Aから位置Bへ距離 L だけ移動させるメカニズムです。

遊星ピニオンは移動とともに回転して、ちょうど180°回転したところが距離 L になっているとすると、チャックは $L+2R$ の距離だけ移動することになります。ワークをより遠くへ運ぶときなどに有利な方法です。

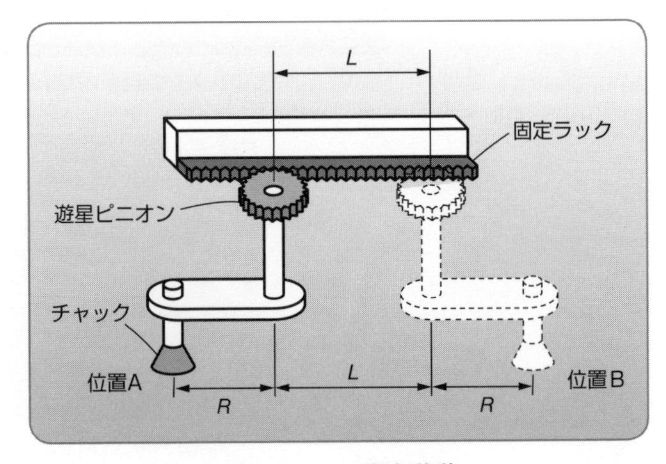

図 5-1-2　180°回転移動

図例 5-2 固定歯車で180°方向変換するとアーチモーションユニットができる

ワークを拾い上げて移動するピック＆プレイスユニットを歯車をつかったアーチモーションユニットで構成する方法を考えてみます。アーチモーションをするピック＆プレイスユニットは高速にワークを移動することができます。

(1) 固定歯車を使ったアーチモーションメカニズム

図 5-2-1 は、中央に固定歯車があり、その周囲を固定歯車と同じ大きさの回転歯車が 180°回転移動するアーチモーションユニットです。ハンドルを操作して回転歯車を A 側から B 側へ 180°移動すると 90°のところでチャックは真上を向き、その後 B の位置までくると、また下向きに戻ります。すなわちチャックは 360°回転することになります。ハンドルを取り外してロータリエアアクチュエータなどで駆動アームを 180°回転すれば、A 側でチャックしたワークを B 側に移動する装置になります。この装置の動作は次のように解析することができます。

回転歯車がシャフトに固定されていると考えて、固定歯車が存在しないときにアームを 180°回転すると、B に到着したときにはチャックは上向きになります。一方、回転歯車がフリーのときに固定歯車によって回転歯車が回転させられる量は固定歯車の外周の 1/2 になるので、回転歯車は 180°回転することになります。チャックの回転量はこの 2 つの回転量のたし算になるので、固定歯車がないときの 180°に固定歯車の外周による 180°を加えた 360°だけチャックは回転することになり、B に到着したときにはチャックは元の姿勢に戻ります。

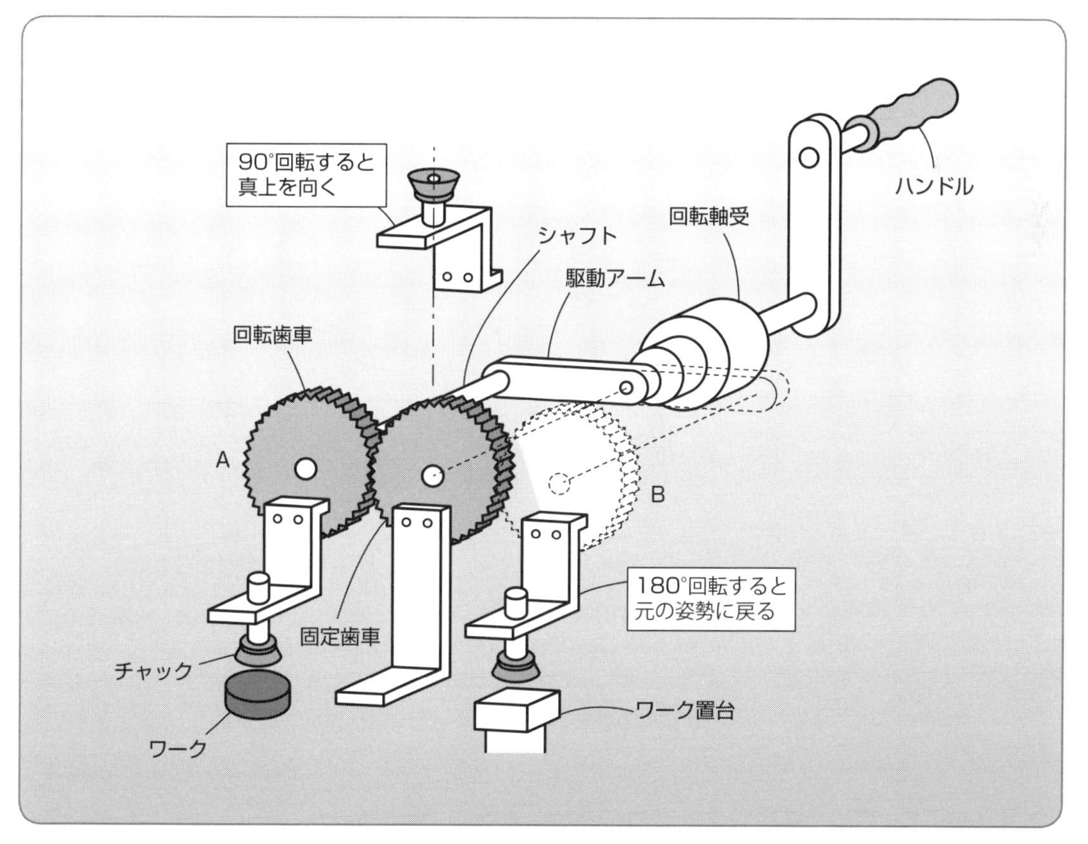

図 5-2-1　固定歯車を使ったアーチモーションユニット

(2) チャックの向きを変えないアーチモーションユニット

図 5-2-2 は、固定歯車と回転歯車の間に逆転歯車を入れて、AからBへ移動するときに、チャックが下を向いたままの姿勢を保つようにしたアーチモーションユニットです。

回転歯車と逆転歯車は同じ駆動アームに取り付けられていて、固定歯車の周囲を180°回転移動します。固定歯車と回転歯車は同じ形状のものを使いますが、逆転歯車は大きさが異なっていてもかまいません。

このように逆転歯車を使った駆動アームをハンドルを回してAから180°回転すると、チャックはAの位置から下を向いたままBの位置へ移動します。

この動作は次のように説明できます。逆転歯車がない状態でAからBへ180°移動すると、Bに到着したときにAの位置で下を向いていたチャックは、180°回転して上向きになります。

次に逆転歯車の動きを考えます。AからBの位置に移動するまでの間に固定歯車の半周分に相当する長さだけ逆転歯車の外周が回転します。この逆転歯車は回転歯車に接しているので、回転歯車も逆転歯車によって半周分だけ、チャックが回転するのと逆方向に180°だけ回されることになります。

この2つの作用によって、チャックは下を向いたままAからBへ移動します。

ハンドルをロータリエアアクチュエータや180°回転移動する出力に接続すると、ワークをAからBへ移動するアーチモーション型のピック＆プレイスユニットとして利用できます。

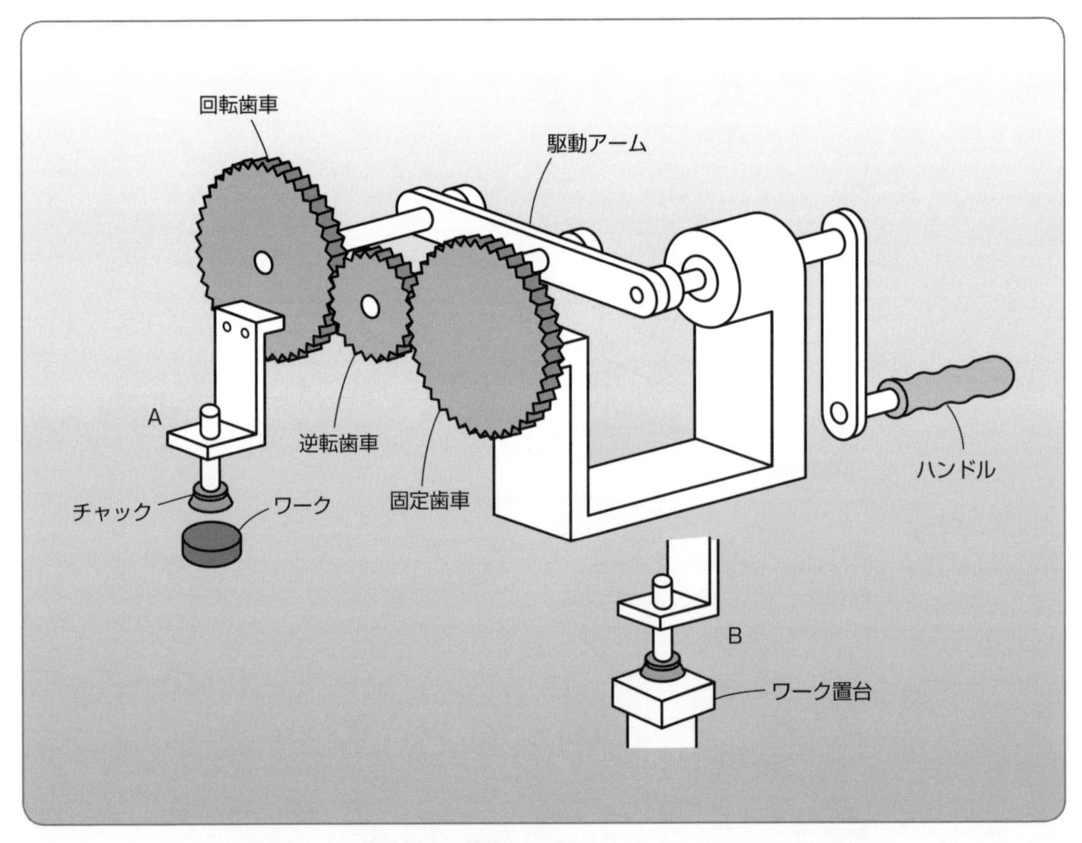

図 5-2-2　チャックの向きが変わらないアーチモーションユニット

図例 5-3 公転メカニズムを使ったアーチモーションユニット

固定かさ歯車による公転メカニズムを利用したアーチモーションユニットを紹介します。

図 5-3-1 は、モータでクランクアームを回転して、ラックを往復運動し、ピニオンが180°回転往復し、ピニオンの軸についている公転アームがAからBの位置へ回転移動するアーチモーションユニットです。チャックの回転軸には自由かさ歯車がついていて、動かない固定かさ歯車とかみ合っています。

公転アームがAからBへ180°移動すると、固定かさ歯車の効果でチャックは公転アームに対して180°向きを変えて、Bに到着したときにはAのときと同じく下向きになります。

ワンモーションでAのワークをBに移動できるので、高速のピック＆プレイスや液体の塗布装置、シール貼り装置などに応用できます。

公転アームがAからBへ移動するとチャックは360°回転するので、チャックの空気圧配管や電気配線に無理がかからないように配慮します。

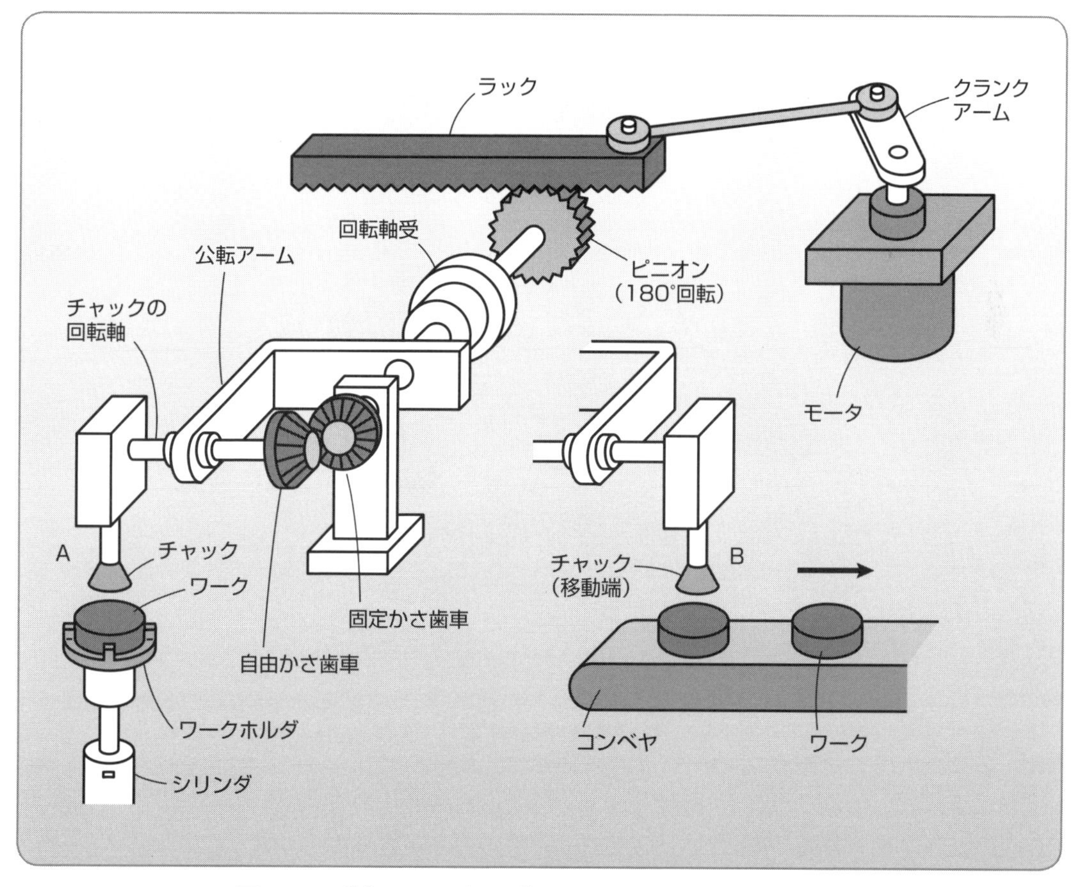

図 5-3-1　公転メカニズムを使ったアーチモーションユニット

図例 5-4 回転しながら上下するにはカムフォロワでジョイントする

1つのモータでツールを回転しながら上下するメカニズムを考えてみます。

図 5-4-1 は、モータで送りねじを回転して、移動ブロックを下降すると、下降と同時に長尺歯車の先につけたツールが回転するようになっている装置です。ツールは回転しながら上下に移動するので、送りねじとの連結にはジョイントプレートとカムフォロワの組み合わせを使っています。

大きな負荷がかかると、長尺歯車と平歯車の間の摩擦が大きくなって、異音が出たりすり減ったりすることがあるので給油するなどの処理が必要です。

平歯車やタイミングプーリの直径を変えることで、ツールの回転速度を調節できます。ツールの回転量と上下の移動量の比が一定で同期しているので、ねじ締めの作業ユニットなどに応用できます。

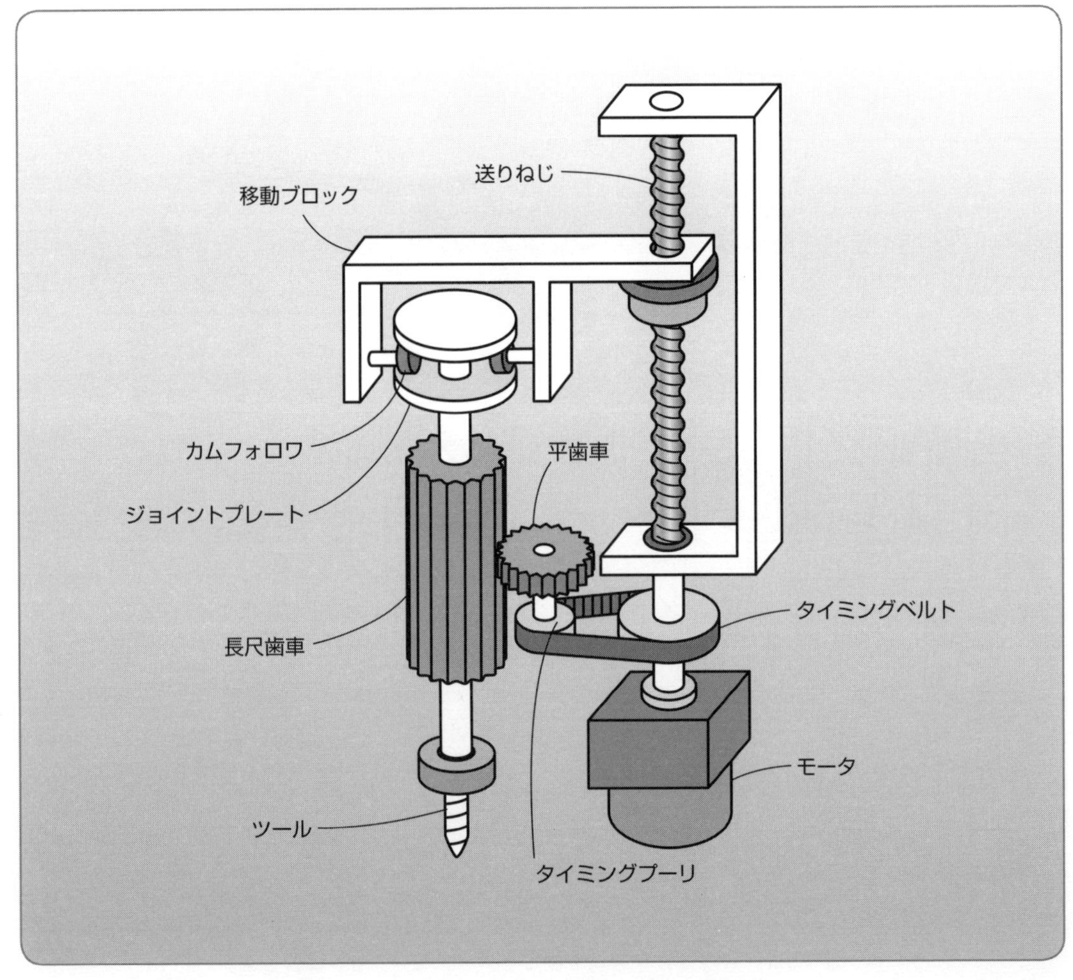

図 5-4-1　送りねじの上下と歯車の回転の組み合せ

図例 5-5 直動のあとで90°旋回するには L型溝カムを使う

L型溝カムに2つのカムフォロワをつけた移動ブロックを組み合わせて、直動の終端で90°旋回するメカニズムをつくってみます。

図5-5-1の装置は、クレビスシリンダを上昇すると、カムフォロワ1と2がL型溝カムの溝に沿って垂直に移動して、Lに曲がっているところでカムフォロワ1が水平方向に方向を変換します。

クレビスシリンダはさらに上昇してカムフォロワ2がL型の角の位置まで移動して停止します。このとき、移動ブロックは90°傾くことになるので、ワークを傾斜テーブルに送り出します。

カムフォロワ2は上下に垂直移動して、水平方向には移動しません。

図5-5-2は、水平にセットされたワークを垂直に姿勢変換してフランジに供給する装置です。

このように、カムフォロワ2の回転軸の中心を上下することで、固定した空気圧シリンダで駆動できるようになります。

ワークをチャックに装着してシリンダを下降するとワークは90°姿勢変換してからL型溝カムに沿って垂直に下降します。

このようなL型溝カムと2つのカムフォロワの組み合わせで90°姿勢変換と直動の動作をつくることができます。

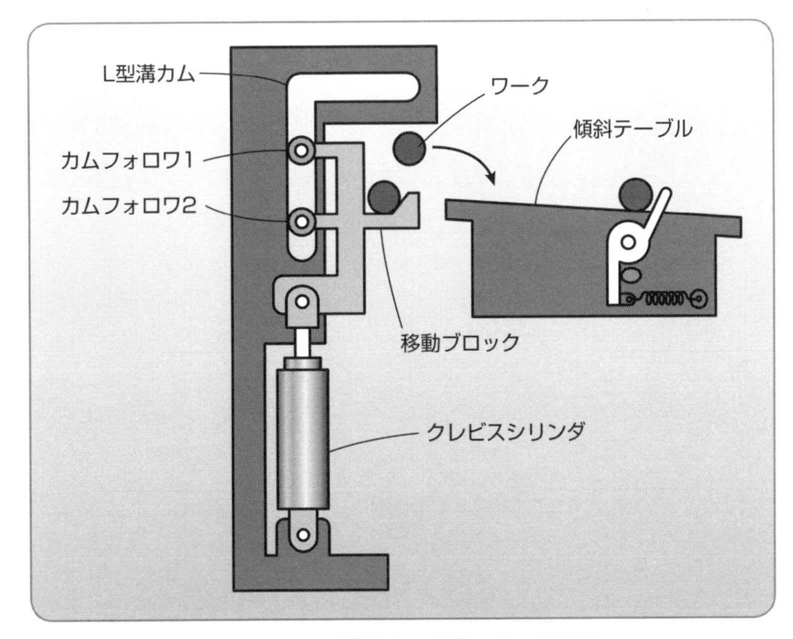

図5-5-1　L型溝カムを使った90°回転

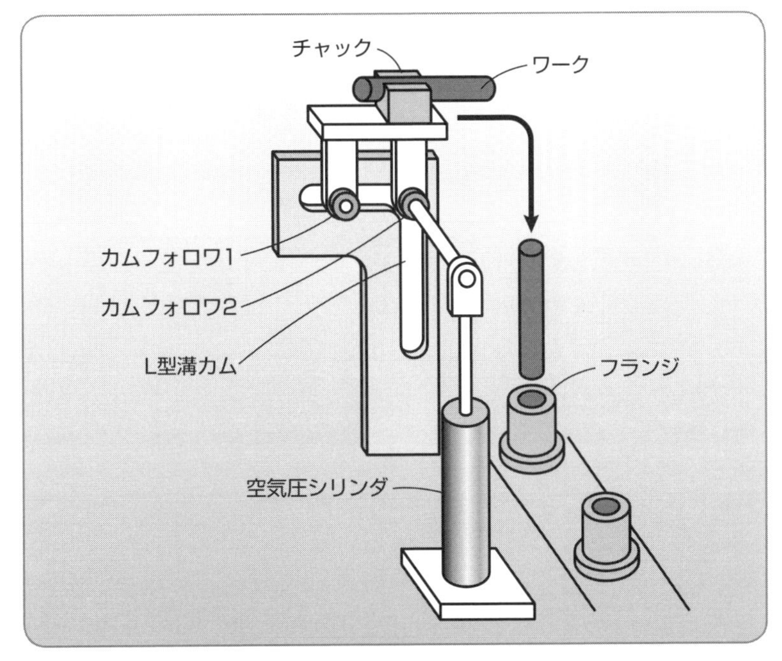

図5-5-2　90°姿勢変換と直動動作

図例 5-6 テーブルを回転しながら衛星歯車を回すには固定歯車を使う

回転テーブルの周りにターンユニットを取り付け、テーブルの回転とともにターンユニットがくるくる回るメカニズムをつくります。

図 5-6-1 のメカニズムは、中央に固定歯車があり、ターンユニットの衛星歯車が固定歯車とかみ合っています。回転テーブルをモータで駆動するとターンユニットも回転します。衛星歯車を小さくすると、ターンユニットは速く回転します。

歯車を使って連結することで、回転テーブルとターンユニットは完全に同期して動くことになり、回転テーブルの位置が決まればターンユニットの姿勢も決まることになります。ペットボトルにキャップをねじ込む装置などに応用できます。

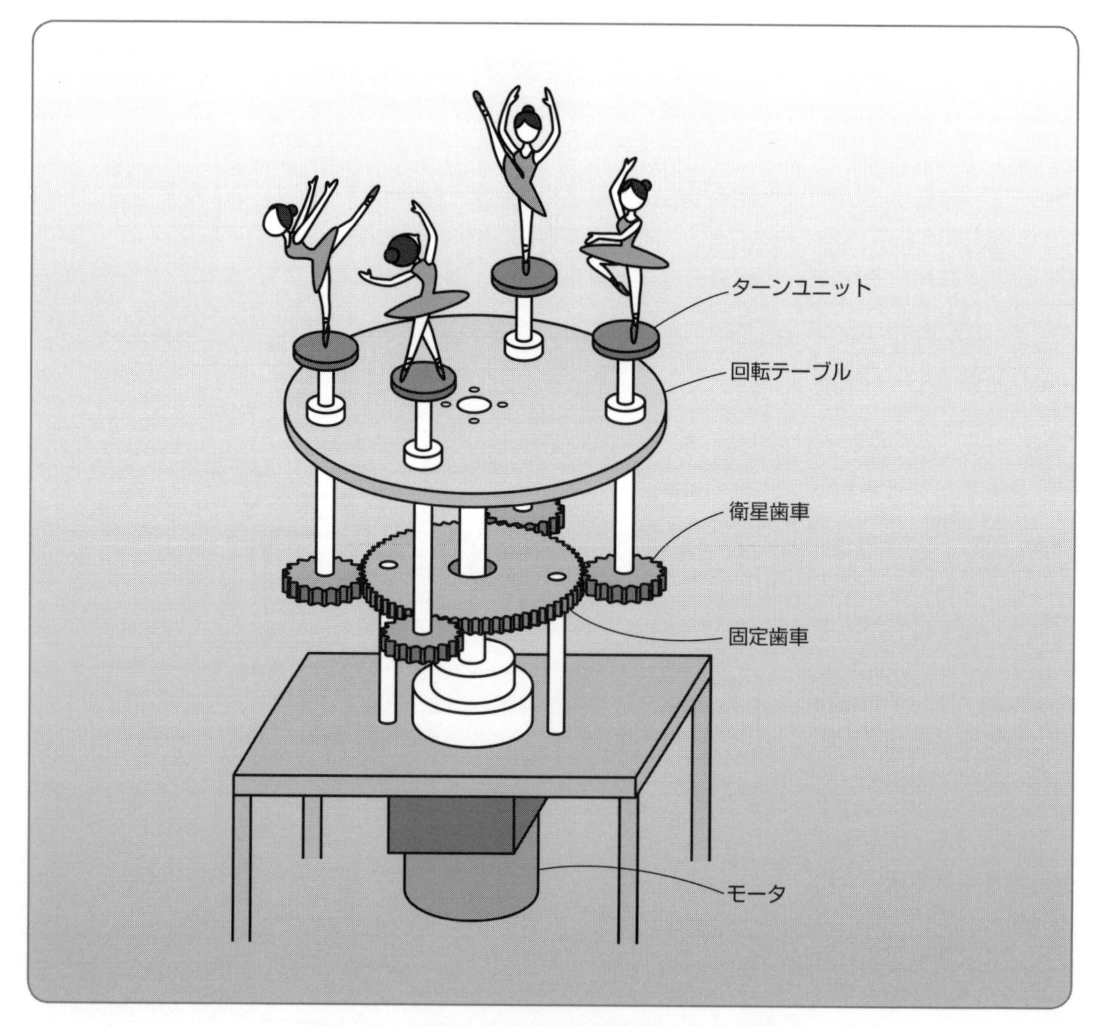

図 5-6-1　円周のユニットを回転するメカニズム

図例 5-7 回転しながら上下移動するには摩擦車と傾斜円盤を使う

傾斜円盤を回転させて摩擦車を駆動すると、回転しながら上下に移動する装置をつくることができます。

図 5-7-1 は、円筒型の棒を斜めに切った型をした傾斜円盤をモータで回転して、摩擦車を回転させながら上下に移動するメカニズムです。摩擦車の先に回転体をつけておくと回転体は回転しながら上下します。

おもちゃ風車のように回転体にかかる負荷が小さいときに利用します。

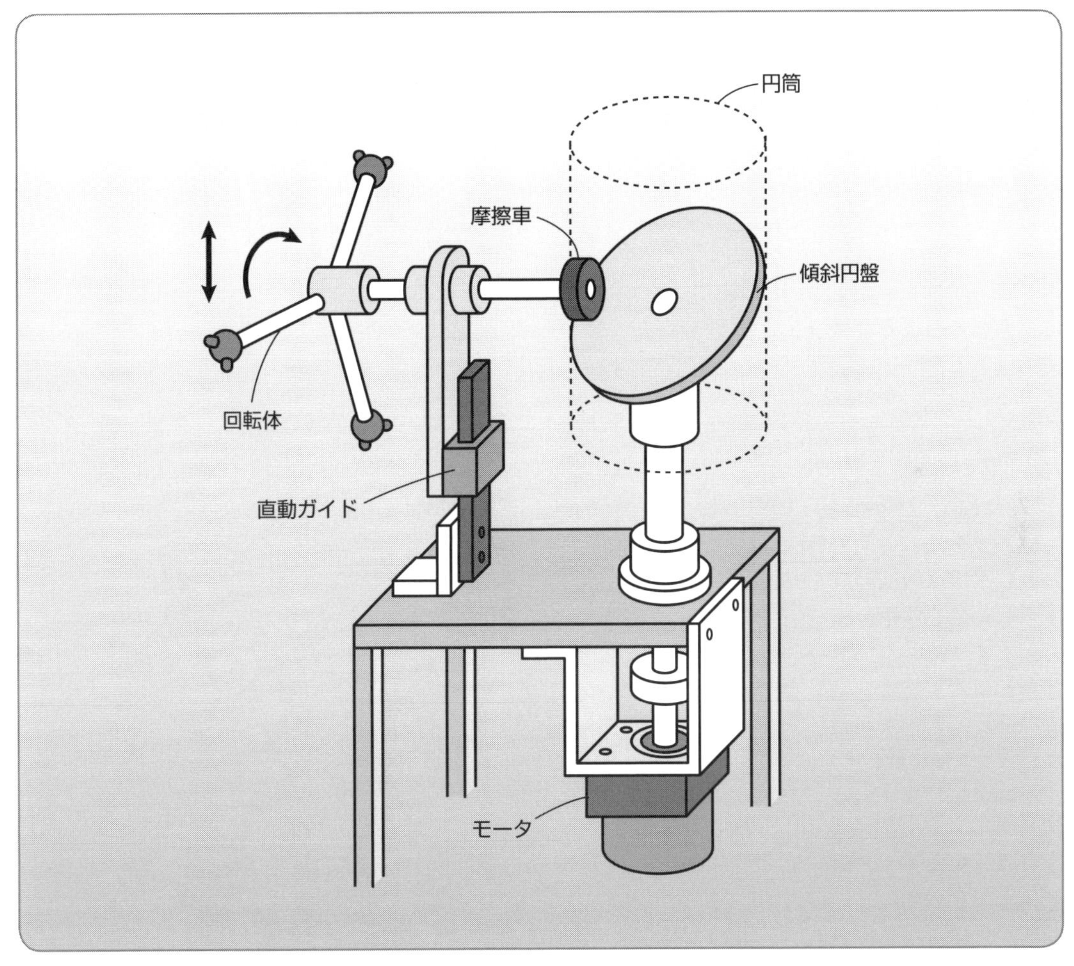

図 5-7-1　傾斜円盤を使った回転上下動作

図例 5-8 上下に移動しながら回転するには偏心カムと摩擦車を使う

摩擦車と偏心カムを使って1つのモータで回転と上下移動を行うメカニズムを考えてみます。

（1）摩擦車を使った回転上下移動

図5-8-1は、モータで偏心カムを回転して、偏心カムに接している摩擦車を回転させながら上下に移動するメカニズムです。

摩擦車はスコップツールと一体になっているので、摩擦車が回転するとスコップツールも回転します。

スコップツールが上下に移動できるようにスライドガイドがついています。

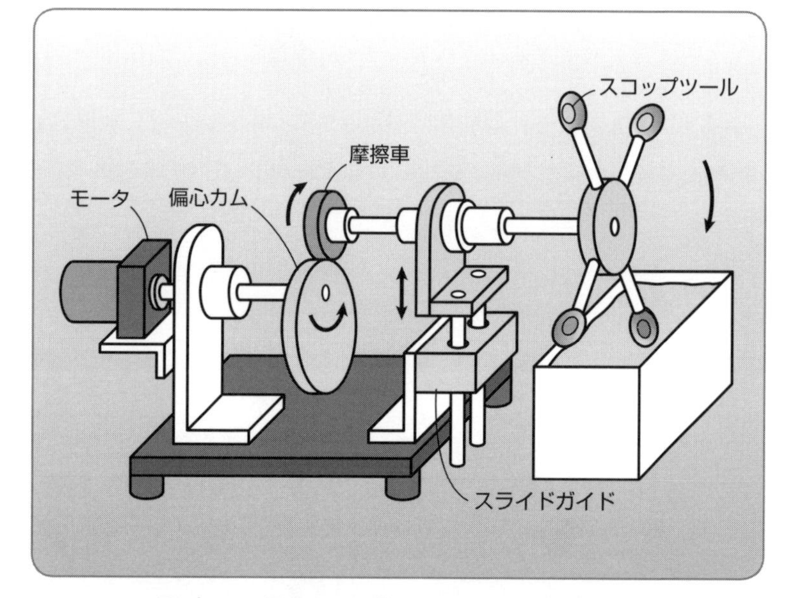

図5-8-1　偏心カムを使った回転上下メカニズム

（2）偏心歯車を使った回転上下移動

図5-8-2は、カムの替わりに平歯車の回転軸をずらした偏心歯車を使っています。モータで偏心歯車を回転すると、接しているピニオンが回転しながら上下に移動します。

ピニオンとツールは一体になっているので、ツールはピニオンと同じ動作になり、回転しながら上下に往復揺動運動をします。

装置の構造をシンプルにするためツールはレバーでガイドしています。

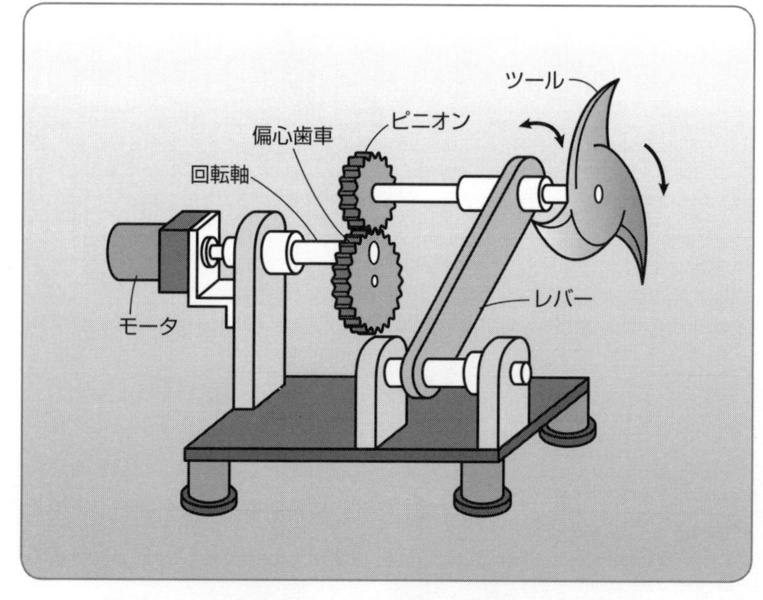

図5-8-2　偏心歯車とレバーを使った回転上下メカニズム

第6章 ワンモーションでワークを引き込んでプレスするメカニズム

ワンモーションでワークを引き込み、上からプレスする装置を動かすからくりメカニズムをつくってみます。

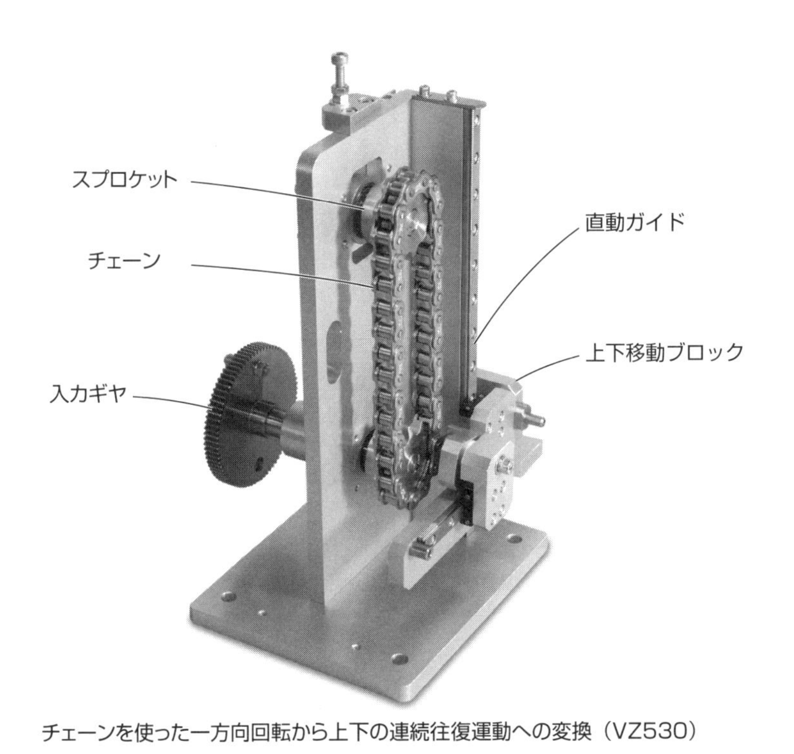

チェーンを使った一方向回転から上下の連続往復運動への変換（VZ530）

図例 6-1　ワークの引き込みとプレスを同期させるメカニズム

水平に移動するワークの引き込み部分と、上下に移動するワークのプレス部分のメカニズムを1つのアクチュエータで駆動して、ワンモーションでワークの引き込みと同時に上からプレスするユニットを設計してみます。

(1) 駆動部の入力軸を共通にする

ワンモーションでワークを引き込んでプレスするには、水平に移動するワークの引き込み部分と、上下に移動するワークのプレス部分の2つのメカニズムに分けて、両方のメカニズムを1つのアクチュエータで同期して駆動するように設計します。その1つの考え方として駆動部の入力軸を共通にする方法があります。

アクチュエータとしてモータのような回転出力を出すものを使うことにすると、たとえば**図 6-1-1** のような水平移動ベルトを使った、ワークを水平移動する送り装置が考えられます。プレスヘッドを垂直に移動する部分も、回転入力と垂直移動ベルトを使ったメカニズムにすると、**図6-1-2**のようになります。

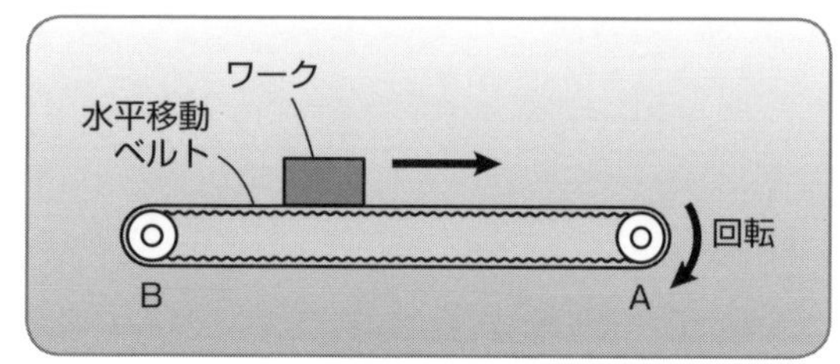

図 6-1-1　水平移動のメカニズム

図 6-1-1 の A と図 6-1-2 の C を連結すると移動方向が逆になるので、**図 6-1-3** のようになってうまくいきません。連結を変えて、B と C を連結してみても**図 6-1-4** のようになり、引き込まれたワークにプレスヘッドが当たらないのでうまくいきません。

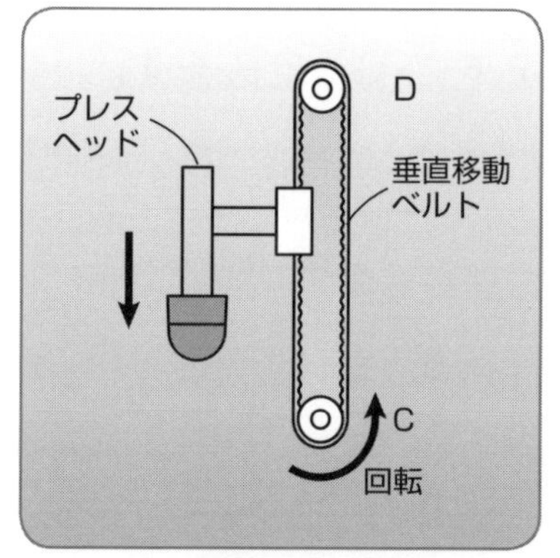

図 6-1-2　ベルトを使った垂直移動

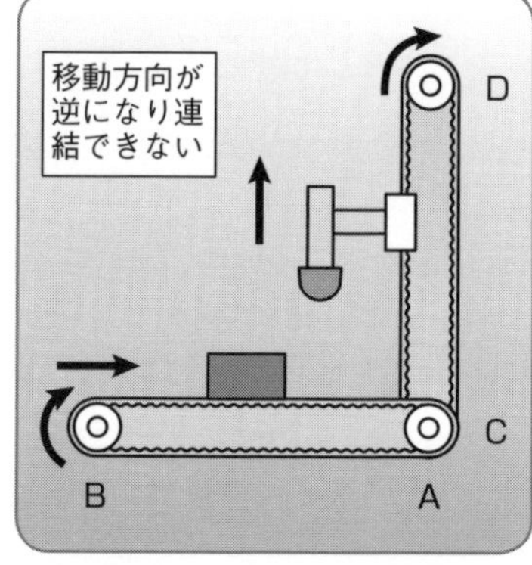

図 6-1-3　A と C の連結

(2) 解決方法（その 1）

この解決方法として簡単にできるものは2通りあります。1つは図 6-1-3 の連結方法を採用して、C-D 側のコンベヤの入力の回転方向を逆にすることです。平歯車を使って回転軸を逆回転するには、**図 6-1-5** のように歯車同士を連結させます。この方法を使うと、図 6-1-3 は**図 6-1-6** のように改造できます。

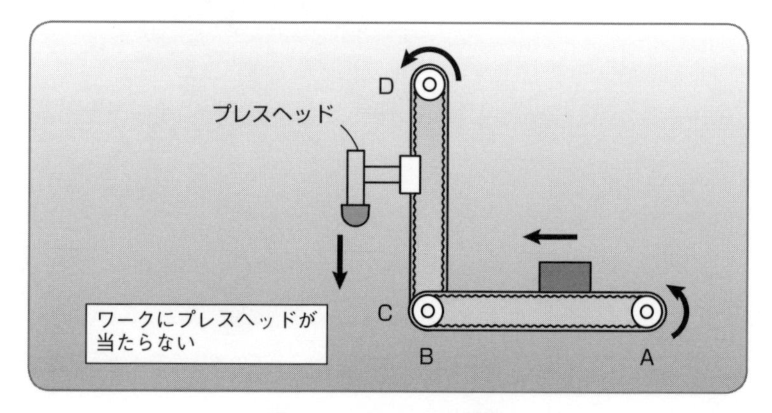

図 6-1-4　B と C の連結

(3) 解決方法（その2）

もう1つの方法は、図6-1-4のプレスヘッドを右向きに変更することです。**図 6-1-7** は直動ガイドをつけて垂直移動ベルトの反対側にプレスヘッドを移動したものです。

このようにしてワークの引き込みとプレスヘッドの下降が同期するように構成を変更します。

しかし、まだ問題が残っています。図 6-1-7 のメカニズムをモータで駆動するとプレスヘッドとワークが接触

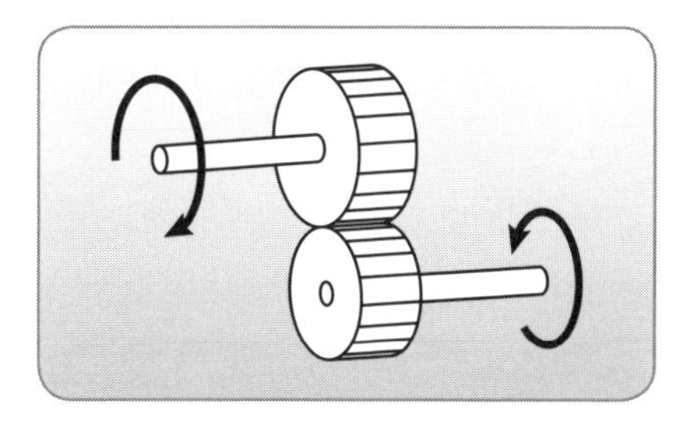

図 6-1-5　平歯車による逆回転

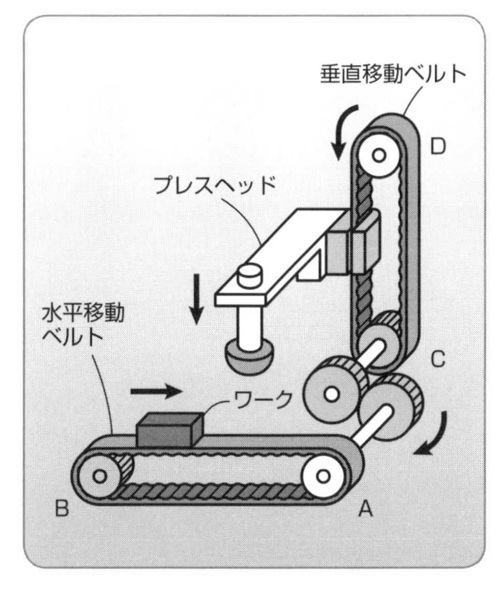

図 6-1-6　逆転歯車を使った連結

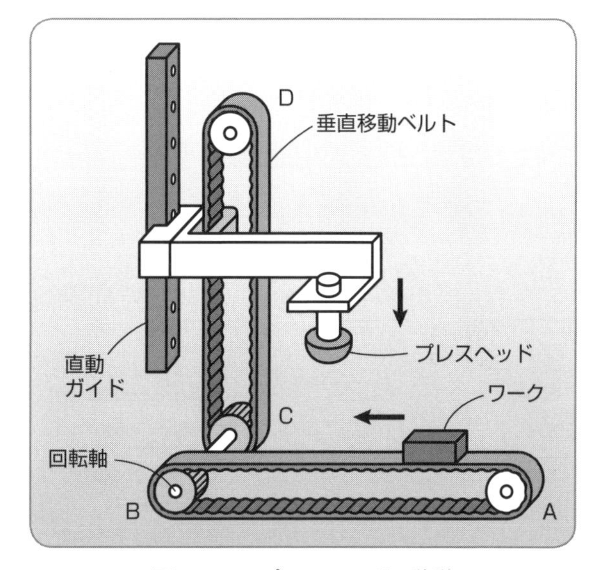

図 6-1-7　プレスヘッドの移動

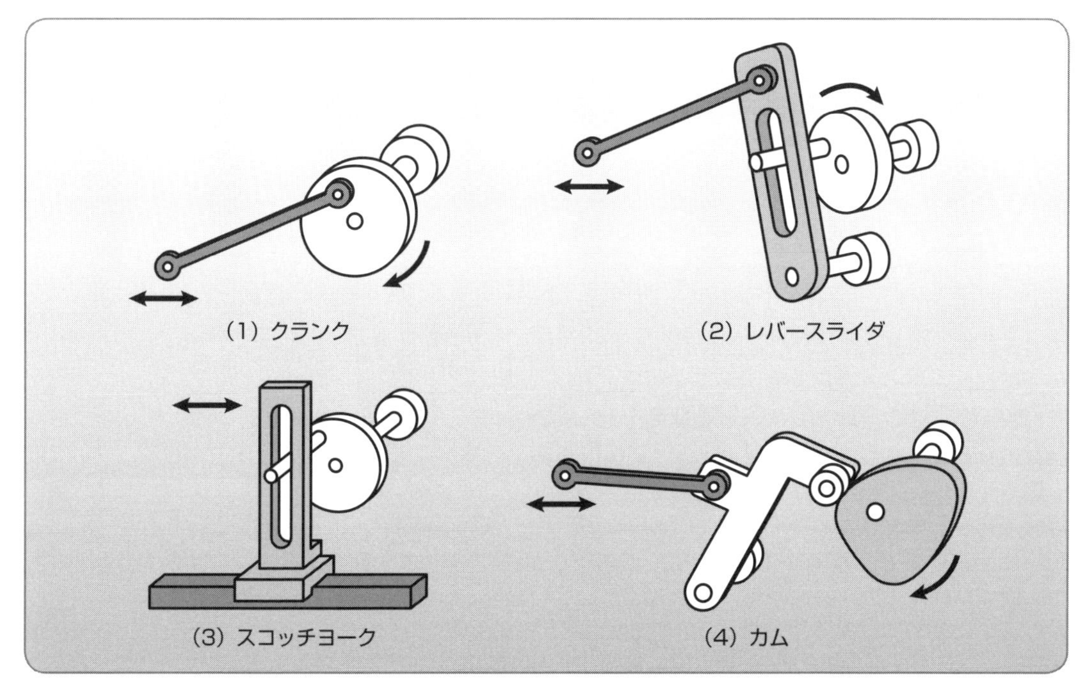

図 6-1-8　連続回転を往復にするメカニズム

した後、モータを瞬時に停止するか逆転しないと装置が破損してしまいます。

(4) 行き過ぎの改善

そこでモータを連続回転したときにプレスヘッドが一定の距離で往復するように改造します。

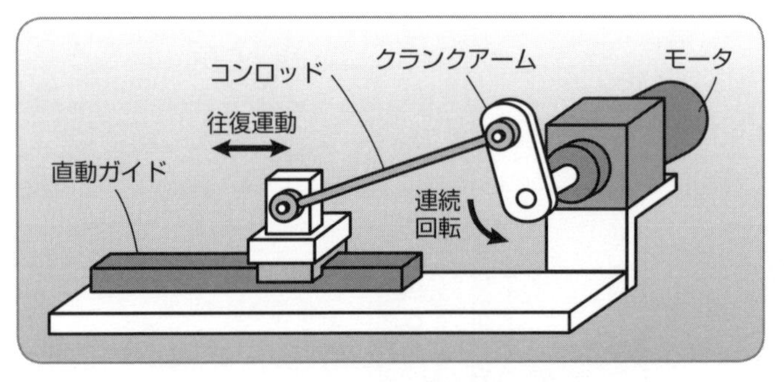

図 6-1-9　クランクを使った連続往復運動

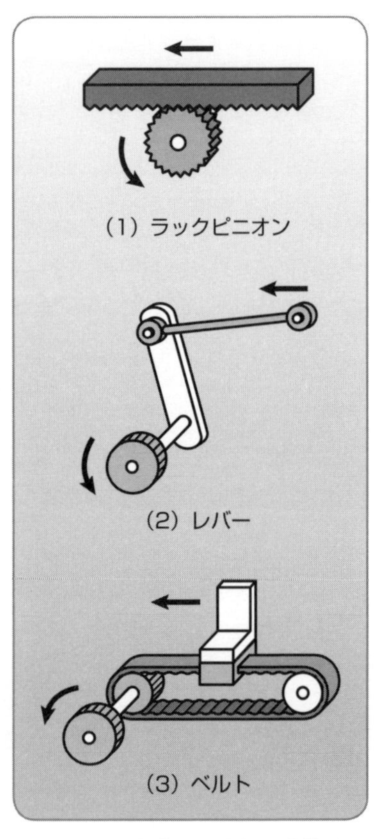

図 6-1-10　直動から回転に変換するメカニズム

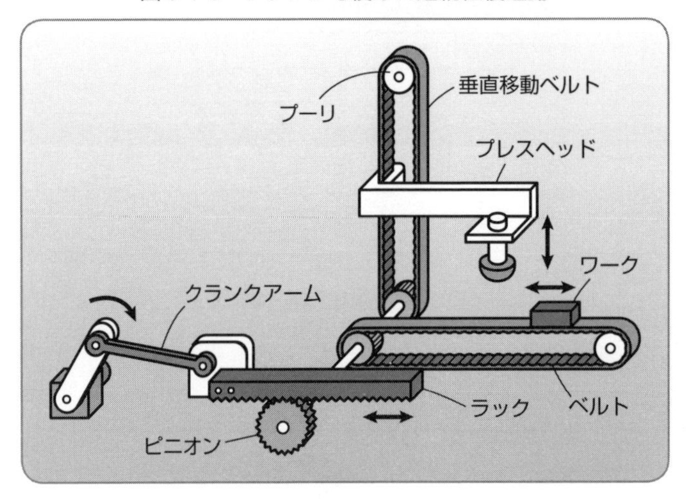

図 6-1-11　クランクとラックピニオンを使った回転軸の往復

モータの連続した一方向回転を往復運動に変換するには**図 6-1-8** のようなクランク、レバースライダ、スコッチヨーク、カムといったメカニズムが利用できます。このうち一般的によく使われるクランクを利用してみると、**図 6-1-9** のように連続往復運動をつくることができます。

このクランクの直進出力で図 6-1-7 の回転軸を往復運動させるために、次は直進運動を回転運動に変換するメカニズムを選定します。

図 6-1-10 に直進から回転への運動変換メカニズムを示します。この中のラックピニオンを使うことにすると、**図 6-1-11** のようにピニオンの回転でベルトのプーリを駆動できるようになります。あるいはクランクでベルトを直接駆動するのであれば、**図 6-1-12** のような構成にすることもできます。

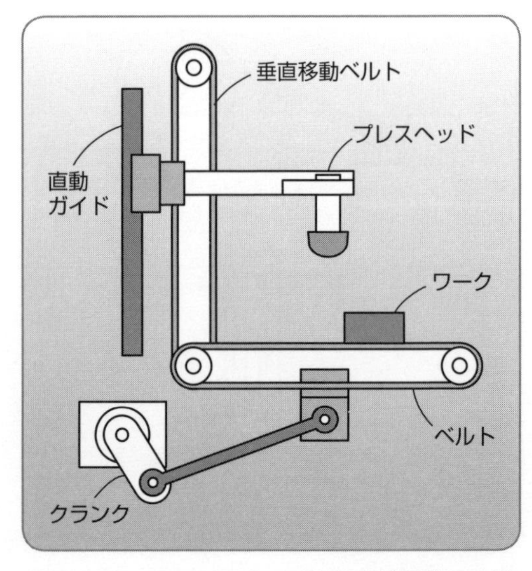

図 6-1-12　クランクでベルトを直接駆動する例

図例 6-2 リバーサとレクタを使った引き込み型プレス

リンクメカニズムを使ってワンモーションでワークを引き込んでプレスするメカニズムをつくってみます。

図 6-2-1 は、ハンドルを水平方向に押してワークを引き込んでプレスする装置です。直動ガイドされたワークをハンドルの動作と反対方向に移動させるために、リバーサを使って運動を逆方向に変換しています。

プレスヘッドは、縦方向に移動するのでハンドルの横方向の運動を 90°変換するためにレクタを使っています。

ハンドルを矢印方向に操作するとワークを引き込んでプレスします。

ハンドルを押し引きするとリバーサが円弧運動をするので、リバーサの出力を直動ガイドされた運動に直結するためにコンロッド１を使っています。また、リバーサの出力をレクタの入力に連結するためにコンロッド２を使っています。

リバーサ・レクタ・コンロッドなどのリンクメカニズムを使うと１つの入力で複数のツールを同時に動かすことができるようになります。それらのツールは機械的に連結しているので同期して動き、ゆっくり動かしても高速に動作させても同期がずれることはありません。

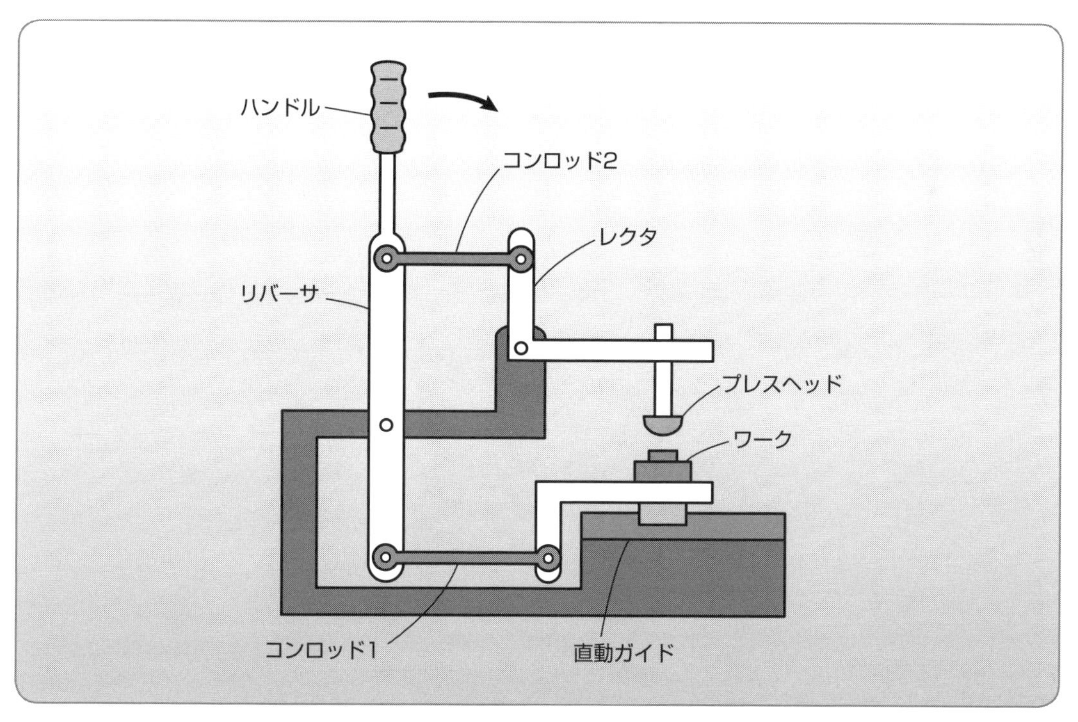

図 6-2-1　引き込みプレス

図例 6-3 レバーを使うと簡単に引き込み型プレスユニットを設計できる

ワーク引き込み型プレスのメカニズムは、ワークを水平にしたままプレスヘッドの下まで移動させることと、プレスヘッドをワークに対して上から移動させるという2つの動作を1つの入力操作で行うように設計します。

(1) スラッドを使った引き込み型プレス

ワークを引き込む動作は、ワークを水平にしたままプレスヘッドの下まで移動します。そして、プレスヘッドはワークに対して上から移動します。この2つの動作を1つの入力操作で行うようにしたものが**図6-3-1**のワーク引き込み型プレスユニットです。

ワークの水平移動は直動ガイドされているので、直線動作をしますが、プレスヘッドがついているレバーは回転運動になるので、スラッドを使って直動と回転の差を吸収しています。入力ピンを図の矢印方向に引っ張ると、ワークがプレスヘッドの下に移動してプレスヘッドがワークを上から押しつぶします。

(2) グルーブを使った引き込み型プレス

図6-3-2はグルーブを使ってレバーと直動ガイドを連結したものです。グルーブの連結部にカムフォロワを使うと、グルーブの隙間を小さくできるのでより正確に位置が決まります。入力ピンを矢印方向に押し出すと、レバーがグルーブ1で押されてプレスヘッドが下降します。同時に直動ガイドされたワークがプレスヘッドの下に引き込まれます。

(3) ワークを一時停止する方法

プレスヘッドが下りてきたときにワークを停止しておくには、**図6-3-3**のように可動ワークホルダに直動ガイドをつけて自由に動けるようにし、スプリングとストッパを追加します。

引き込みテーブルが矢印方向に移動して可動ワークホルダがストッパに当たると、可動ワークホルダは停止しますが、プレスヘッドは下降を続けてワークを押しつぶします。

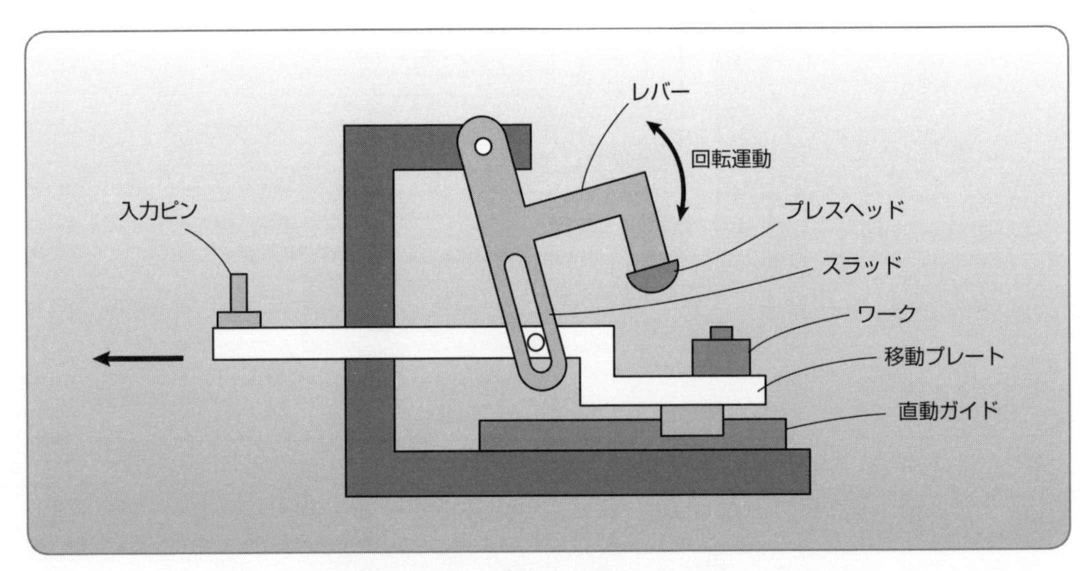

図6-3-1　ワーク引き込み型プレスユニット

図例 6-3　レバーを使うと簡単に引き込み型プレスユニットを設計できる

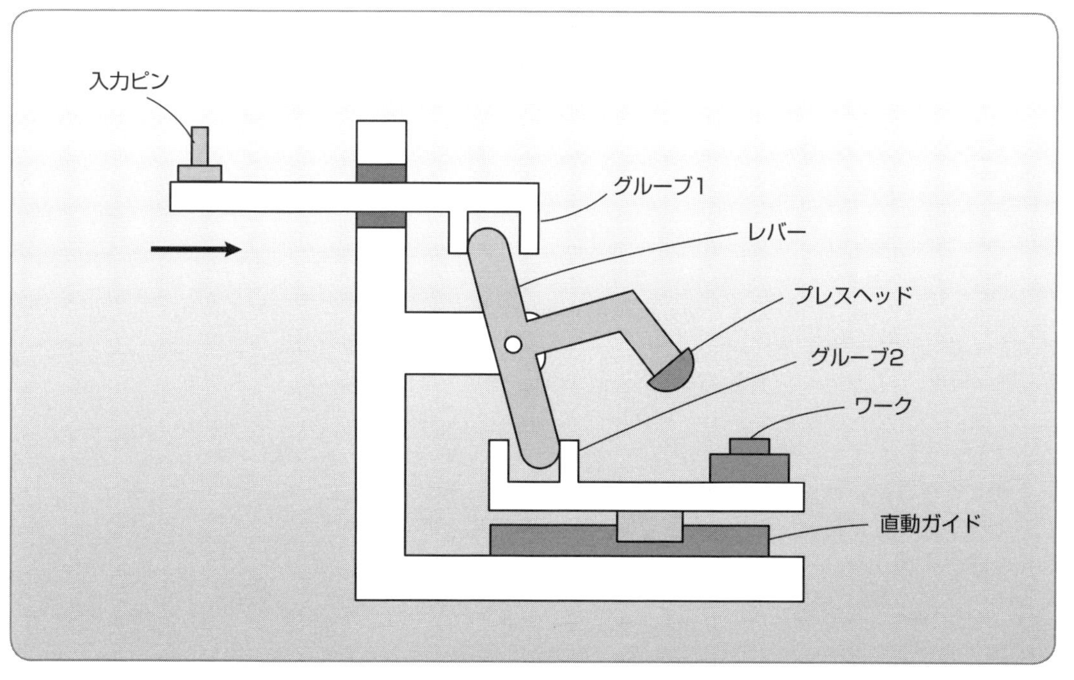

図 6-3-2　グルーブを使った引き込み型プレス

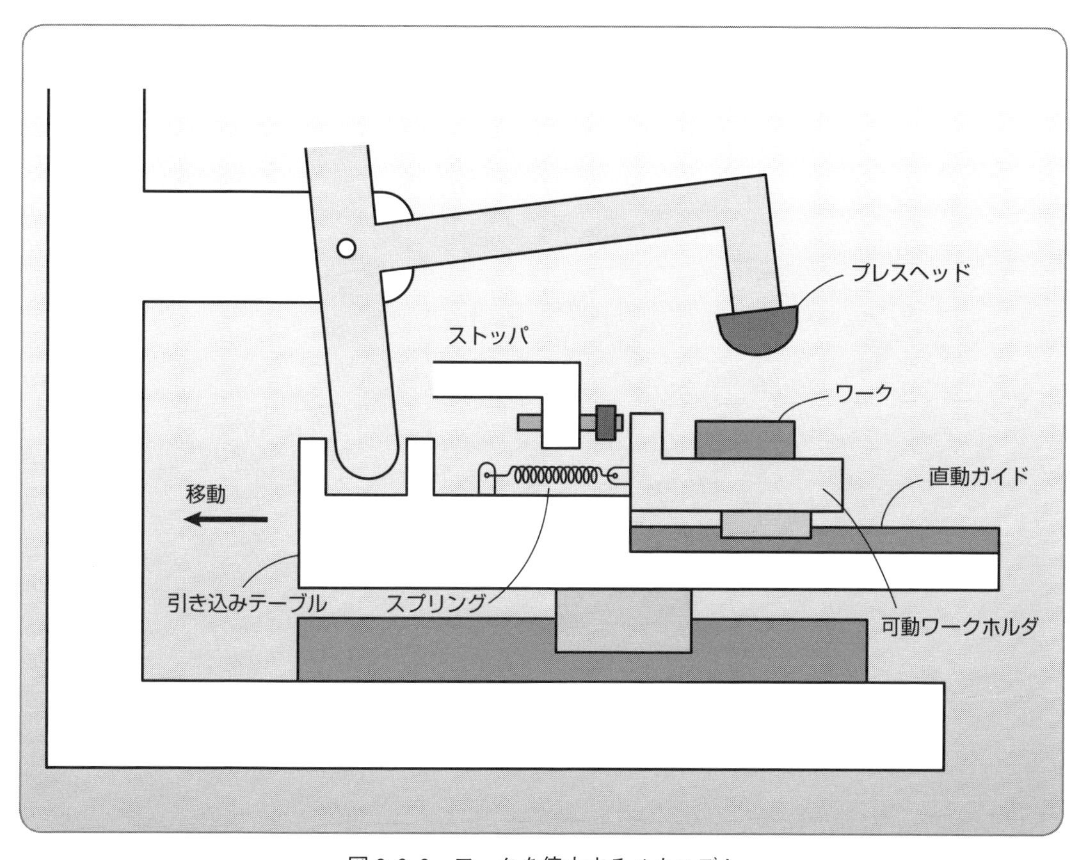

図 6-3-3　ワークを停止するメカニズム

図例 6-4 ラックと欠歯ピニオンを使った引き込み型プレス

ラックピニオンを使ってワンモーションで動くワーク引き込み型プレスユニットをつくってみます。

ワーク引き込み動作の駆動入力が回転運動の場合には、ラックピニオンを使うと回転運動を直動に変換することができます。

図 6-4-1 は、入力ハンドルを矢印方向に動かすとワークを引き込んでプレスするようになっています。入力ハンドルの動きをグルーブでレバーに伝達して回転運動に置き換えて、欠歯ピニオンの回転運動に変換します。ピニオンでラックが駆動されると、プレートに載せられたワークが入力ハンドルと反対方向に動くようになっています。

入力ハンドルは直進動作をし、レクタは回転運動になるのでコンロッドで連結しています。

この装置を使うと、ワークを引き込むと同時にプレスヘッドがワークの近くまで下降するので、プレスヘッドの替わりにカメラをつければワークを至近距離から接写する装置をつくることができます。

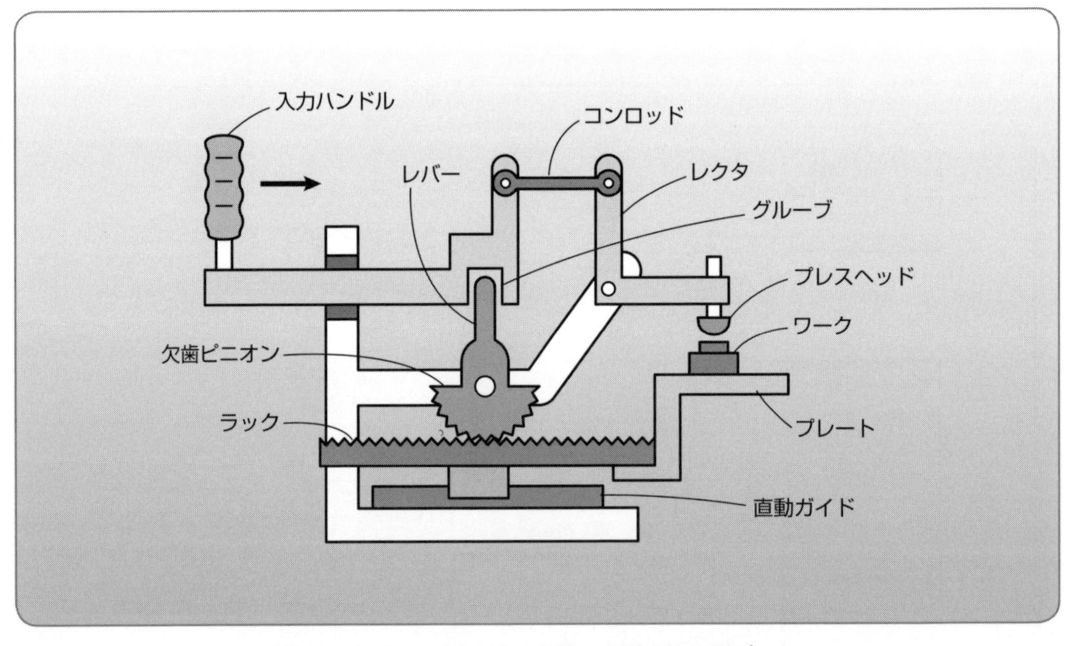

図 6-4-1　ラックピニオンを使った引き込み型プレス

図例 6-5 ラックピニオンによる直動引き込みと回転プレス

ラックピニオンの直動部分と回転部分を利用して、ワークを水平に引き込んで、上から回転運動でプレスするメカニズムをつくってみます。

図 6-5-1 は、入力ハンドルを矢印方向に引くとラックの動きとともにワークが引き込まれ、同時にピニオンについているプレスヘッドが下降するようになっています。

入力ハンドルがついているドライブシャフトは円筒形で、ガイドブシュで直動にガイドされています。入力ハンドルを押し引きするとラックが前後に移動して、ラックとかみ合っているピニオンが回転します。

この装置ではプレスヘッドがピニオンについているので、プレスに力をかけたときにピニオンとラックが離れる方向の力が発生します。ラックとピニオンをしっかりとガイドしておかないと、プレスに大きな力をかけたときにかみ合わせがはずれることがあるので注意します。

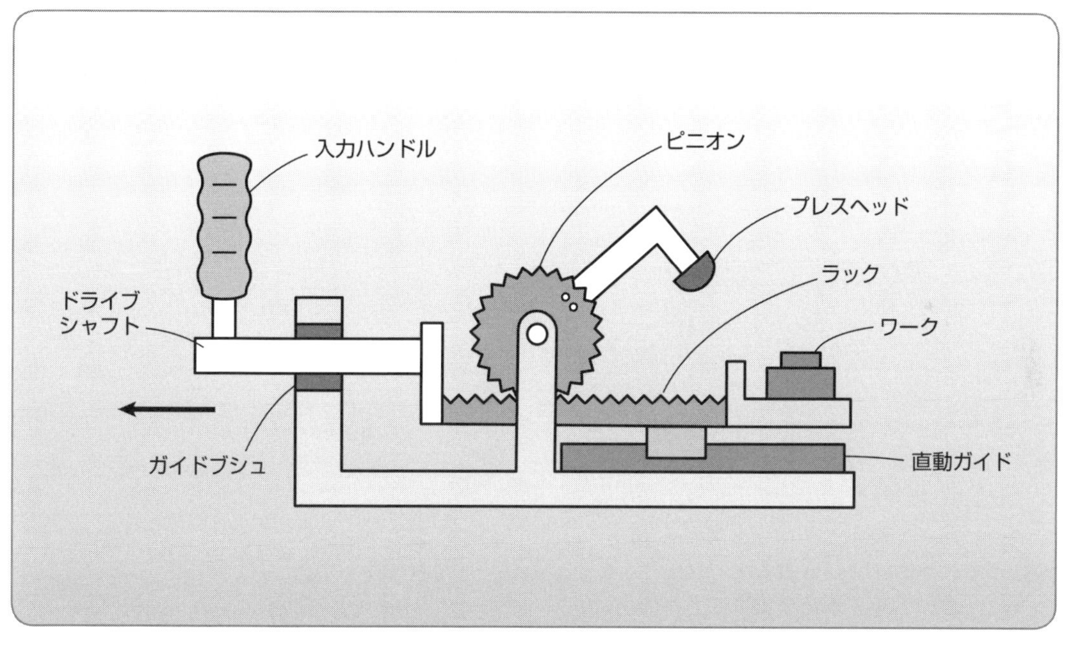

図 6-5-1　ラックピニオンによるプレスヘッドの下降

図例 6-6 レバースライダを使ったワーク引き込み型プレス

レバースライダを使って、ワンモーションでワークを引き込んでプレスするメカニズムをつくってみます。

図 6-6-1 は、ワンモーションでワークを引き込んでプレスするメカニズムです。

ワークの引き込みは水平移動し、プレスは垂直移動をするので、2つの動作を連携させるために運動方向を90°変換するレクタを使っています。

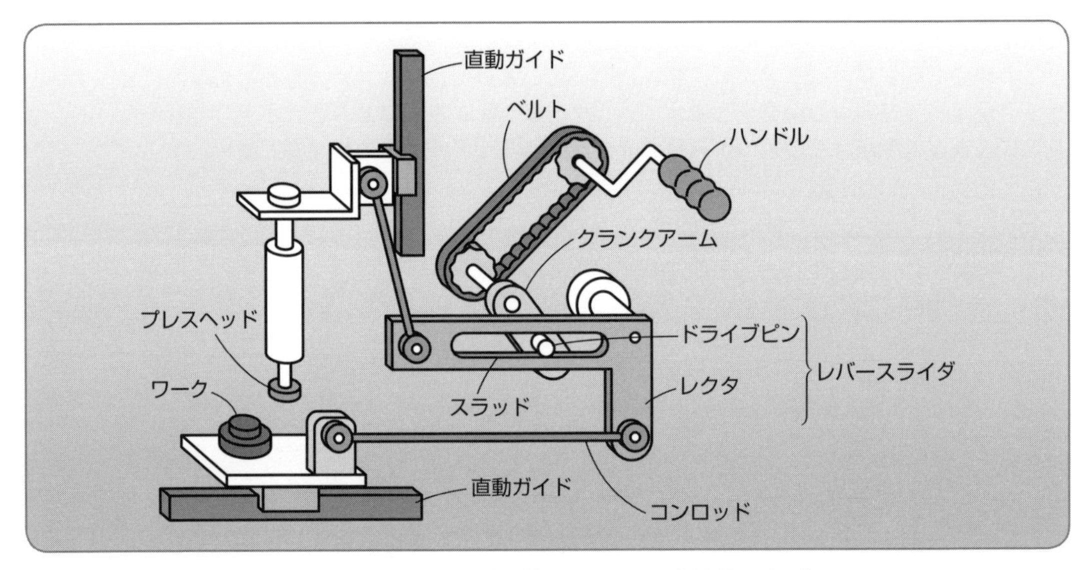

図 6-6-1　レバースライダを使ったワークの引き込みとプレス

レクタの片側にスラッドをつけてクランクアームに立てたドライブピンで駆動するレバースライダの構造にしてあります。ハンドルを回すとクランクアームが回転して、レクタが往復運動します。

ワークが引き込まれると同時に、プレスヘッドが下降するので、下降端でワークを押しつぶすようにレクタの形状やコンロッドの長さを設定します。そのまま続けてハンドルを回すと、スラッドが上がってプレスヘッドを上昇し、同時にワークを押し出します。

図 6-6-2 は、スコッチヨークでプレスヘッドを上下しています。スライドリンクによって垂直から水平に運動変換して、ワークを載せたテーブルをプレスヘッドと同期して駆動しています。

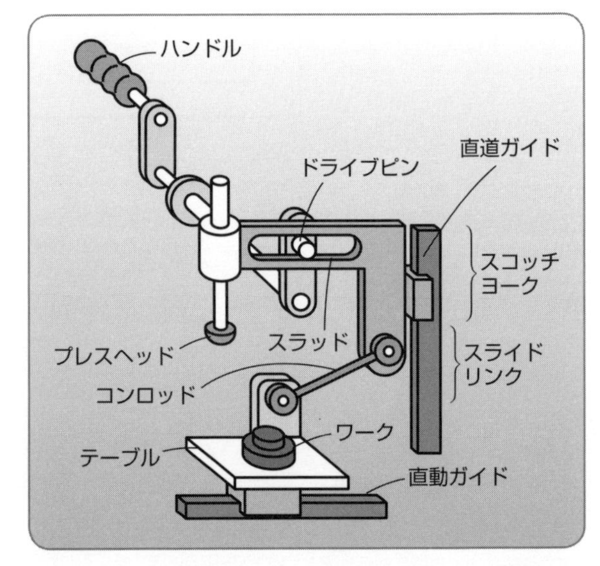

図 6-6-2　スライドリンクを使ったテーブルの移動とプレスヘッド

図例 6–7 ワークが停止してからプレスするにはトップスプリングフォローを使う

トップスプリングフォローを使い、引き込んだワークをいったん停止させてからプレスするメカニズムをつくってみます。

図 6–7–1 は、入力ピンを図の矢印の方向に引くと、ワークがプレスヘッドの下に引き込まれて一時停止をし、その間にプレスヘッドが降りてくるようにしたメカニズムです。

ワーク台についているシャフトは入力ピンの動作とともに図の左側に移動しますが、シャフトの先端がストッパに当たったところで停止します。

入力レバーとシャフトはトップスプリングフォローで連結しているので、入力ピンをそのまま引っ張り続けると、さらに入力レバーは左へ移動して今度は入力レバーがリバーサの下端を左方向に押すことになります。

リバーサが動くとリンク棒で連結しているレクタを駆動して、プレスヘッドが下降します。

プレスヘッドが下降端に達してプレスが完了したら、入力ピンを反対方向に移動すると、まずクロッグと復帰スプリングの力でリバーサを押し戻して、プレスヘッドを元の位置に戻します。続いて入力レバーがシャフトを右方向に移動してワーク台を元の位置に戻します。

このようにワーク台の先をトップスプリングフォローにすることで、シャフトがストッパに当って停止したあとも入力レバーが動き続けることができるようになります。クロッグの効果でワーク台が停止してからプレスヘッドが下降するので安定したプレス作業ができるようになります。

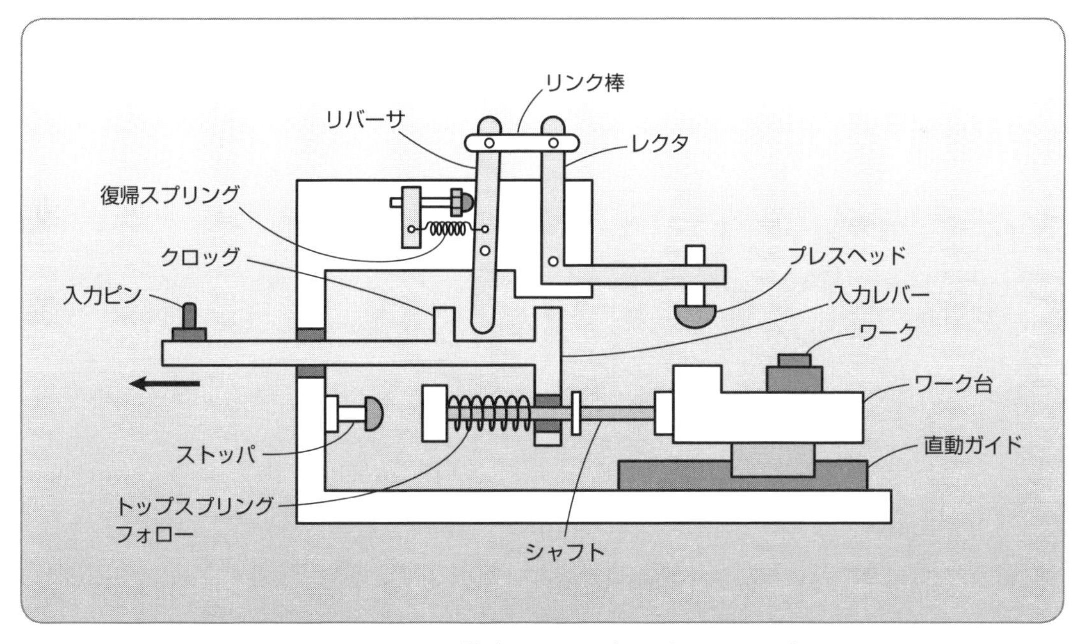

図 6–7–1　ワークが停止してからプレスするメカニズム

図例 6-8 ワークを停止してからプレスするにはヒールスプリングフォローを使う

ヒールスプリングフォローを使って、引き込んだワークが停止してからプレスするメカニズムをつくってみます。

ワーク引き込み型のプレスメカニズムでは、ワークを正確にプレスするために、プレスをしている間はワークを停止しておくのが望ましいでしょう。また、プレスヘッドのプレスの力を大きくするために増力しておくのがよさそうです。

図6-8-1は、ワークを引き込んでストッパで停止して、プレスはトグルで増力するメカニズムになっています。

モータを回してクランクアームが回転すると、ヒールブロックが前後に往復運動します。ヒールブロックとワーク台はヒールスプリングフォローの関係になっているので、ヒールブロックの動きとともにワーク台も移動します。

ワーク台が図の左方向に移動してストッパに当たると、ワーク台はその場で停止します。ヒールブロックはさらに左方向に移動してリンク棒を引っ張り、トグルを伸ばしてプレスヘッドを下げて行きます。トグルが伸びきった位置でちょうどプレスが完了するように設定しておきます。

さらにクランクが回転すると、プレスヘッドが上がってからヒールブロックがワーク台に当たってワーク台を右に移動します。クランクを回転したままにするとこの一連の動作を繰り返します。

クランクアームとコンロッドが重なって一直線になるところで、トグルも伸びきるようにしておくと、二重増力になってプレスヘッドはより大きな力を出せるようになります。

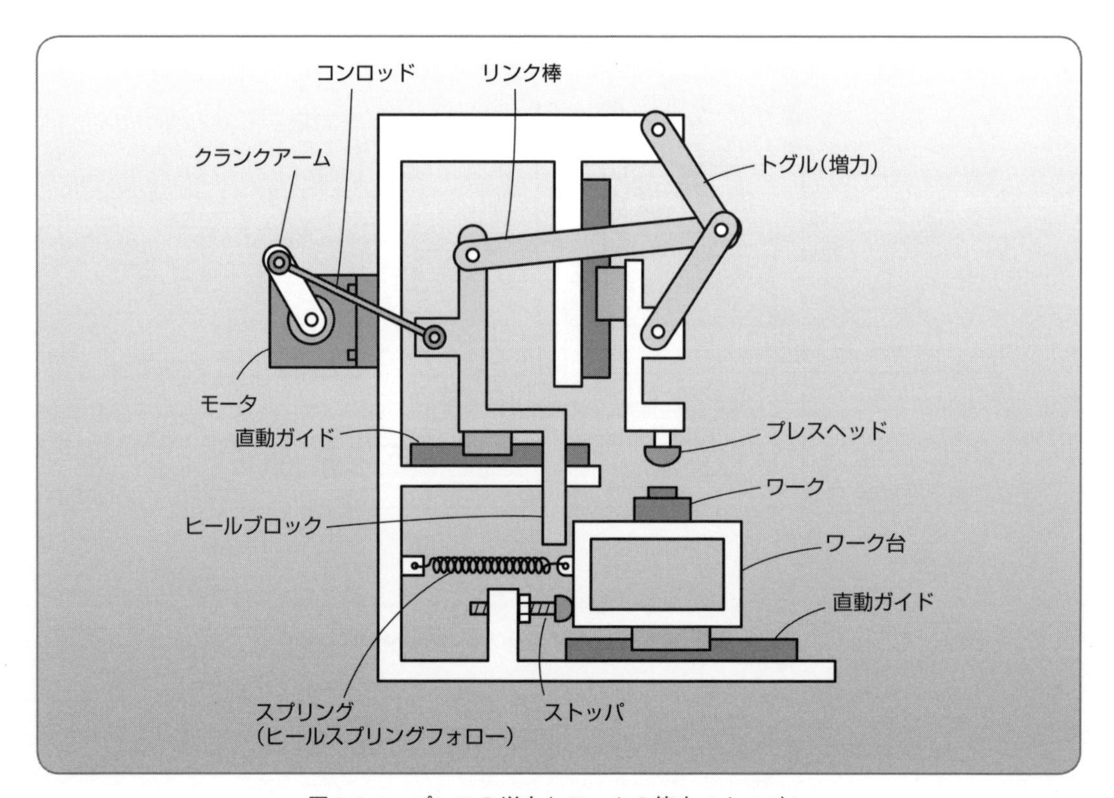

図6-8-1　プレスの増力とワークの停止メカニズム

ワークをピッチ送りするメカニズムと往復運動のメカニズム

メカニズムの運動特性を考慮して、効率よくワークを等間隔でピッチ送りする搬送メカニズムをつくってみます。

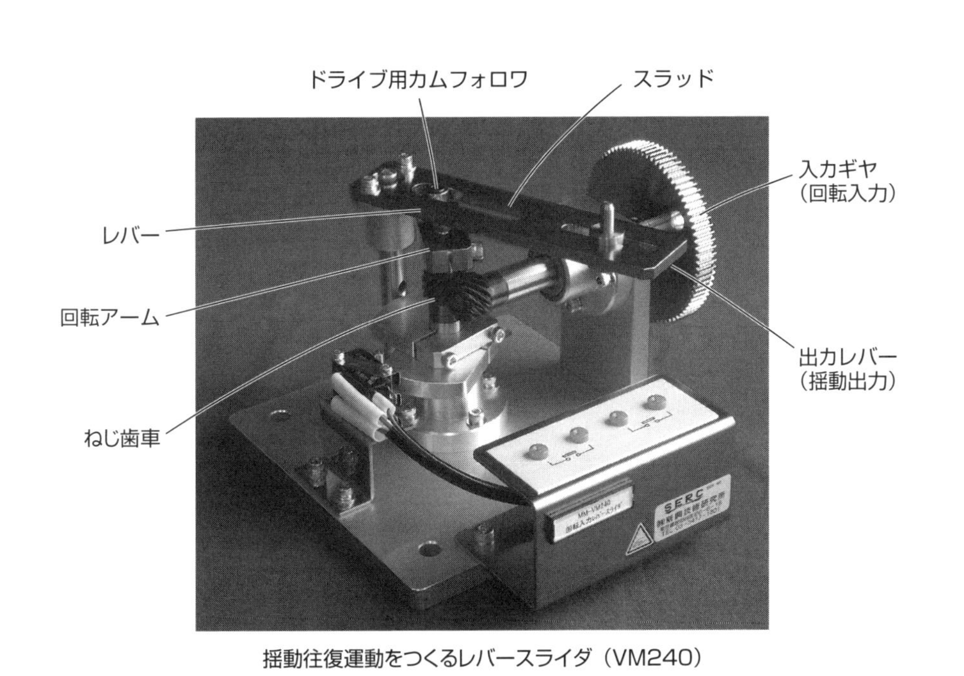

揺動往復運動をつくるレバースライダ（VM240）

図例 7-1 ワークをスムーズに送るには クランクの末端減速特性を使う

クランクのような末端減速をするメカニズムの特性を使うと、ワークを送り出したときの行き過ぎ量を小さくすることができます。

(1) シリンダによる行き過ぎ量

図 7-1-1 は、ワークを空気圧シリンダで送る装置です。

空気圧シリンダの動作は、L をストローク、V_s をシリンダの移動速度とすると、**図 7-1-2** のような運動特性になります。時刻 t_1 で動作を開始して、ストローク L のところまで速度 V_s で移動し、時刻 t_2 で停止します。t_2 で停止したときに速度が急激に 0 になるので、摩擦が小さいとワークはすぐには止まれず、プッシャから離れて行き過ぎます。

このワークの行き過ぎ量は**図 7-1-3** のモデルで考えることができます。初速度 $V_s = 0.1$ m/s、動摩擦係数 $\mu = 0.1$、重力加速度 $g = 10$ m/s^2 とすると、5 mm 程度の行き過ぎ量になります。速度が倍になると行き過ぎ量は 4 倍になるので、シリンダをゆっくり動かさないとワークの停止位置が大幅にずれてしまいます。

(2) クランクを使ったワーク送り

そこで、**図 7-1-4** のようにワークを送るメカニズムをクランクに変更してみます。

モータで駆動したときのクランクの運動特性はほぼ正弦波形に等しくなります。コンロッドの傾きの分だけ正弦波と若干異なりますが、おおむね**図 7-1-5** のような特性になり、ストロークの終端 (t_2) で滑らかに減速します。

クランクを使うと時刻 t_2 におけるプッシャの速度は 0 になっているので、ワークの行き過ぎは起こりにくくなっています。ただし、送り速度を上げてクランクのプッシャの加速度が大きくなると、やはり行き過ぎ量が発生しますが、空気圧シリンダと比べるとわずかです。

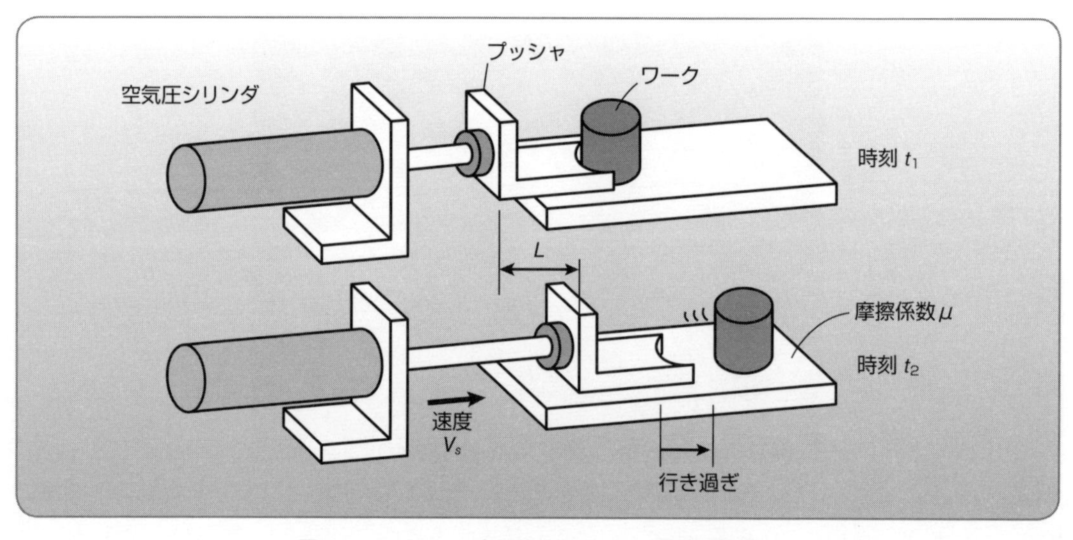

図 7-1-1　シリンダで送るとワークが行き過ぎる

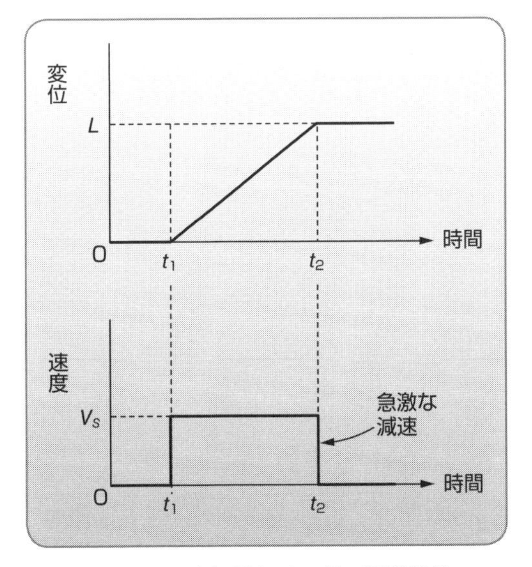

図 7-1-2　空気圧シリンダの運動特性

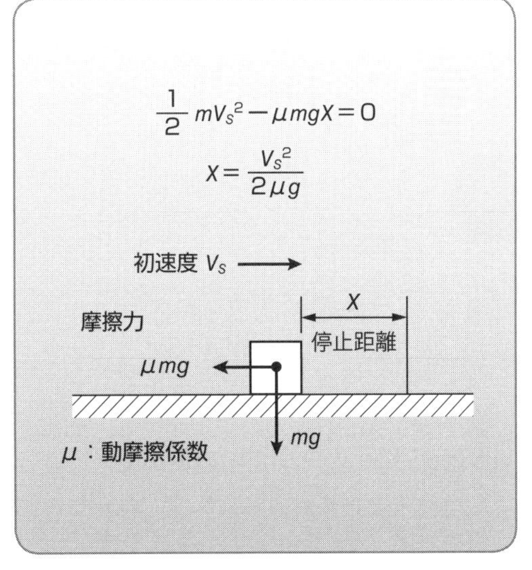

図 7-1-3　行き過ぎ量のモデル

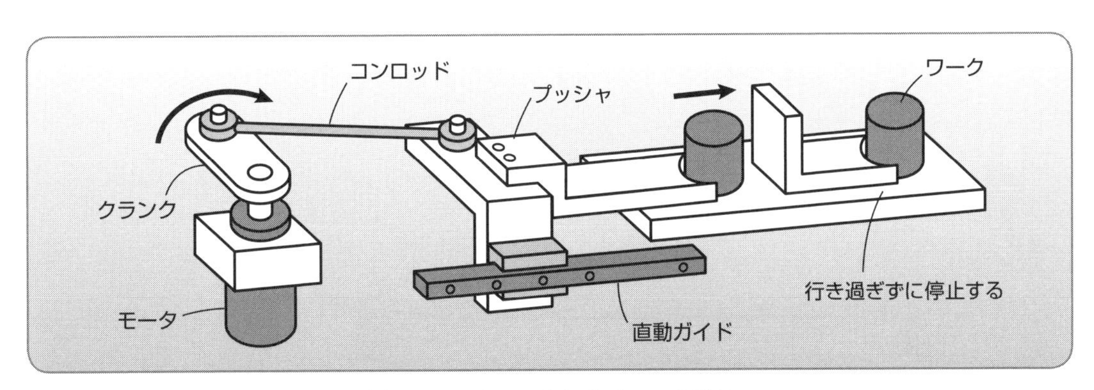

図 7-1-4　クランクによるワーク送り

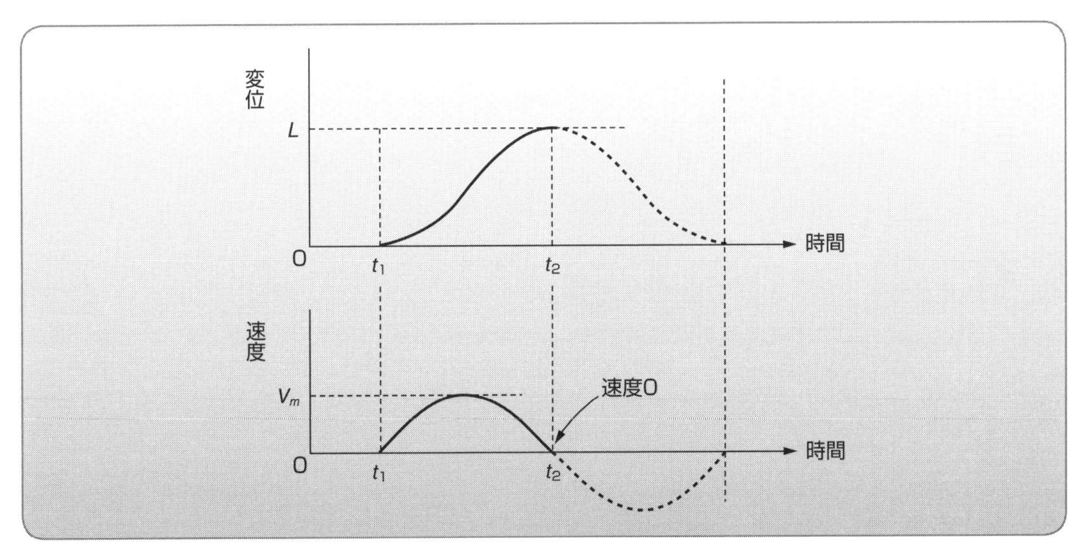

図 7-1-5　クランクの運動特性

図例 7-2 ワークをスムーズに送って戻り時間を短くするにはレバースライダを使う

図例の要旨　**ワークをスムーズに送ったあとの戻り時間を短くするために、図例 7-1 のワークを送るメカニズムを変更してレバースライダを使ってみます。**

図 7-2-1 の回転アームを図の矢印方向に回転すると、レバーにつけたスラッドをドライブピンが駆動して、レバーは右方向にゆっくりと前進します。レバーと回転アームのなす角が 90°になったところでレバーが反対方向に動き出して、今度は速い速度で元に戻ります。

図 7-2-2 はこの装置の平面図です。回転アームとレバーのなす角が 90°になったときがレバーの移動端になり、この点でレバーの速度は 0 になります。

レバースライダの運動特性は、おおむね**図 7-2-3** のようになっています。レバーが前進するときの最高速度は V_F で、移動時間は t_2-t_1 です。レバーが後退するときの最高速度は V_R で、後退時間 t_3-t_2 が前進時間 t_2-t_1 よりも短くなっているので、早戻りになっていることがわかります。また、t_1 から t_2 に移動する前進動作は、時刻 t_2 の前進端付近で速度が徐々に 0 に近づいているので、ワークをスムーズに停止させることができます。t_2 から t_3 への戻り動作では最高速度 V_R が大きくなり、その後の立下がりの加速度も大きいので、モータを逆回転してワークを送るとワークの行き過ぎが発生する原因になります。

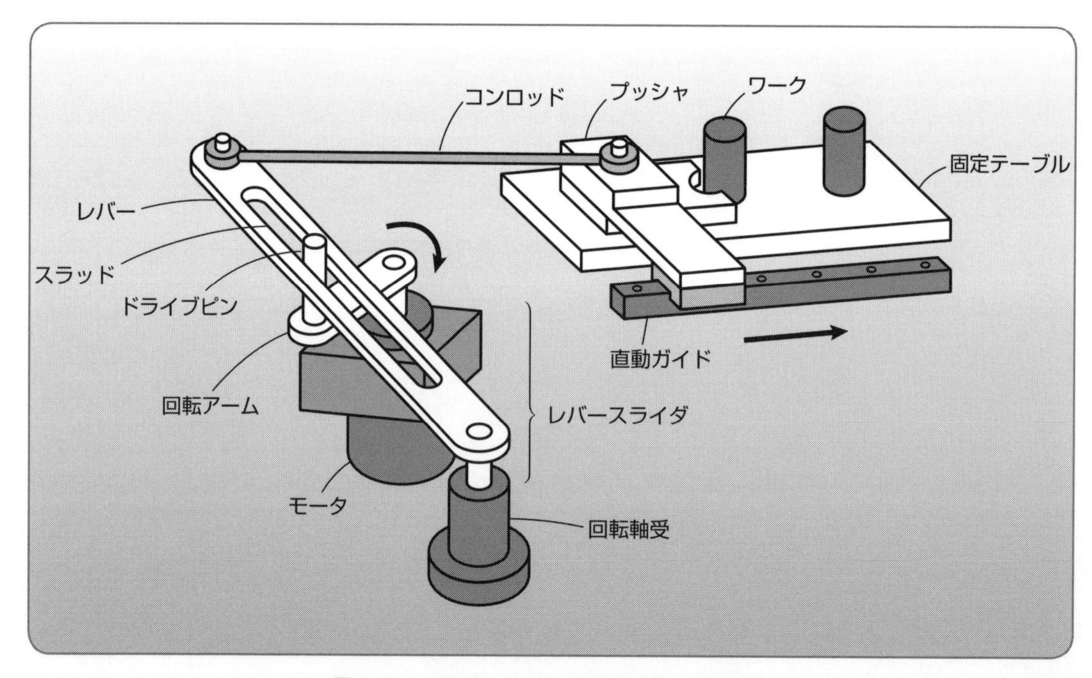

図 7-2-1　レバースライダによるワーク送り

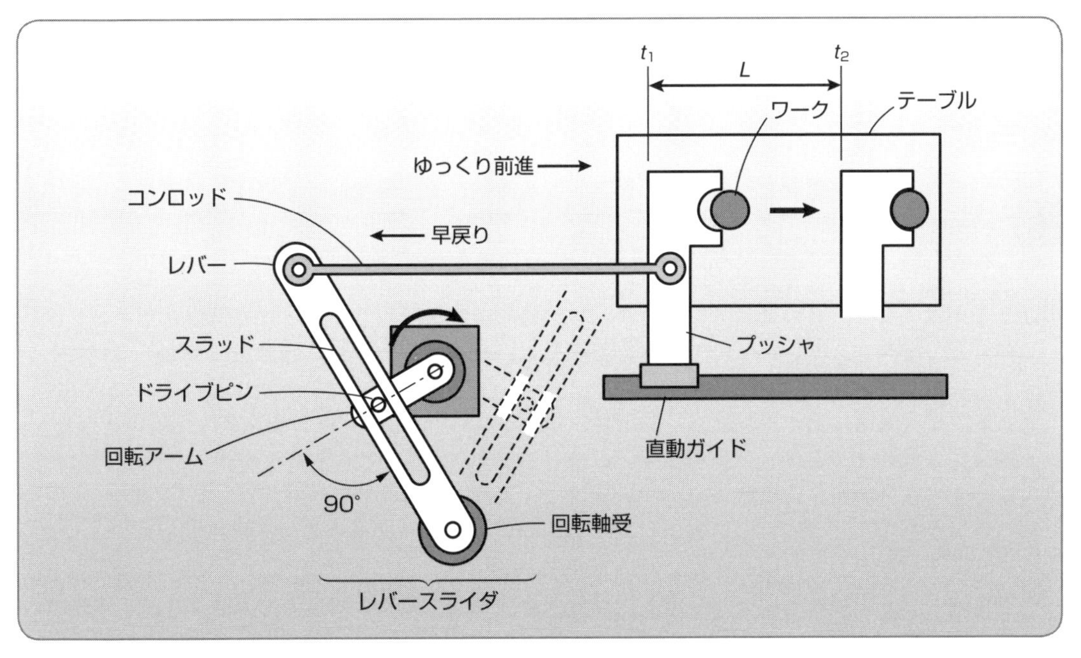

図 7-2-2　装置の平面図

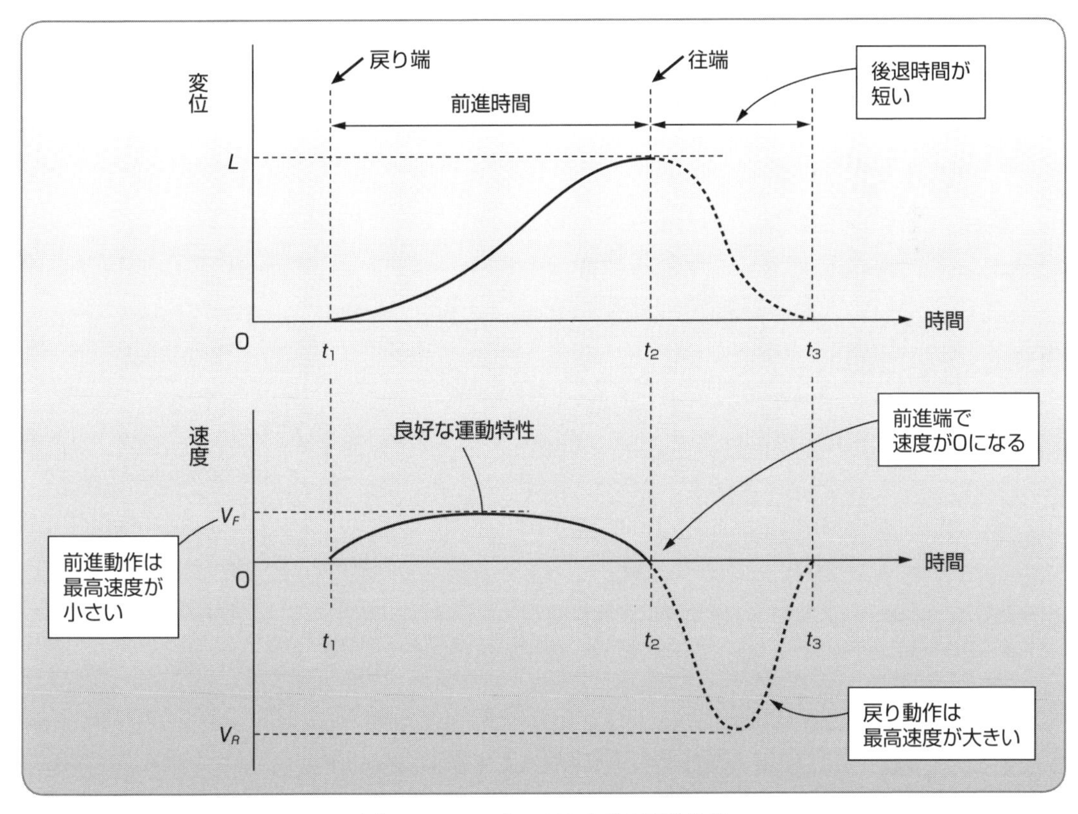

図 7-2-3　レバースライダの運動特性

図例 7-3 シリンダをクランクで駆動すると簡易コンプレッサができる

クランクの往復運動でシリンダのピストンを駆動して、簡易的な空気圧コンプレッサをつくってみます。

図 7-3-1 は、シリンダのピストンを動かして簡易的な空気圧コンプレッサを構成したものです。

この装置ではモータでクランクアームを回転して、直動ガイドにつけられたシリンダのピストンロッドを動かしています。

ピストンが吸気側に動くと、逆止弁 1 が開いてフィルタ 2 から空気をシリンダ内に吸い込みます。

ピストンが吐出方向に動くと、吸い込んだ空気を押し出す力で逆止弁 1 が閉じて逆止弁 2 が開き、タンクに空気が送り込まれます。

ピストンが動いたときに、ピストンロッド側の空気の出入りがあるので、吸排気口にフィルタ 1 をつけてゴミなどが入らないようにしてあります。

タンク内の空気圧が高くなってくると、ピストンを動かすのに必要な力が大きくなってモータに過負荷がかかることがあるので注意します。またタンク内の空気圧は、0.8 MPa 程度を目標にします。あまり圧力を上げ過ぎると爆発の危険があるので注意します。

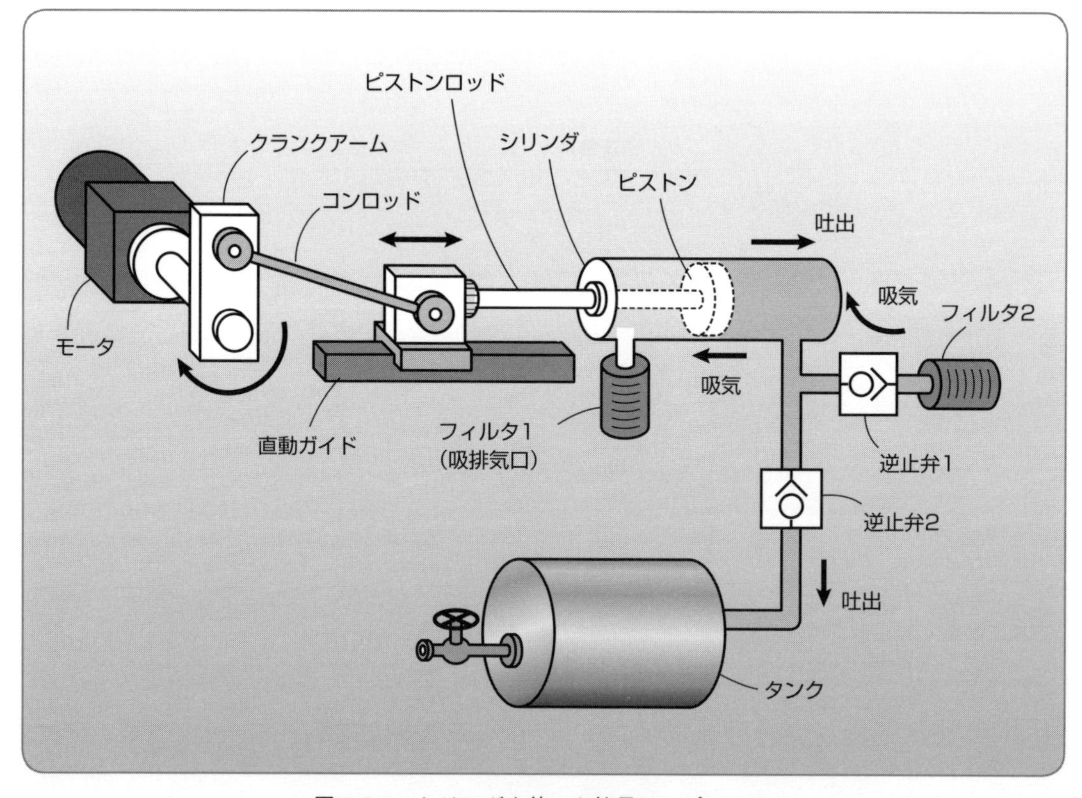

図 7-3-1　シリンダを使った簡易コンプレッサ

図例 7-4 連続して液体を定量供給するにはクランクを使う

クランクによる一定ストロークの往復運動を使って容器に入った液体を定量供給する装置をつくってみます。

図 7-4-1 は、クランクを使って容器に入った液体を一定量吸い上げてビーカーに分注する装置です。モータでクランクアームを回転するとピストンが一定の距離を往復運動し、シリンダの先端から液体をビーカーに吐出します。

ピストンが吸引方向に移動すると、逆止弁 1 が閉じ、逆止弁 2 が開いて容器の液体をシリンダ内に吸い込みます。ピストンが吐出方向に動くと、逆止弁 2 は閉じ、逆止弁 1 が開くので吐出口から一定量の液体を吐き出します。

吐出量を変更するには、コンロッドをクランクアームに取り付ける位置を変更します。

クランクアームの長さ L を長くすると吐出量が多くなります。

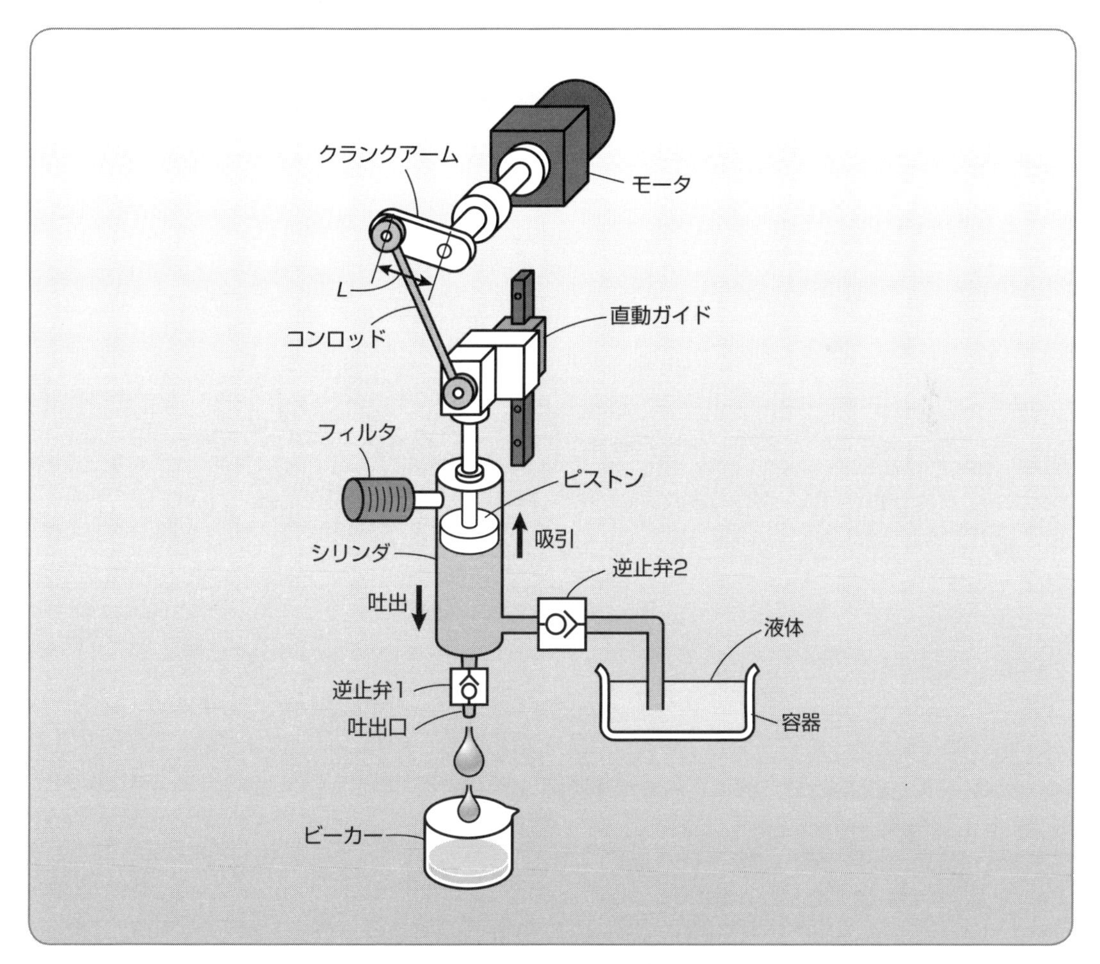

図 7-4-1　クランクによる定量供給

図例 7-5 ラチェットを使ったコンベヤの間欠駆動

レバースライダによる早戻りの往復運動をするメカニズムを使って、コンベヤ上のワークを正確に速くピッチ送りする装置をつくってみます。

図7-5-1は、コンベヤ上のワークをピッチ送りする装置です。モータで回転アームを回転すると、ドライブピンがレバーを往復運動させます。レバーの運動出力はコンロッドで送り爪がついているラチェットレバーに連結しています。ラチェットレバーが図の下向きのコンベヤ送り方向に駆動されると、送り爪がラチェットホイールを回転してコンベヤをピッチ送りします。レバーが上昇してラチェットレバーが上方向に移動するときは、送り爪はラチェットホイールの周りをすべるように空回りします。そのとき、ラチェットホイールが逆転しないように戻り止め爪でラチェットホイールを押さえています。

レバースライダは**図7-5-2**のような形になっていて、回転アームは矢印の方向に回わるものとします。仮にレバーの往復移動の角度を60°とすると、回転アームの240°でレバーがAの位置からBの位置へ移動して、残りの120°でBの位置からAの位置に戻ります。したがって、回転アームが240°回転するときにコンベヤが回転して、120°の間は停止することになります。そこで回転アームの1周が3秒とすると、コンベヤは2秒間でピッチ送りをして、1秒間停止するようになります。

このコンベヤの動作特性をグラフにしてみると**図7-5-3**のようになります。横軸が回転アームの角度で、0°からスタートして、240°までの間にコンベヤをピッチ送りします。そこから360°まではレバースライダは戻り動作をします。戻り動作の間、送り爪はラチェットホイールの周りを空回りするので、コンベヤの速度は0になり、停止しています。

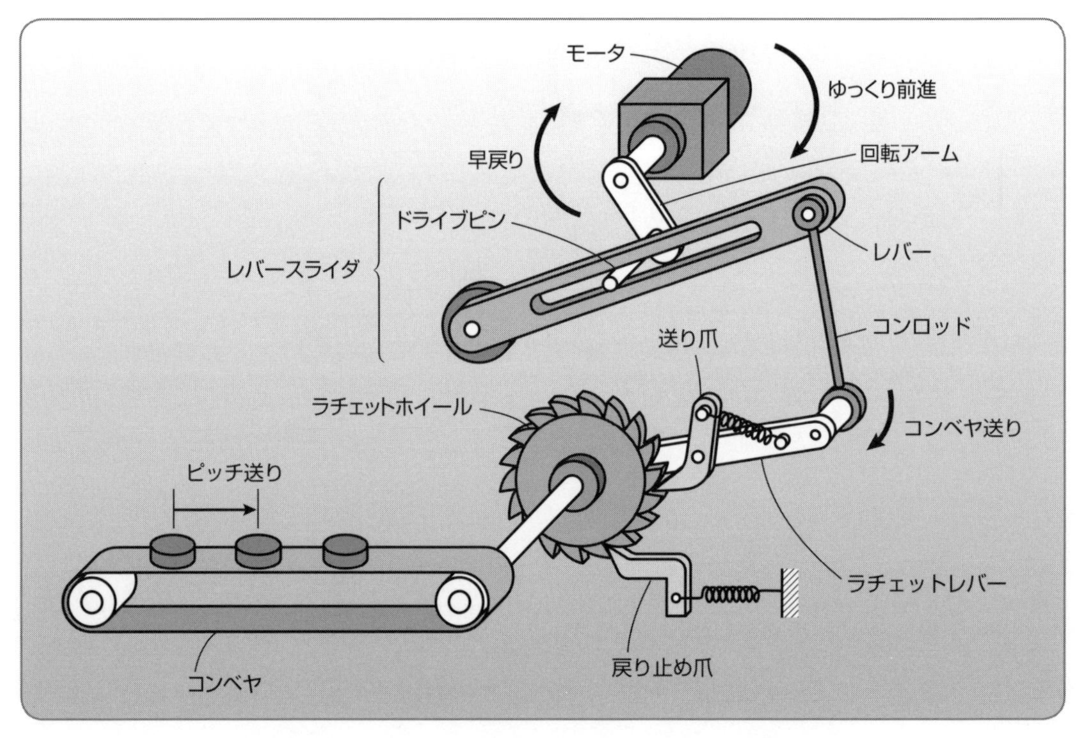

図7-5-1　レバースライダによるワークのピッチ送り

回転アームを逆向きに回転させると、コンベヤは１秒間でピッチ送りをして、２秒間停止するようになりますが、ピッチの送りのときにレバースライダが速く動作する分、コンベヤの最高速度と加速度が大きくなって、慣性の影響でラチェットホイールが余分に回ってしまうといった不具合の原因になることがあるので注意します。

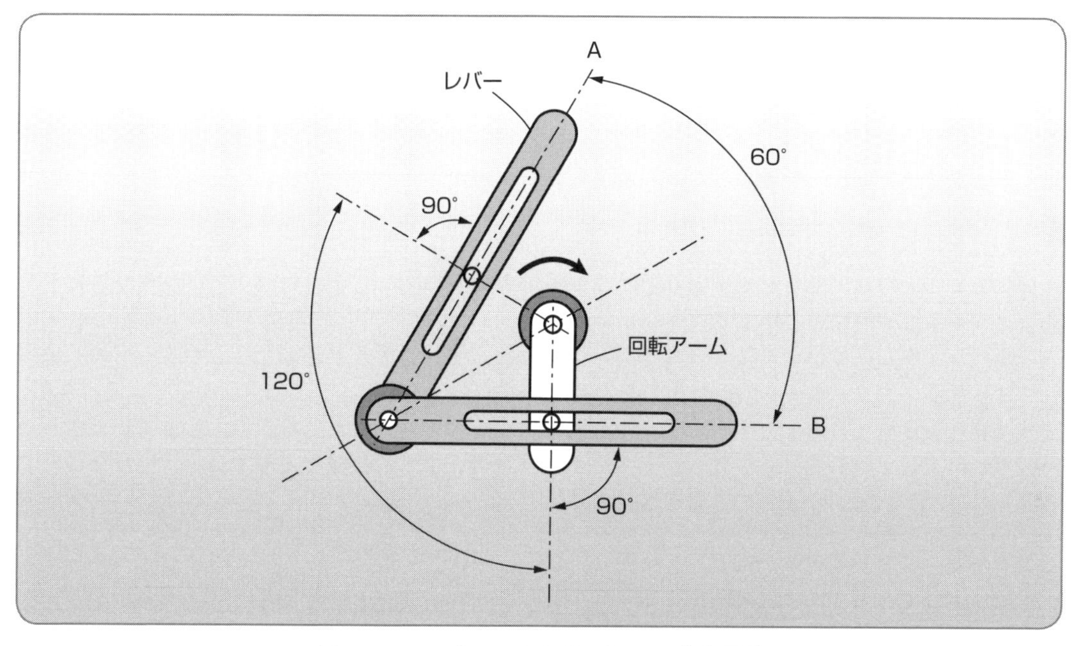

図 7-5-2　レバースライダによる 60°往復運動

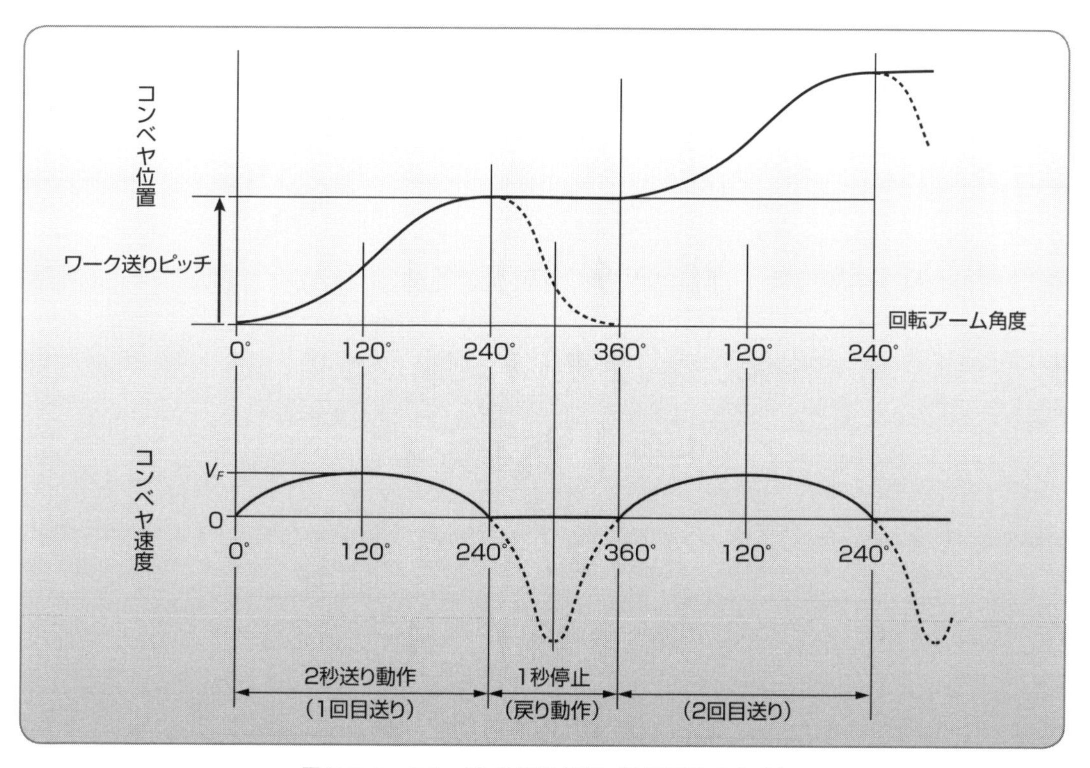

図 7-5-3　コンベヤの運動特性（240°送りのとき）

図例 7-6 ゼネバ駆動のインデックスコンベヤを使ったワークのピッチ送り

ゼネバを使うと、モータの連続回転出力を間欠回転運動に変換して等ピッチ送りと停止を繰り返すインデックス制御型のコンベヤをつくることができます。

図7-6-1はゼネバを使ってコンベヤ上のワークをピッチ送りし、ゼネバの停止時に液体を定量吐出する装置です。モータを連続して回したときのゼネバホイールの出力は、角度送りと停止を繰り返す間欠運動になります。ゼネバの特性で、角度送り時間よりも停止時間の方が長くなっているので、この停止時間の間にクランクアームでピストンを押し下げて、吐出ヘッドから液体をワークに注入します。ゼネバによるピッチ送りとクランクの動作が同期するようにドライブシャフトにタイミングベルト2で連結しています。

ゼネバホイールには、ドライブピンが入るようになっている溝と半月板と接触する円形のくぼみがつけられています。モータの回転出力をタイミングベルト1で伝達して、ドライブピンを回転し、ドライブピンが溝に入るとゼネバホイールを回して、溝から抜けたところで停止します。ゼネバホイールが停止している間は、半月板がゼネバホイールのくぼみに接触してゼネバホイールを固定するので、外部から力がかかっても動きません。

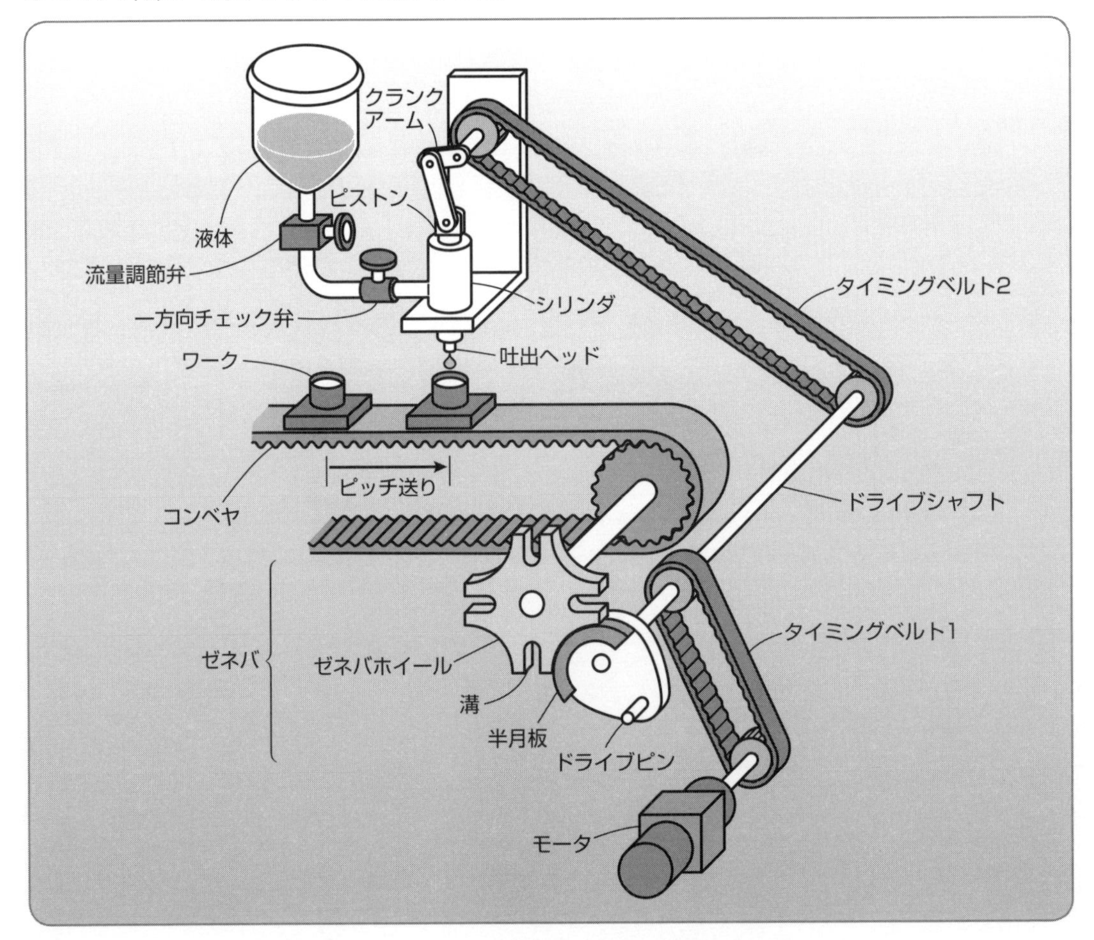

図7-6-1　コンベヤのピッチ送りと定量の吐出

このように、モータを連続して回転させると、ゼネバホイールは回転と停止を交互に行う間欠駆動になります。当然、ゼネバホイールの出力軸で駆動されるコンベヤも間欠運動をするので、コンベヤに載せられたワークは停止と送りを繰り返すインデックス送りになります。このゼネバホイールは円周を4分割した形状になっていて、ドライブピンで4回送られると元の位置に戻り、誤差は積算されないのでワークは毎回同ピッチで移動します。

ゼネバを駆動するドライブシャフトをタイミングベルト2でクランクアームの回転軸に連結しているので、クランクアームはゼネバホイールの動きに同期して動作します。ドライブピンが1回転すると、クランクアームも1回転し、クランクアームでピストンを押し下げるときに液体の吐出が行われます。そこで、ゼネバホイールの停止時間中にピストンが下降して吐出し、ワークが移動するときには液がもれないようにピストンが上昇方向に動くようにタイミングを調節します。

図7-6-2は、ゼネバとピストンの動作タイミングをグラフにしたものです。ピストンが下限にあるときの時刻 t_0 が開始点になっています。この点からモータを回転すると、ピストンは徐々に上昇します。t_1 の時点でゼネバホイールの回転が始まり、t_2 の時点で回転し終わります。その少し後の t_3 の時点からピストンが下降を開始し、t_4 までに下降を終えて t_5 になったときに、またゼネバホイールが回転を開始します。このようなタイミングになるようにクランクアームの取り付け角度を調節すると、コンベヤによるピッチ送りに同期してワークに液体を注入する装置ができます。

写真 7-6-1 は、モータでゼネバを駆動し、これと同期してクランクを駆動するようにした実験装置の構成例です。

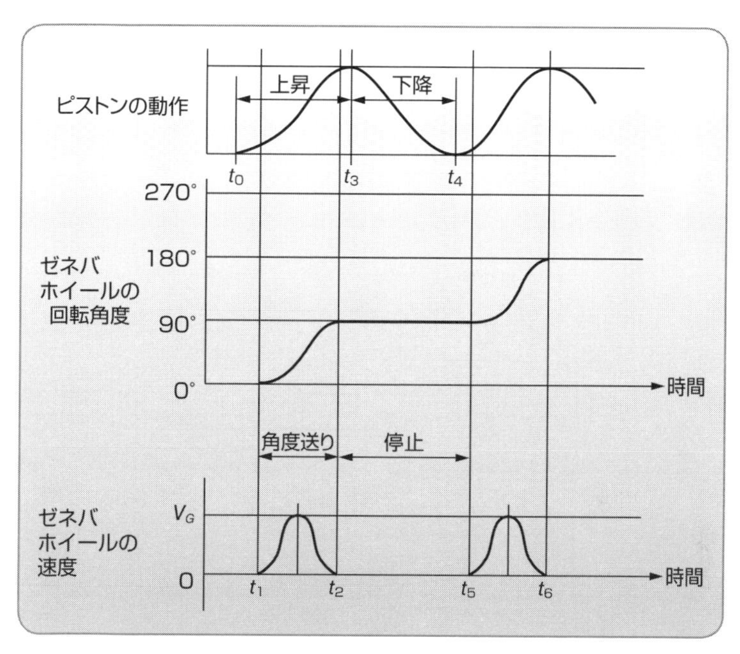

図 7-6-2　ゼネバの運動特性とピストンの動作

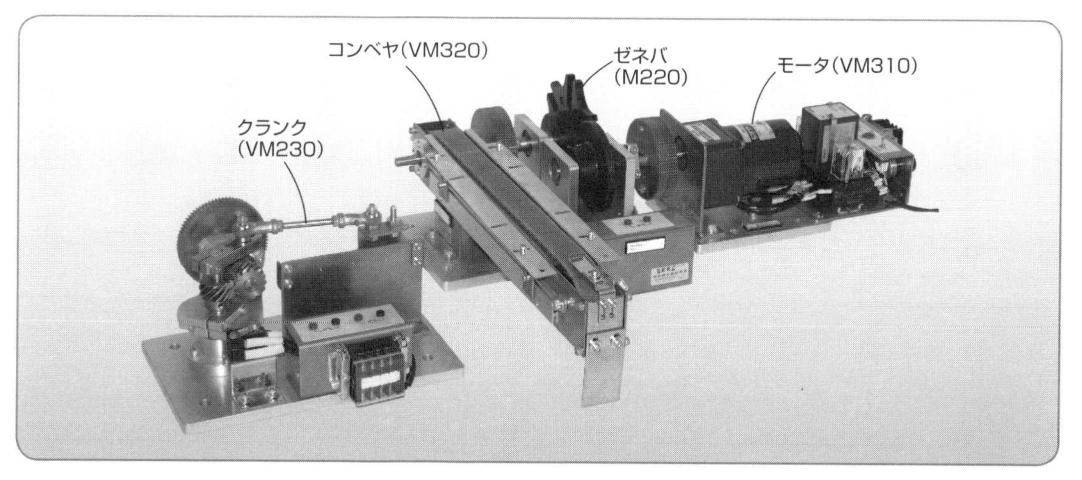

写真 7-6-1　コンベヤのピッチ送りとクランク（MM3000 シリーズのモデル）

図例 7-7 三角カムの矩形動作を使ったワークのピッチ送り

三角カムの矩形運動出力を使って一列に整列したワークを等ピッチで送る装置をつくってみます。

図 7-7-1 は、三角カムを使って送りツールを矩形に動作させてワークをピッチ送りするメカニズムです。

三角カムを使うと、三角カムが外接する外枠を正方形の形を描いて動作させることができます。

送りツールの水平姿勢を保ったままモータを連続して回転すると、図の①→②→③→④の順に送りツールが動いてワークを1ピッチずつ移送することができます。

このような三角カムのつくり方を説明します。

(1) 三角カムの描き方

三角カムの描き方は、**図 7-7-2** のように、まず一辺の長さが L の正三角形をつくります。

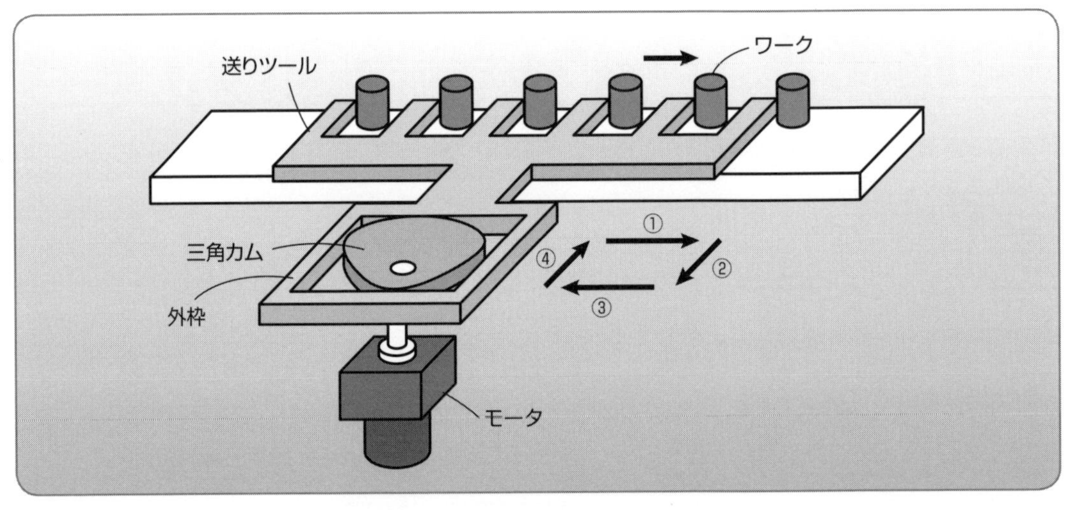

図 7-7-1　三角カムを使ったワーク送り

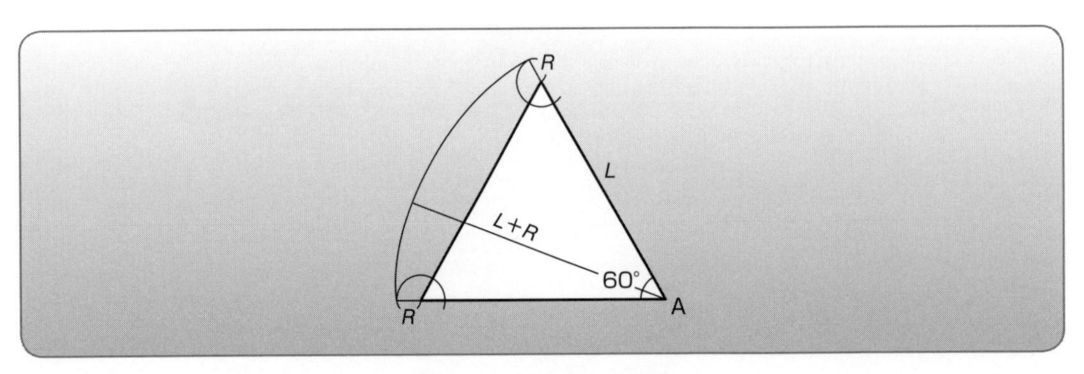

図 7-7-2　三角カムの描画

次に正三角形の2つの頂点に半径 R の円を描きます。対面する頂点Aから半径 $L+R$ の円弧を引き、2つの半径 R の円と接するようにすると三角カムの一辺の設計ができます。

図 7-7-3 は、3つの頂点についてこの作業を繰り返してつくった三角カムの例です。ここでは $L=100$、$R=10$ としてあります。

(2) 三角カムの外径

三角カムの外径を測ってみると、どの方向に測ってもその全長は $L+2R$ になっています。そこで、$L+2R$ の正方形の外枠をつくると、その中に三角カムはぴったりとはめ込められることになります。

外枠をはめ込んだまま水平姿勢を保って三角カムの正三角形の頂点の1つを回転軸として、モータなどで一方向に回転駆動すると、外枠は**図 7-7-4** のような角を丸めた正方形の運動特性になります。R を大きくすると動作特性の角の丸みは大きくなり、R を小さくすると角の丸みの小さい正方形に近くなります。縦横の移動量は L に等しくなります。

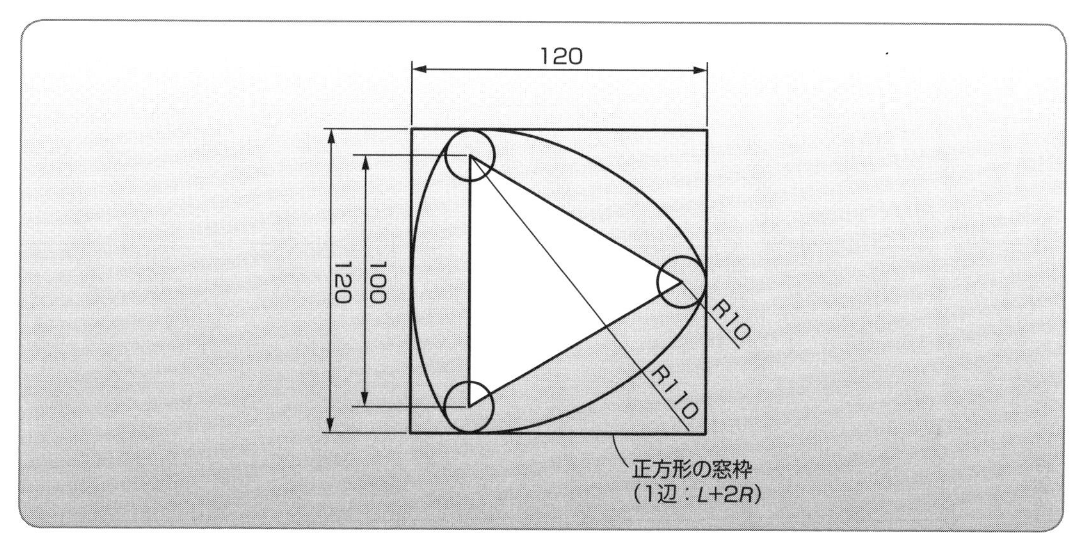

図 7-7-3　三角カムの設計例（L=100 、R=10）

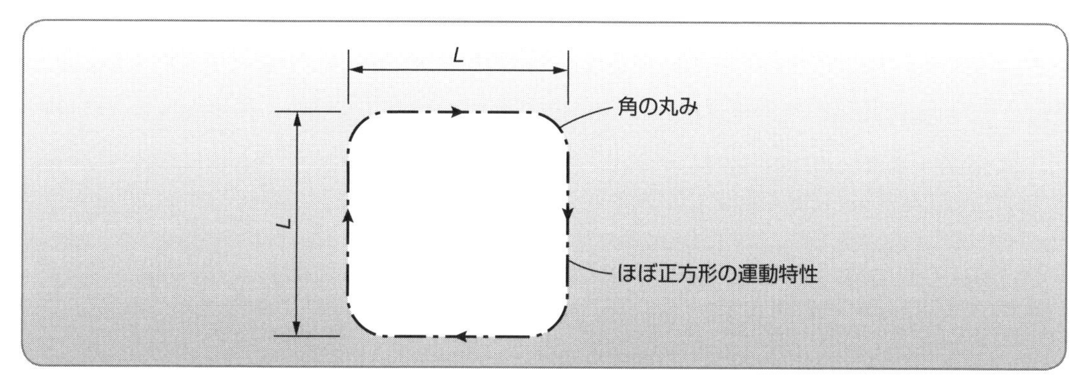

図 7-7-4　外枠の運動特性

図例 7-8 平行リンクを使ったワークのピッチ送り

平行リンクでガイドされた送りツールを使って直列に並んだワークを等ピッチ送りする装置をつくってみます。

図 7-8-1 のワーク送り装置は、送りツールを平行リンクでガイドして、平行リンクはモータで回転駆動しています。リンクアーム１とリンクアーム２は長さが同じで平行リンクになっています。平行リンクによって送りツールは下向きのまま水平の姿勢を保持します。リンクアーム１が１周すると、ワークを１ピッチ左側に送ります。

この装置ではモータ出力を歯車で連結していますが、リンクアーム１をモータで直接駆動してもかまいません。

リンクアーム１とリンクアーム２が水平になったときにリンクアーム１を駆動すると、リンクアーム２がリンクアーム１と反対方向に回転することがあります。リンクアームが反対方向に回転すると、送りツールは水平でなくなり、従動側のリンクアーム２の同期がずれることになります。このような不具合をさけるために、タイミングベルトなどを使ってリンクアーム１の回転をリンクアーム２に連結しておいた方がよいでしょう。

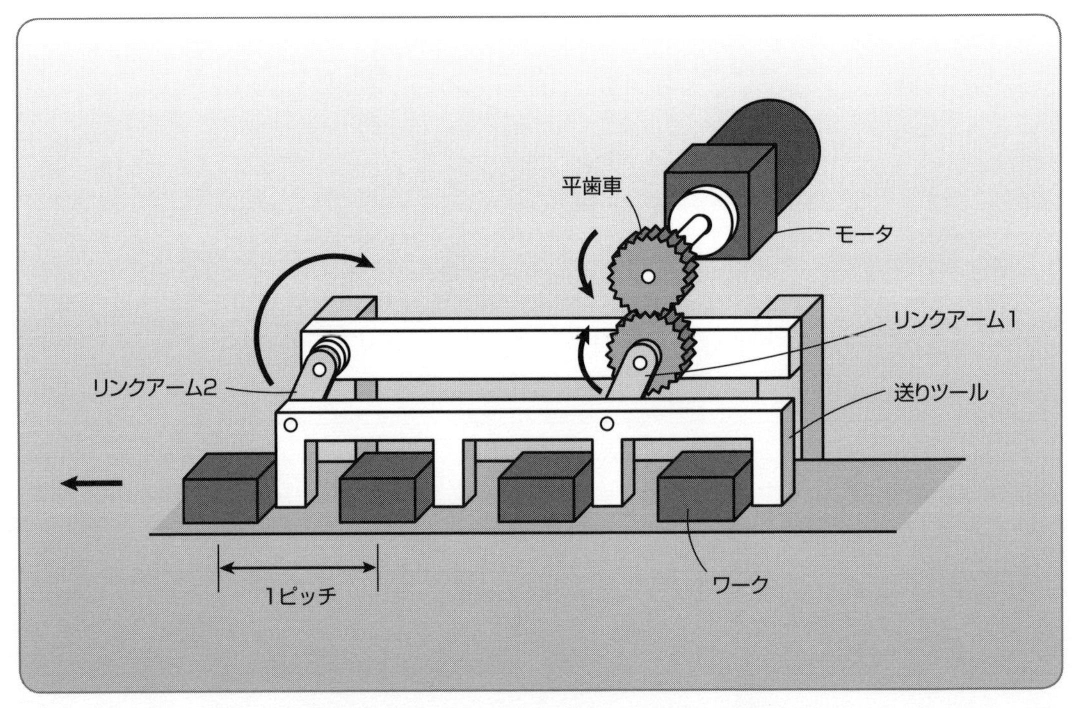

図 7-8-1　平行リンクによるワークのピッチ送り

図例 7-9 往復運動するメカニズムを使うとうちわであおぐ装置ができる

連続して往復するメカニズムを利用して、うちわであおぐ装置をつくってみましょう。

うちわを使って風を送るには、うちわを往復運動させます。

図 7-9-1 は、枠がついたレバーに真円の板の回転中心を移動した偏心カムをつけて、枠つきレバーにうちわを取り付けた例です。モータで偏心カムを回転すると、枠つきレバーがレバーの回転軸を中心にして揺動の往復運動をします。

図 7-9-2 は、うちわを逆向きに取り付けたものです。偏心カムの偏心量を大きくするか、回転軸とモータ軸を近づけると揺動角度が大きくなります。

図 7-9-3 は、レバースライダを使って揺動の往復運動をする装置です。モータを回転すると、うちわが往復します。レバースライダは往復の行きと帰りで速度が異なります。特にモータ軸と回転軸の距離を短くすると、往復の速度の違いが顕著になります。

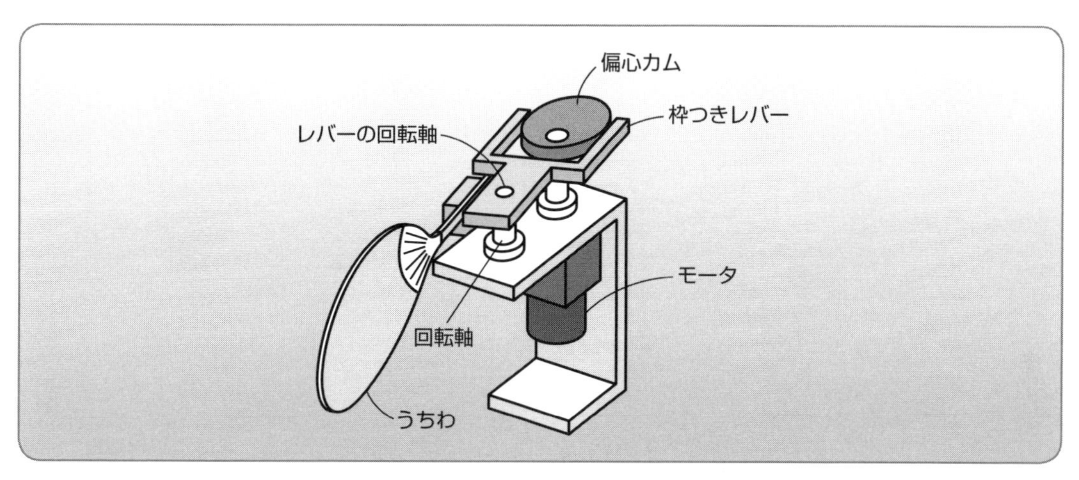

図 7-9-1　偏心カムを使ったうちわの往復

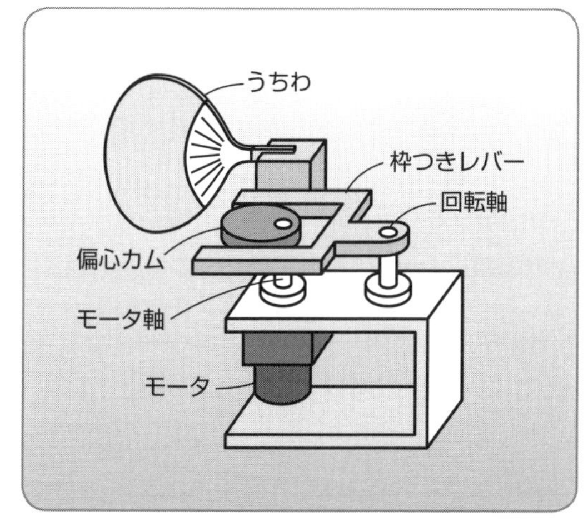

図 7-9-2　取り付けを逆にした場合

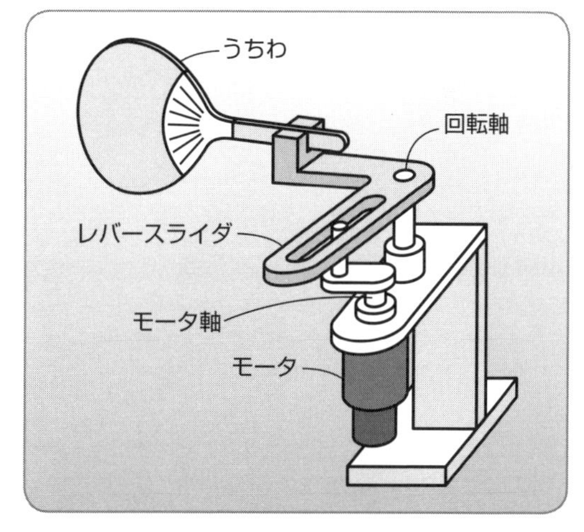

図 7-9-3　レバースライダによる往復運動

図7-9-4は、端面カムを使った往復運動を利用してうちわをあおいでいます。カムの端面の形状に沿ってレバーが往復します。レバーにはスプリングをつけて、カムフォロワがカムの端面に密着するようにしています。スプリングの力が弱いとレバーがカムから離れてしまい、予定通りの運動になりません。また、スプリングの力が強過ぎると、モータに負担がかかってモータがトルク不足になることがあります。スプリングではうまくいかない場合には、溝カムに変更して、スプリングをなくす方法も考えられます。

図7-9-5は、クランクを使った往復運動です。モータを起動してクランクアームを回転させると、うちわが往復運動します。コンロッドをクランクアームに取りつけている位置を変更すると、うちわの揺動角度を変えることができます。モータ軸からコンロッドの取り付け位置を遠ざけると大きな角度で揺動運動しますが、その分モータにかかる負荷も大きくなるので注意します。

竹やプラスチック製のうちわなどでは、柄に弾力性があるので、**図7-9-6**のように柄を直接クランクで動かすこともできます。うちわを支える回転軸が不要になるので、構造が単純になります。ただし、うちわの柄が強制的に湾曲されるので、耐久性に問題があることはいうまでもありません。うちわが破損したら交換が必要です。

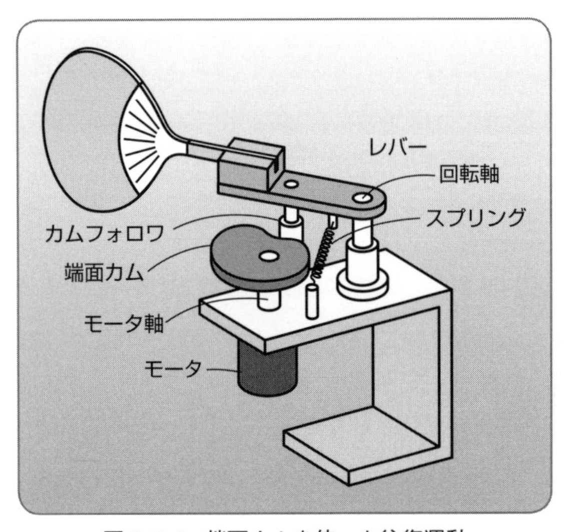

図7-9-4　端面カムを使った往復運動

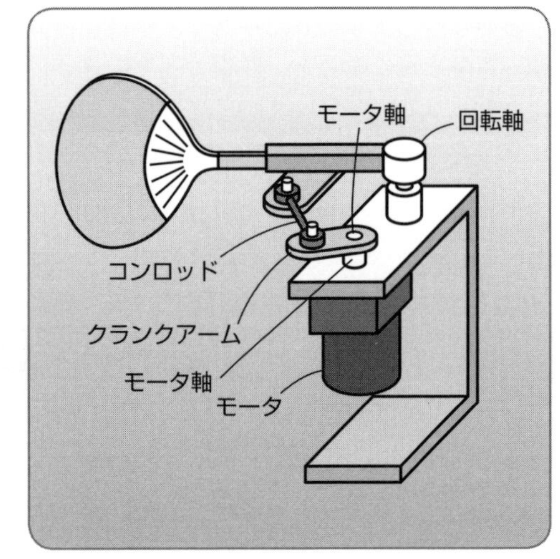

図7-9-5　クランクによる往復運動

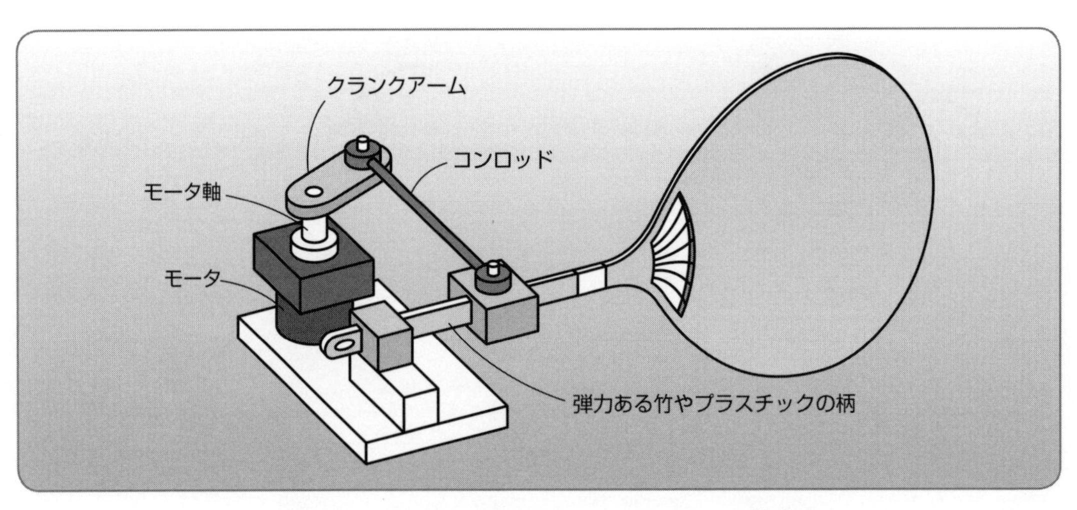

図7-9-6　柄の弾力性を利用したクランクによる往復

移動しながら下降するメカニズム

ワンモーションでワークの取り出しやスタンプの捺印などの作業をするときには、ツールを前進移動しながら下降させる動作が有効なことがよくあります。ここでは、移動しながら下降する動作をするメカニズムのつくり方を考えてみます。

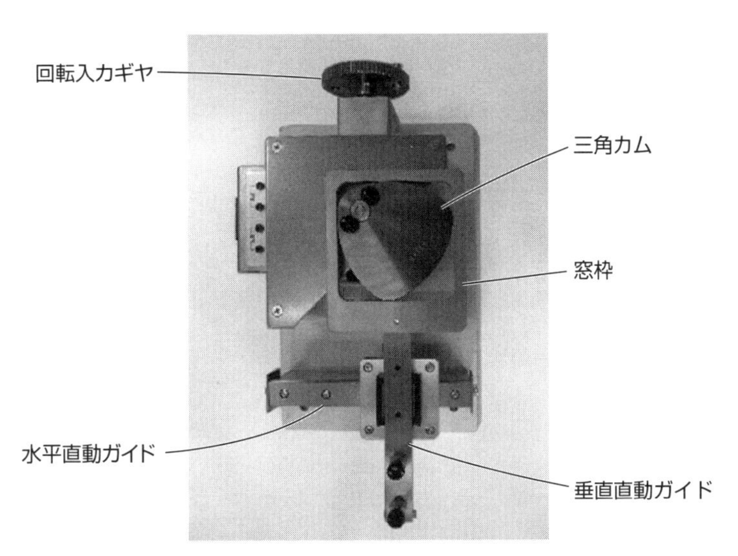

三角カム（MC224）による矩形動作

図例 8-1 ラックピニオンと平行リンクを使った前進してから下降するメカニズム

平行リンクを使うとツールの姿勢を変えることなく、ワンモーションで前進と上下に移動するメカニズムをつくることができます。

（1）水平移動型平行リンク

図 8-1-1 は、空気圧シリンダでラックを後退方向に動かすとツールが前進しながら下降する装置です。水平移動型の平行リンクを使っているので、ツールは下向きのままの姿勢を保って移動します。平行リンクの第1アームはピニオンに固定されているので、空気圧シリンダを前進方向に動かすとツールが上昇します。第1アームが垂直になったところが最上点なので、その位置で停止するように調節します。ツールを大きく引き込みたければ、第1アームをさらに回転しても問題ありません。

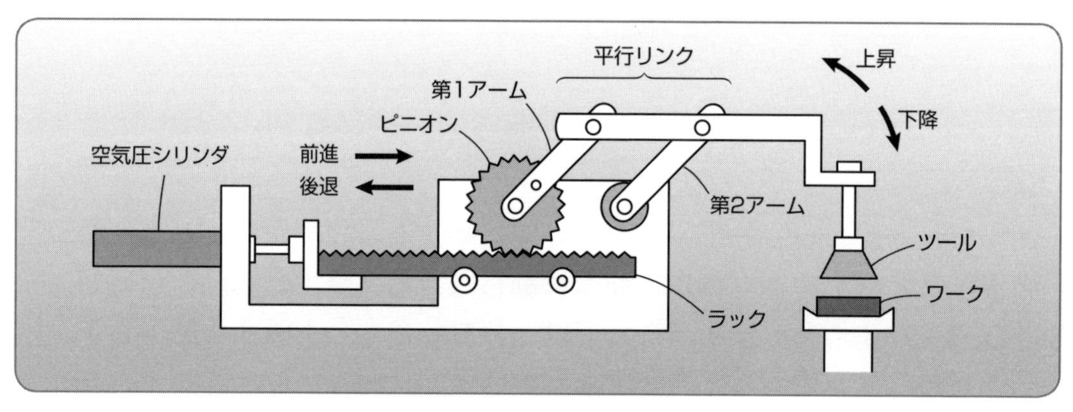

図 8-1-1　平行リンクによる前進上下動

（2）前進してから下降する平行リンク

図 8-1-1 のユニット全体を前進移動して、前進端で停止してからツールを下降するようにしたものが**図 8-1-2** の装置です。

ピニオンにレバーを取りつけてスプリングで引っ張り、レバーストッパに当たって止まるようにしています。空気圧シリンダが前進すると、直動ガイドに載せられているユニット全体が前進します。ユニットはユニットストッパに当たると停止しますが、シリンダはさらに前進して、スプリングの力に打ち勝つとピニオンを回転して第１アームを回し、ツールを下降します。

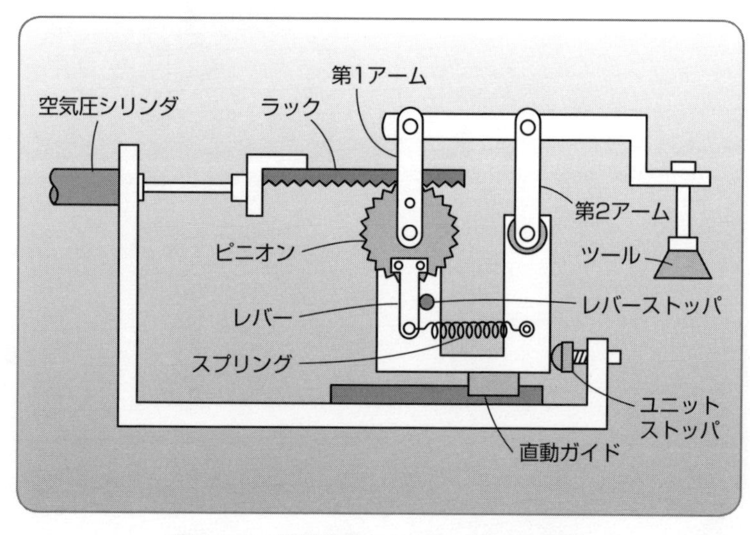

図 8-1-2　前進移動してから下降する装置

図例 8-2 前進して下降する平行リンクユニットのシリンダ駆動

平行リンクを使って前進しながら上下に移動するメカニズムを１本の空気圧シリンダで駆動させてみましょう。

(1) クレビスシリンダを使った平行リンクの駆動

クレビスシリンダを使って、ツールのついた平行リンクの第１アームを駆動して、コンパクトな形で前進しながら下降するように構成したものが**図 8-2-1** の装置です。

クレビスシリンダを前進すると、第１アームが回転移動してツールが平行を保ったまま前に移動しながら下降します。クレビスシリンダを使っているので、第１アームの駆動角度は60°程度に抑えておきます。

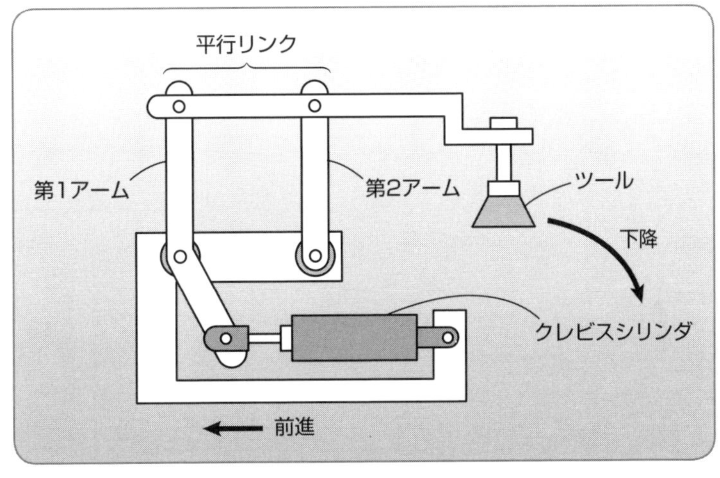

図 8-2-1　クレビスシリンダによる平行リンクの駆動

(2) 前進してから下降するメカニズム

図 8-2-2 は、図 8-2-1 のユニット全体を直動ガイドに載せて前後に移動できるようにし、前進端に近づいてからツールが下降するようにしたものです。平行リンクの第１アームはスプリングで引っ張られていて、レバーストッパで停止しています。空気圧シリンダが前進すると、ツールは上昇した状態を保ったままユニット全体が前進します。レバーについているカムフォロワがデテルに当たると、第１アームが回転してツールが前進しながら下降します。

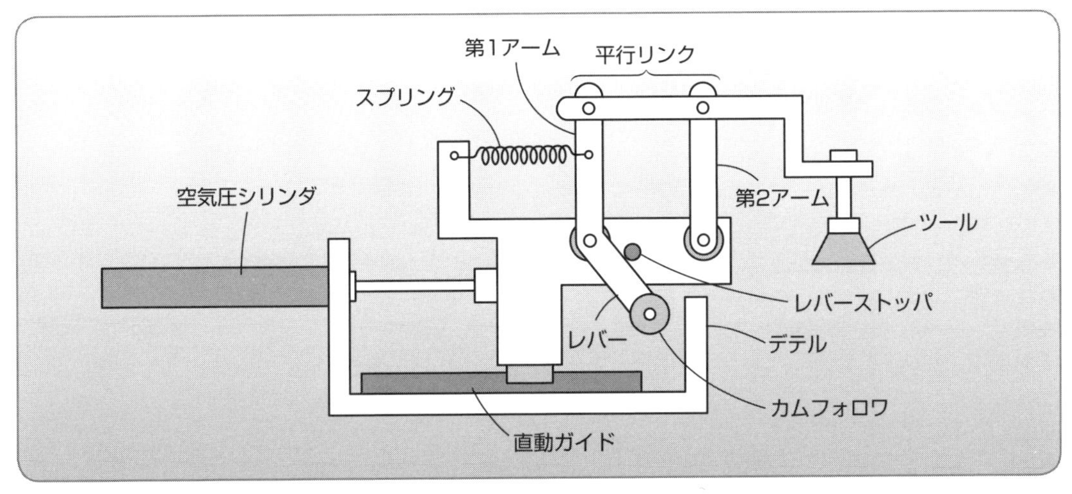

図 8-2-2　前進端に移動してから下降する装置

図例 8-3 拘束リンク棒を使うと前進しながら下降できる

拘束リンク棒を使ってツールの動きを制限することで、前進しながらツールを上下に移動する装置をつくることができます。

（1）拘束リンク棒を使った上下動作

拘束リンク棒を使うと、上下動のアクチュエータを使わなくてもユニットを前進するだけで下降の動作を同時に行うことができるようになります。**図 8-3-1** はその例で、空気圧シリンダで移動ブロックを前進すると、ツールは前進しながら下降します。下降量は拘束リンク棒の上下移動分に相当する距離 L になります。空気圧シリンダで移動ブロックをもう少し図の左方向に引っ張れば、上下移動量も大きくなりますが、拘束リンク棒が完全に水平になるまで引っ張ることはできません。

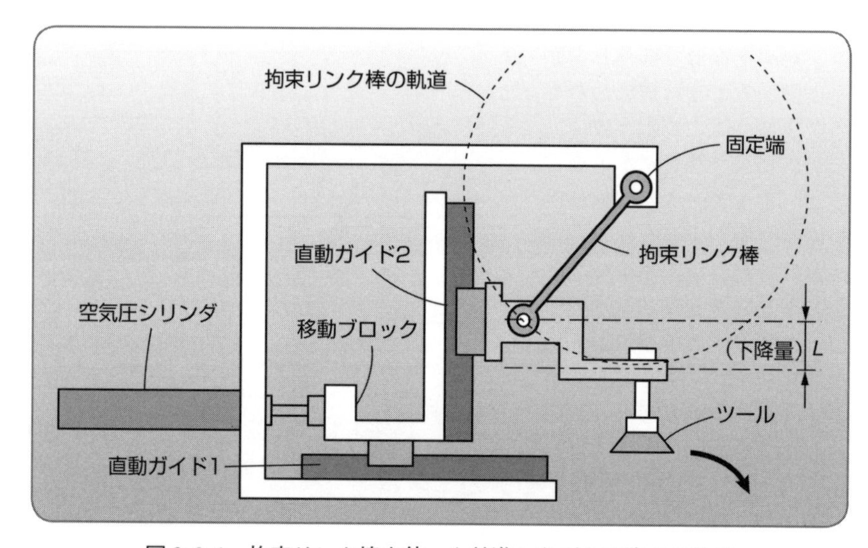

図 8-3-1　拘束リンク棒を使った前進しながら下降する装置

（2）平行リンクと拘束リンク棒

図 8-3-2 は、平行リンクと拘束リンク棒を組み合わせて、空気圧シリンダで前進すると同時にツールが下降するようにした装置です。ベルトコンベヤからのワーク取り出しなどに利用します。

空気圧シリンダを前進すると、移動ブロックが前進します。拘束リンク棒の片側はベースに取り付けてあり移動できないので、レバーは拘束リンク棒に引っ張られて回転し、ツールは前進しながら下降します。

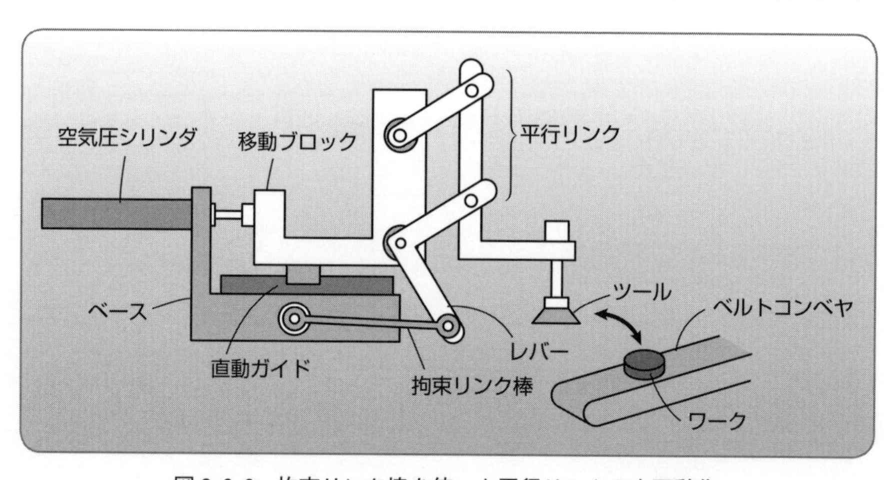

図 8-3-2　拘束リンク棒を使った平行リンクの上下動作

図例 8-4 前進してから垂直に下降するにはデテルを使う

デテルを使って終端で自動的に垂直下降する装置をつくってみます。

(1) 前進しながら下降する

図 8-4-1 は、空気圧シリンダが移動ブロックを前進して、レバーについているカムフォロワがデテルに当たるとツールが下降するようになっている装置です。「デテル」とはユニットの可動部があたったときに、ユニットの一部を動かすようにする、固定されたじゃま板のことを指しています。

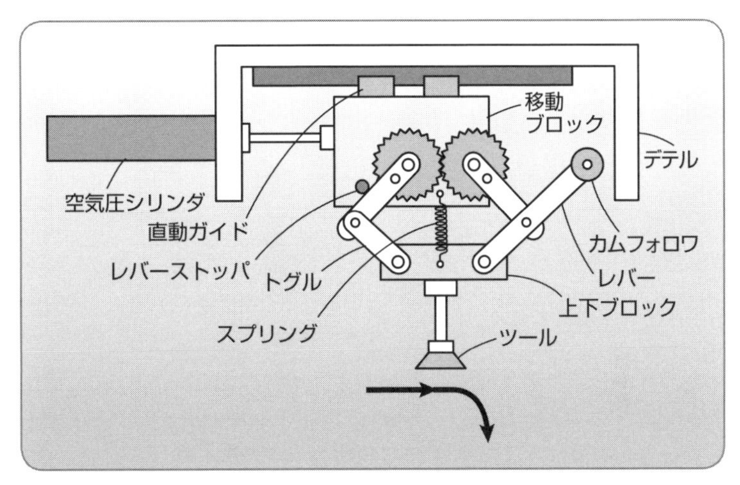

図 8-4-1　前進しながら下降する

(2) 前進してから下降する

図 8-4-2 は、移動ブロックが停止してからチャックが下降するように図 8-4-1 を改造した装置です。空気圧シリンダは移動ブロック本体を直接移動するのではなく、スラッドのついたレバーを押し引きします。シリンダを前進させていくと、移動ブロックはデテルに当たったところで停止します。その後もシリンダは前進してレバーを回転させて平歯車を回転し、左右のトグルが伸びて上下ブロックが下降します。下降端でチャックを閉じてワークをつかんでからシリンダを後退すると、チャックは垂直に上昇してから後退します。

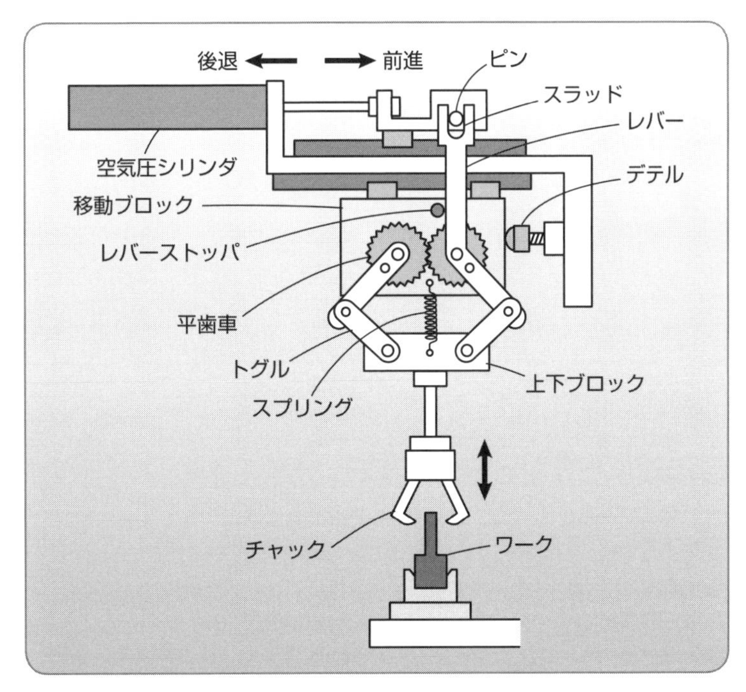

図 8-4-2　停止してから下降する

シリンダでレバーを押して前進させるときに、レバーストッパとレバーが離れないようにスプリングの強さを調節します。あまり強くし過ぎると、チャックを下降するときにシリンダの力が不足することがあるので注意します。

図例 8-5 前進しながら下降するには 2つのラックを組み合せる

図例の要旨　1つのピニオンにかみ合った2つのラックを使って、前進しながら上下に移動する装置をつくってみます。

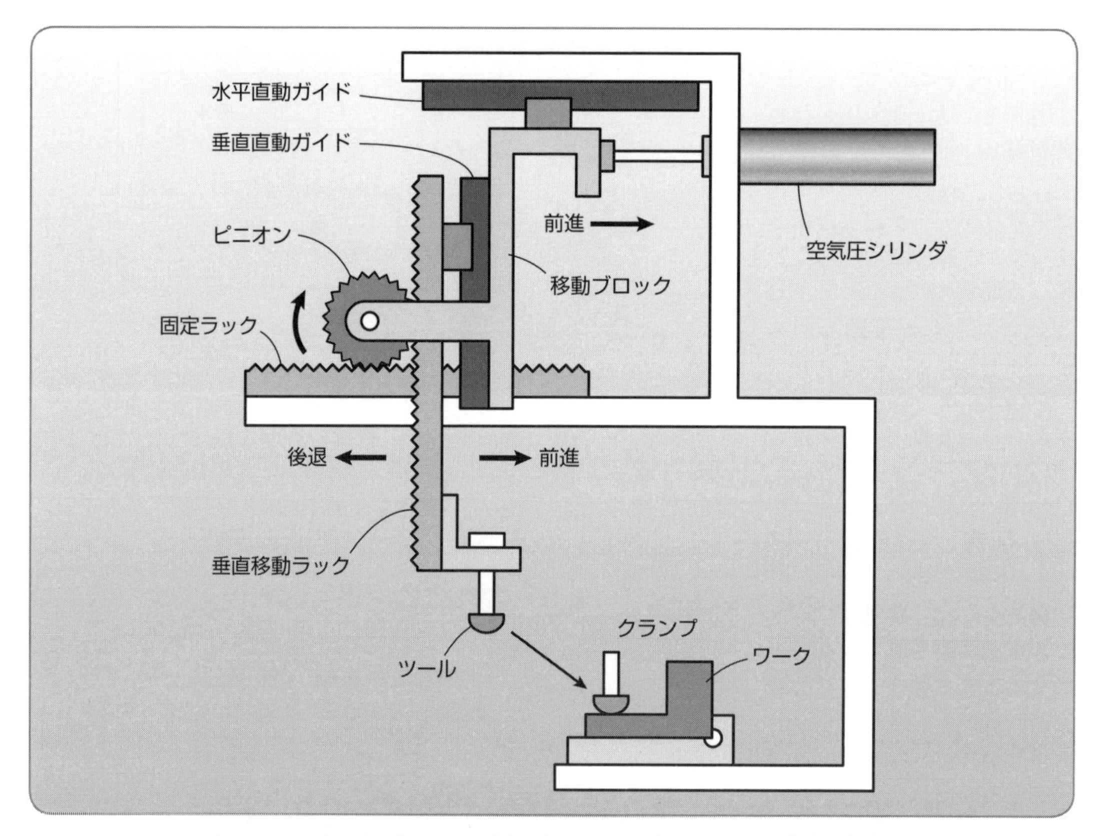

図8-5-1　ラックピニオンを組み合わせた前進しながら下降する装置

図8-5-1は、固定ラックと垂直移動ラックを1つのピニオンに組み合わせて、前進しながらチャックを下降するようにした装置です。空気圧シリンダで移動ブロックを図の矢印方向に前進移動すると、固定ラックにかみ合っているピニオンが移動しながら回転して垂直移動ラックを下降させます。

垂直移動ラックの先端についたツールは前進しながら下降してワークを上からクランプします。

空気圧シリンダを逆方向に動かすと、ツールは上昇しながら後退します。下降速度を速くするのであれば、**図8-5-2**のようにピニオンを大小2段にして大きなピニオンで垂直移動ラックを駆動します。

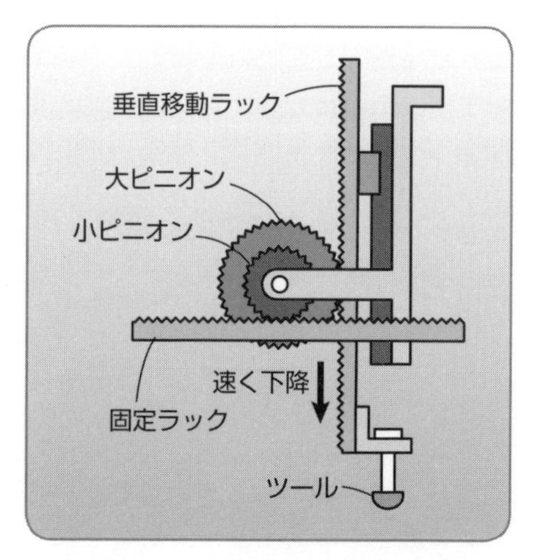

図8-5-2　2段ピニオンによる増速

図例 8-6 三角カムを使うと1つのモータで動くピック&プレイスユニットができる

三角カムを使うと、カムの外枠を矩形に動かすことができます。その特性を使って1つのモータで動くピック&プレイスユニットをつくってみます。

三角カムの外枠をXZ方向にガイドし、その先端に真空チャックを取り付けて三角カムを270°回転往復させると、外枠はピック&プレイスの動作をします。

この270°の往復運動をクランクを使って高速に動作をするようにしたものが、図8-6-1の三角カムを使ったピック&プレイスユニットです。

クランクによってラックは、振動の少ないスムーズな末端減速の往復運動をします。ピニオンが270°回転するようにクランクの回転半径を設定します。

クランクを使わずロータリエアアクチュエータなどを使えば、直接に三角カムを270°往復回転することもできます。

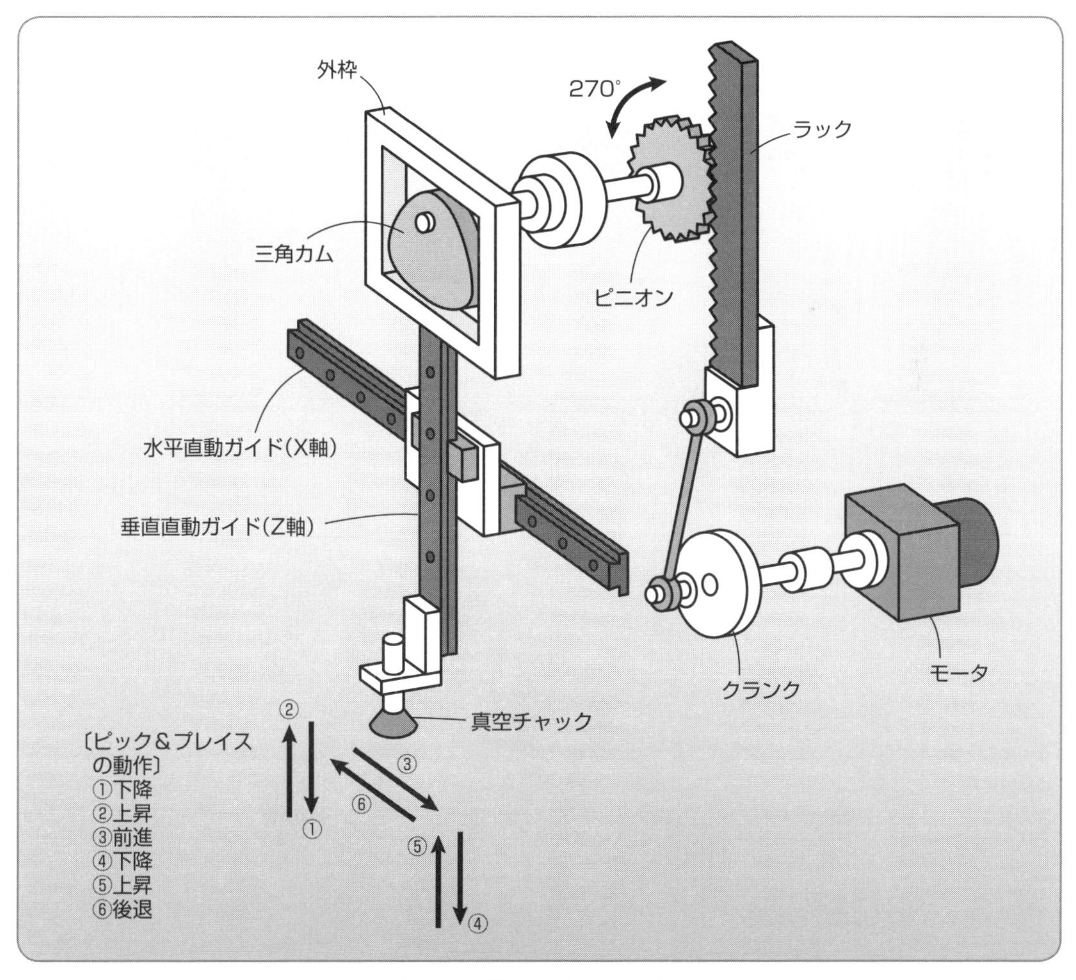

図8-6-1 三角カムを使ったピック&プレイスユニット

図例 8-7 カムを使った1つのモータで動く揺動型ピック＆プレイスユニット

円盤カムと円筒カムを使って、1つのモータで動作する揺動型のピック＆プレイスユニットをつくってみましょう。

(1) カムを使ったピック＆プレイスユニット

図8-7-1のモータを連続回転すると、カムシャフトについている円筒カムが回転して、垂直レバーが円筒カムのカム曲線に従ってカムシャフトの1回転で2度上下に移動します。垂直レバーはジョイントプレートを介してメインシャフトを上下に移動します。メインシャフトが上がっているときに、円盤カムによって揺動アームが回転移動をします。

円盤カムが1周すると水平レバーは1往復するようになっていて、スラッドで連結している平歯車を一定角度回転していったん停止し、真空チャックの上下1往復が完了するのを待ってから次の角度送りを開始するようになっています。

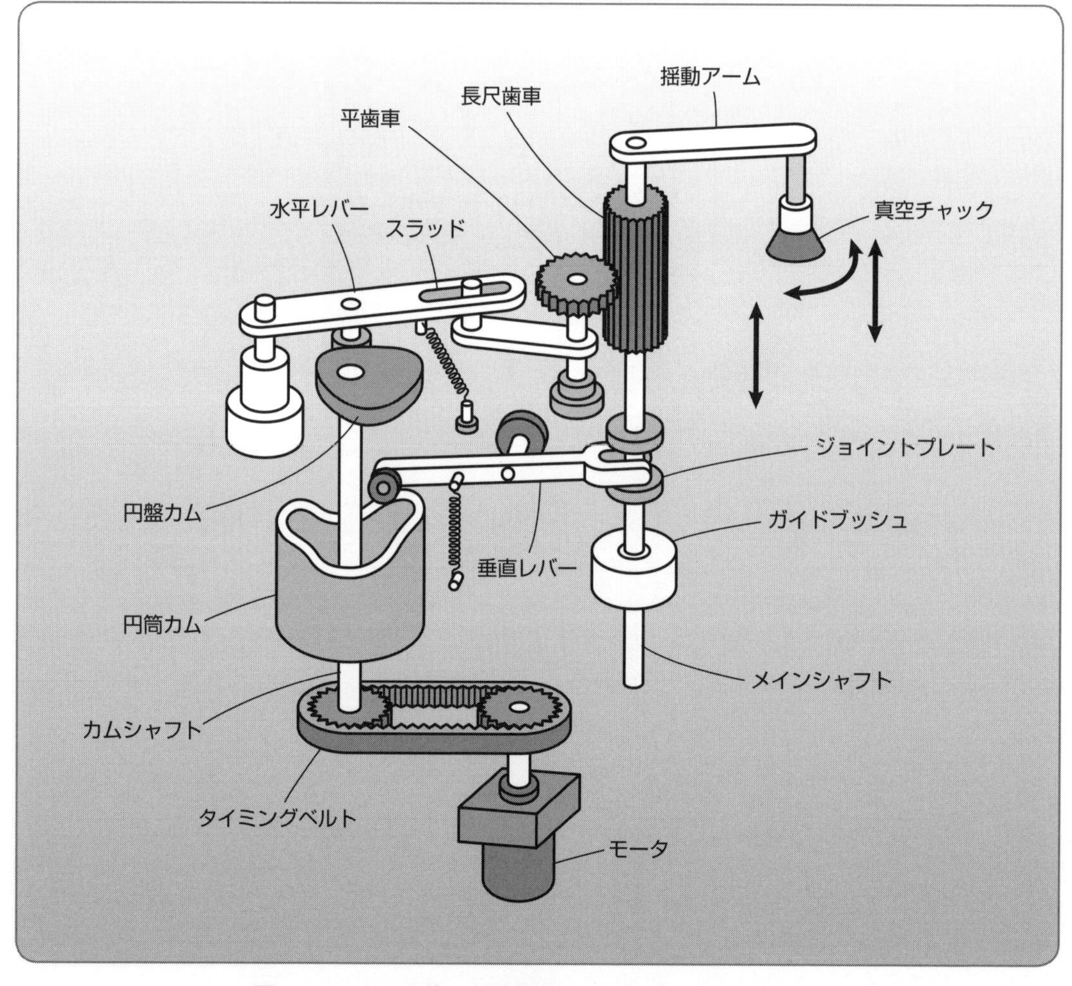

図8-7-1　カムを使った揺動型ピック＆プレイスユニット

(2) カムの特性

円盤カムと円筒カムの動作特性は**図 8-7-2** のようになっています。

カムシャフトが0°のところから円筒カムでメインシャフトを下降して、30°で停止し、60°から上昇して、90°で上昇を終了します。90°から今度は円盤カムによって旋回を開始し、180°で停止します。その点から円筒カムによって下降が開始して、270°で上下の1往復が完了すると、円盤カムによってメインシャフトが後退して360°で1サイクルの動作を終了します。

これを円盤カムと円筒カムにすると**図 8-7-3** のようになります。

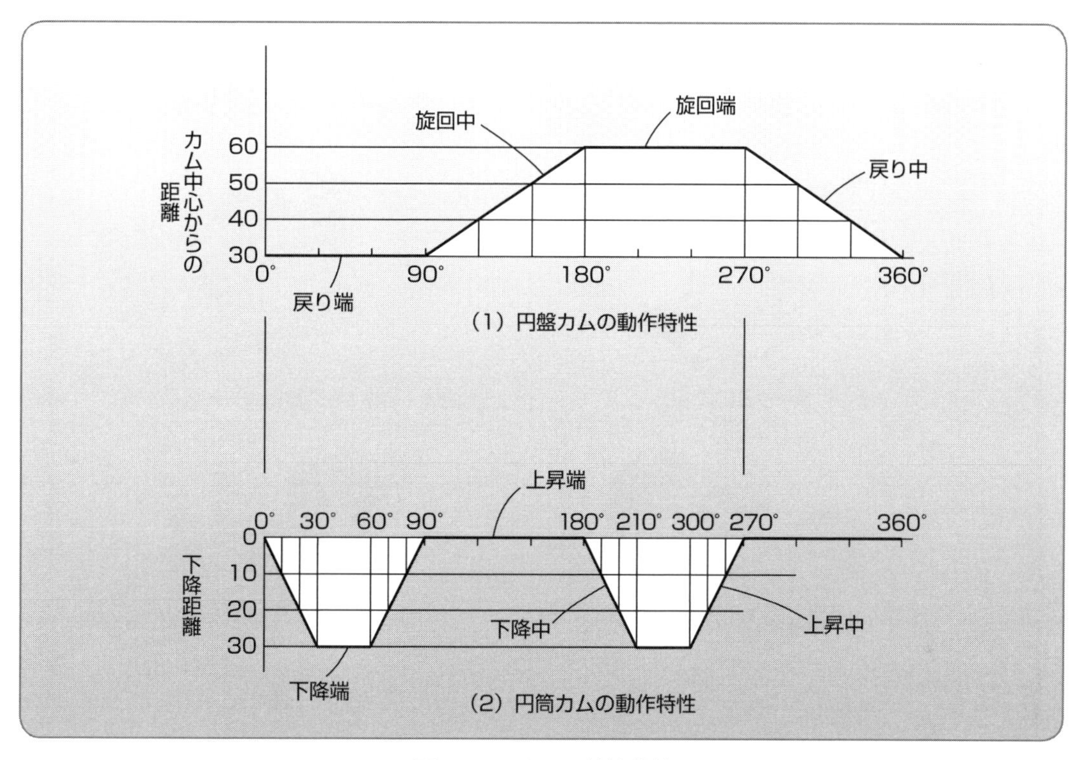

図 8-7-2　カムの特性曲線

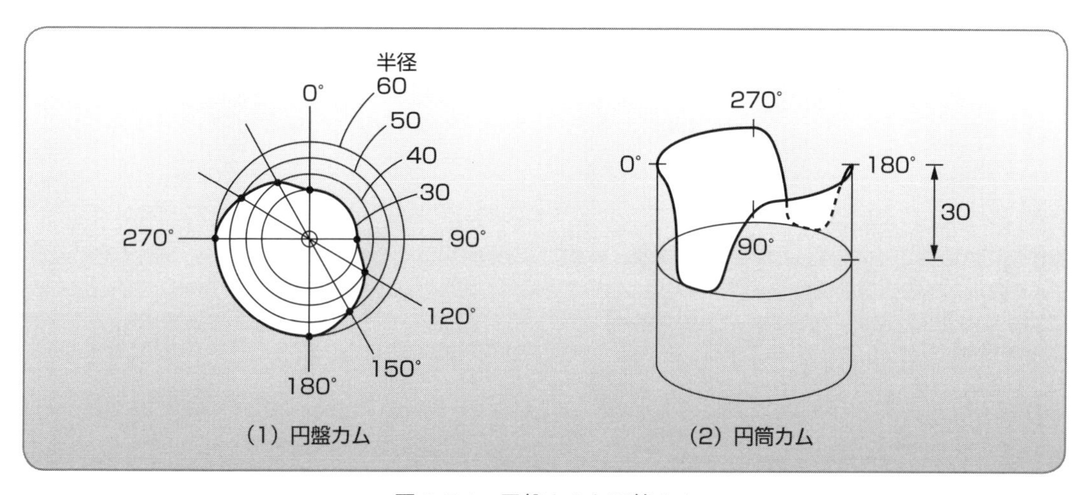

図 8-7-3　円盤カムと円筒カム

からくりを構成するメカニズムの基本要素

VM230

クランクアーム

VM240

回転入力レバースライダ

VM110

ラック&ピニオン

VM140

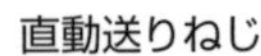
直動送りねじ

VM150

変速ギヤ

VM250

増力トグル

VM220

ダブルピンゼネバ

VM330

回転テーブル

VM310

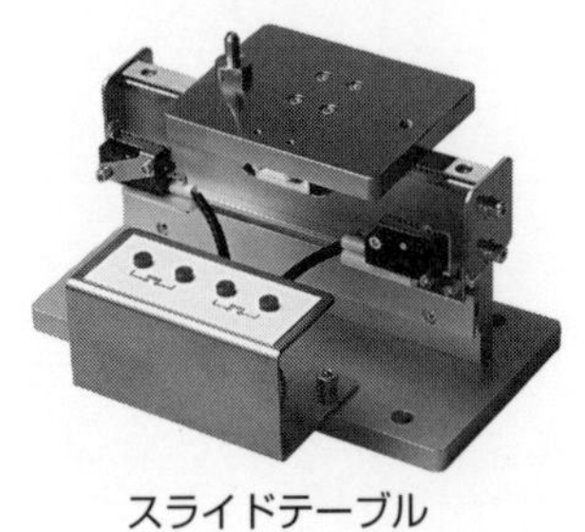

スライドテーブル

VM320

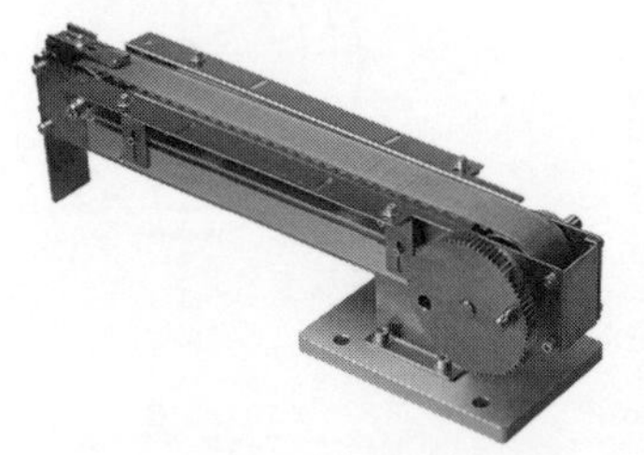

ベルトコンベヤ

第9章 メカニカルチャック

動力を使わずにフィンガを閉じてワークをつかむメカニカルチャックのからくりを考えてみましょう。メカニカルチャックにはフィンガを動かす手掛かりをつけ、しっかりつかむための増力機構や閉じたチャックを元に戻さないようにするため姿勢を保持するメカニズムを利用します。

直動板カム（VMC310-MP）

図例 9-1 平歯車を利用したメカニカルチャック

平歯車を使い、一対のフィンガを同期して開閉できるようにしたメカニカルチャックの構成例を紹介します。

(1) 平歯車の逆転を利用したメカニカルチャック

図 9-1-1 は、2つの同じ大きさの歯車の逆回転を利用してフィンガを開閉するメカニカルチャックの例です。

操作レバーを引き上げるとフィンガが開き、押し下げると閉じてストッパに当たったところで停止します。

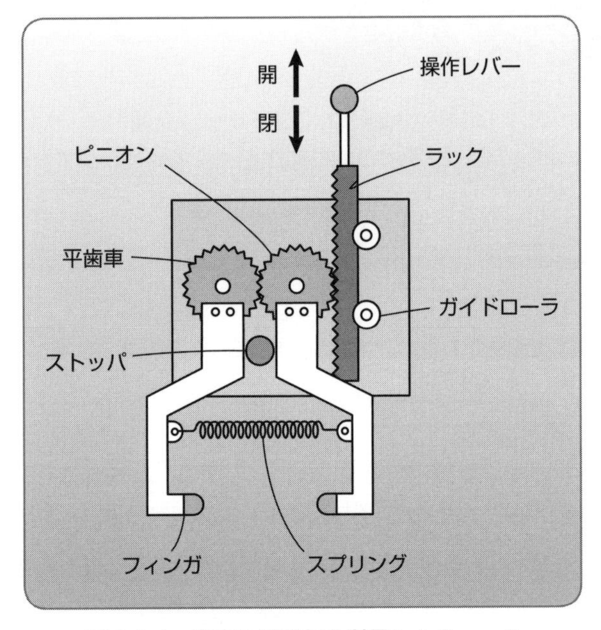

図 9-1-1　歯車の逆回転を利用したチャック

(2) レバーによる操作性の改善

操作レバーの押し引きの動作では操作がしにくいので、操作レバーを横向きにして、リンクを使って上下方向に動かしやすくしたものが**図 9-1-2** のチャックです。

テーパつきのワークであれば、上からチャックを降ろしていけばスプリングが伸びてワークをつかむことができます。フィンガを開くときには操作レバーを上向きに操作します。

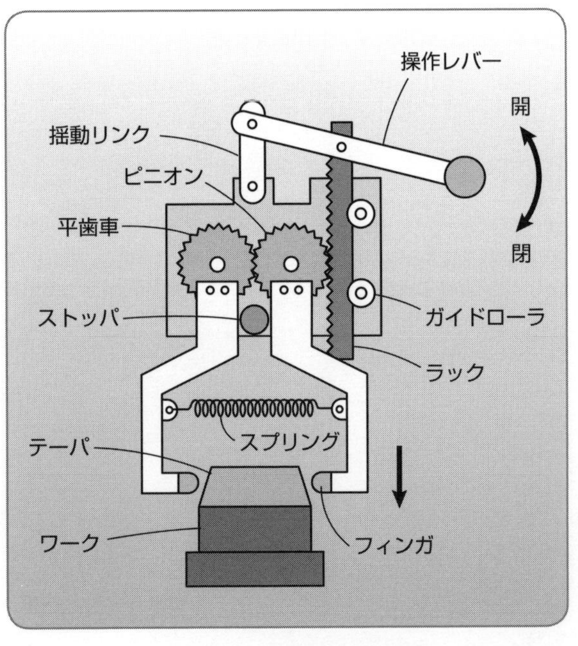

図 9-1-2　操作方向の変更

(3) フィンガの自動開閉

図 9-1-3 は、チャックを空気圧シリンダで上下移動できるようにしたものです。つかんだワークをワークホルダの上に降ろしていくと、デテルに操作レバーが当たって、自動的にフィンガが開きます。チャックが上昇したときにフィンガが閉じてワークを持ち帰らないように、ワークホルダの少し上でワークを離すようにします。ワークをつかむときには、デテルがない場所でチャックをワークの上に降ろしていくと、ワークのテーパで自動的にフィンガが開いてスプリングの力でグリップします。

(4) リンク棒をつかった開閉

図 9-1-4 は、ラックピニオンを使わずに平歯車に直接レバーをつけて、リンク棒を介してフィンガの開閉を行うようにしたも

のです。この構成では、操作レバーを下げるとフィンガが開くようになっています。

いずれの構成でも、フィンガを閉じたときにはストッパに当たってその状態を保持しますが、フィンガを開いたときには、操作レバーを離すとフィンガは閉じてしまいます。

(5) フィンガを開いたままにする改善

そこで図 9-1-5 のように、レバーにコンロッドをつけ、操作レバーをレクタ形状にして、回転して操作するように改善してみます。操作レバーを左に倒して操作レバー用ストッパに当たったときに、B 点が C 点を越えるように設定すると、フィンガは開いたままの状態を保持します。

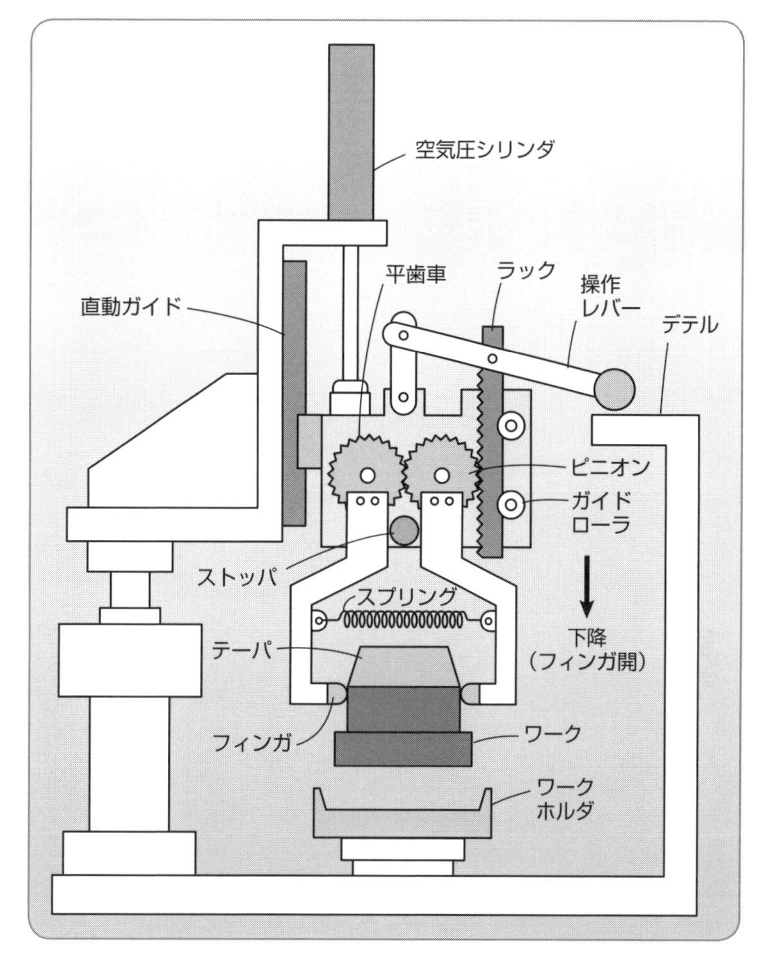

図 9-1-3　デテルを使ったフィンガの開閉

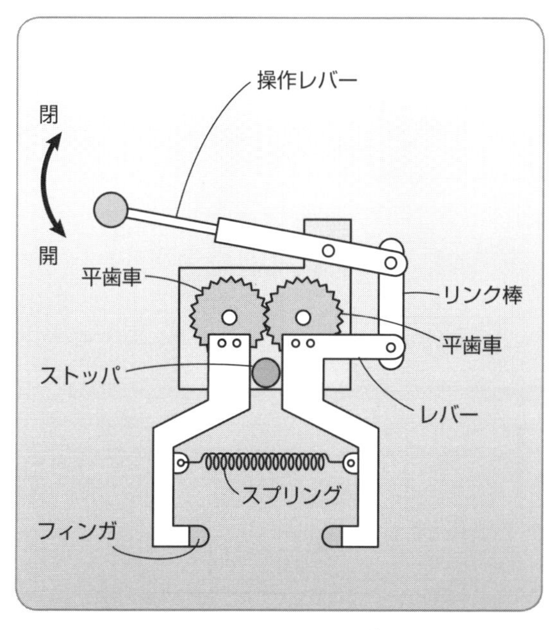

図 9-1-4　リンクとレバーを使った開閉

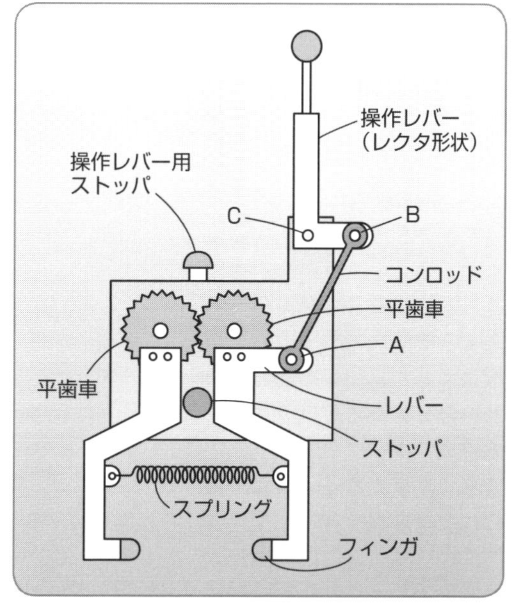

図 9-1-5　開いた状態を保持するメカニズム

図例 9-2 ラックピニオンを使った開閉を保持する片開きメカニカルチャック

ラックピニオンのピニオンでフィンガを回転すると、ラックのストローク次第でフィンガの広がり具合を調整できるメカニカルチャックになります。このチャックのフィンガが開閉したときの状態を保持するように設計します。

(1) フィンガを開いたままにする構造

ラックピニオンを使ってフィンガの開閉をするときには、チャックが回転し過ぎるのを防ぐために、行き端と戻り端にストッパが必要です。

図 9-2-1 のスプリングは、ピニオンにつけられていて、フィンガが閉じる方向に力をかけています。

操作レバーを開ストッパの方向に押し込むと、ラックがピニオンを回転して、フィンガが開き、ラックが開ストッパに当たったところで停止します。このとき、スプリングがかけられているA点から見て、B点がC点を越える位置になるように設定しておきます。すると、操作レバーを離しても、フィンガは開いたままの状態を保持します。

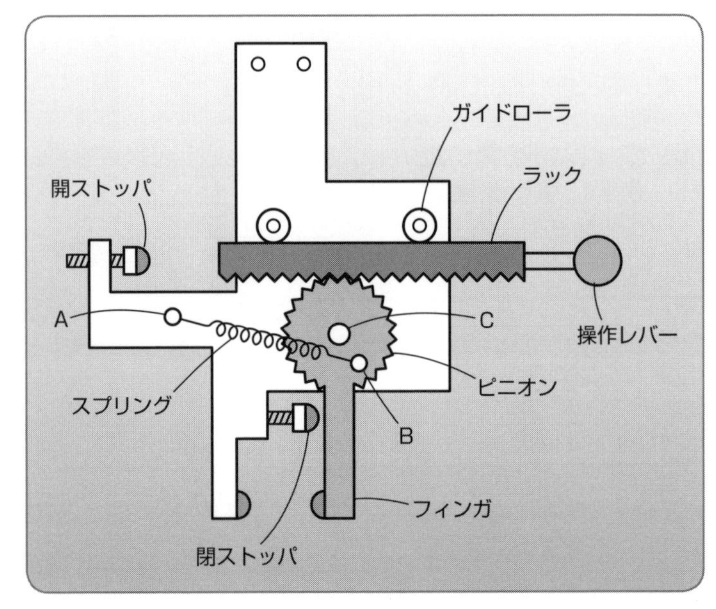

図 9-2-1　ラックピニオンを使った片開きチャック

(2) ラックの両端で停止するストッパ

ラックを両端で停止するため**図 9-2-2** のように突起をつけると、ラックの移動量を制限する機構にできますが、突起による停止位置の調整が難しいので、ある程度ラフな位置決めでよいケースに利用します。調整できるようにするには突起を長く伸ばして、図9-2-1のような位置の調節が可能なストッパを追加します。

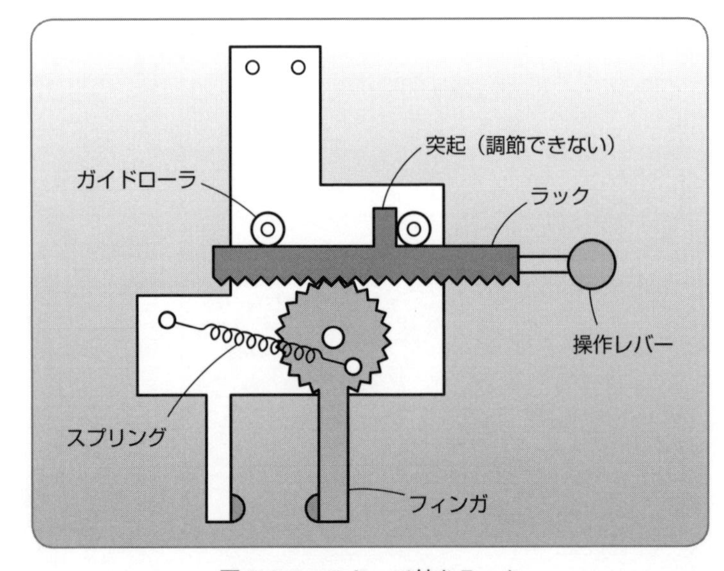

図 9-2-2　ストッパ付きラック

図例 9-3 タイミングベルトを使った平行移動型メカニカルチャック

タイミングベルトを使って平行チャックの開閉を行うメカニカルチャックをつくってみます。

(1) タイミングベルトによる平行チャック

図9-3-1のチャックは、操作レバーを動かしてフィンガの開閉の動作をするようになっています。レバーを離すと閉じたときの把握力がないので、操作レバーを閉側に押しつけておくような仕掛けが必要になります。

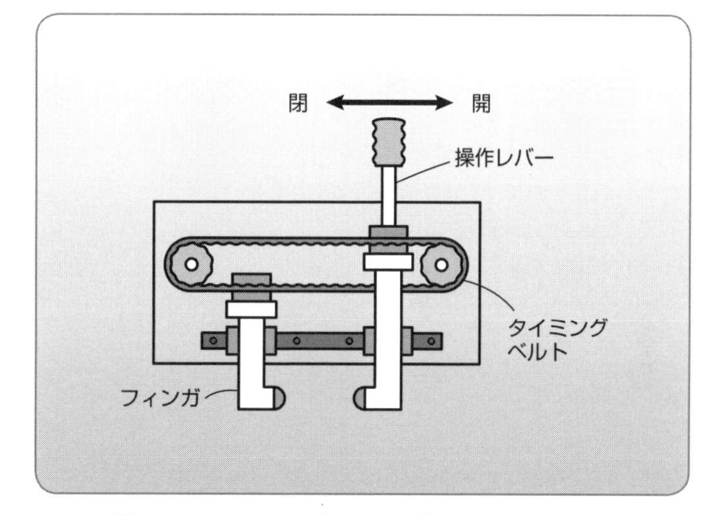

図9-3-1　タイミングベルトを使った平行チャック

(2) 重力を利用したチャック保持

図9-3-2では、タイミングベルトを動かしているプーリに、重量が大きいハンドルをつけたものです。図の状態はハンドルが開ストッパに当ったところで、重力でフィンガは開いたままになります。

フィンガを閉じたままにするには、ハンドルを閉ストッパ側に回転してフィンガがワークをつかんだときに、ハンドルがプーリの回転中心を越えているように設定します。すると、ハンドルの重みでフィンガの閉じる力が生じます。

閉ストッパは、ワークがないときの移動限界に設定して、ワークをつかむときには閉ストッパにハンドルが当たらないようにしておきます。ただし、この機構は重力に頼っているので、チャック全体が振動したり、上下方向に加速度がかかったりするとチャックする力が緩み、ワークを落下することがあるので十分に注意します。

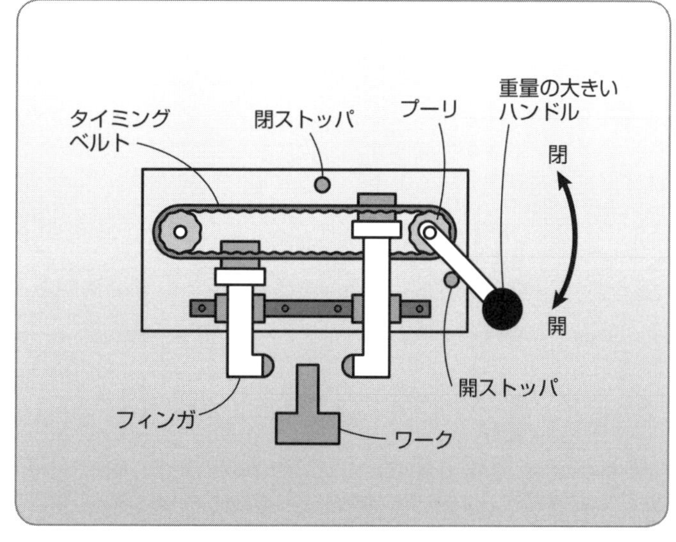

図9-3-2　ハンドルの重量を大きくしたチャック

図例 9-4 トグルとクランクを使った開閉を保持するメカニカルチャック

トグルとクランクを組み合わせて、フィンガを開いた位置と閉じた位置で姿勢を保持するメカニカルチャックをつくってみましょう。

(1) トグルで強いチャック力にする

図 9-4-1 は、フィンガの開閉にトグルを使って、トグルの伸縮をクランクで駆動するようにしたものです。操作ハンドルを閉方向に倒して、トグルが伸びて水平になったところでチャックすると、強い力でワークをつかむことができます。トグルが水平に伸びきった位置でハンドルが閉ストッパに当たって停止するようにしておきます。そのときにクランクピン A の位置は、クランクプレートの回転中心 C の真下になるように設定します。

操作ハンドルを開方向に倒すと、コンロッドでトグルを引き上げるような動作になり、操作ハンドルが開ストッパに当たった位置で停止します。このとき、C の真上にクランクピン A がくるようになっていると、チャックは開いたままの状態を保持します。

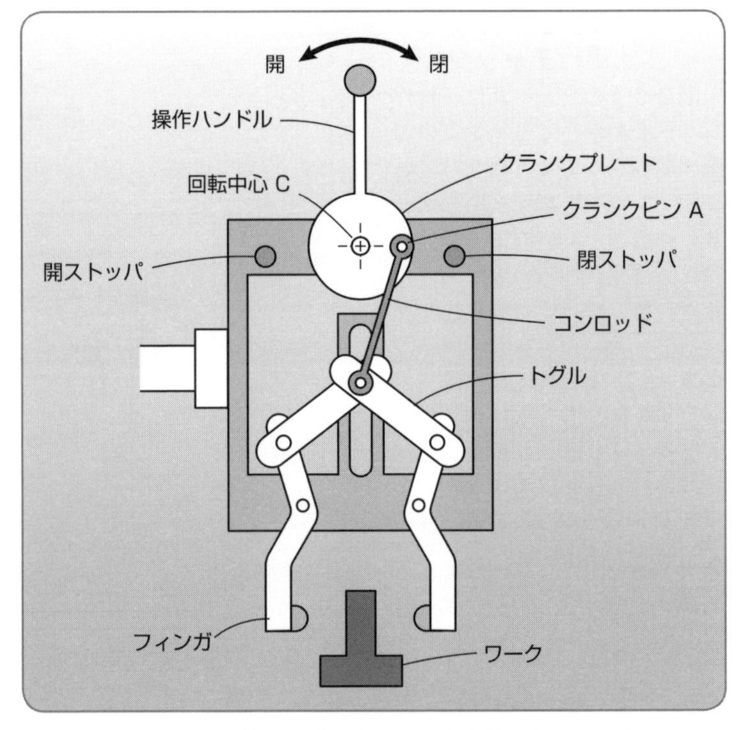

図 9-4-1　開閉にトグルとクランクを使ったチャック

(2) ラックピニオンを使った開閉

クランクを回転するのにラックピニオンを使った例が、**図 9-4-2** のメカニカルチャックです。クランクピン A が回転中心 C の真上と真下で停止するように開ストッパと閉ストッパの位置を調整します。

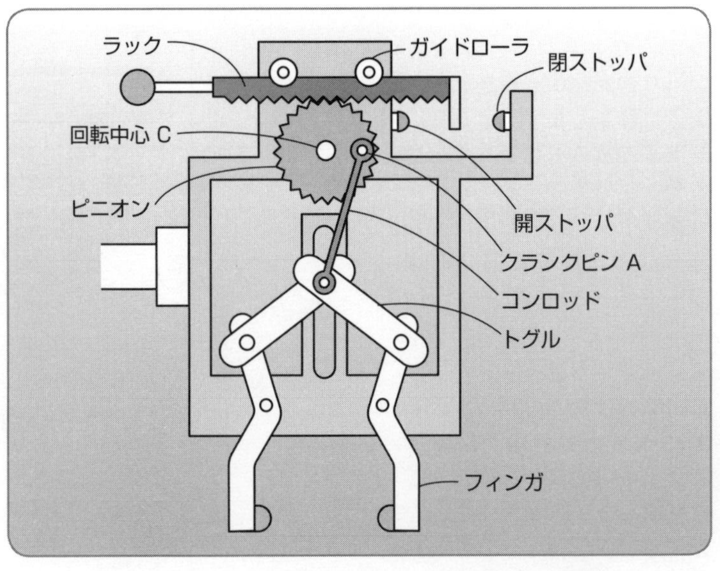

図 9-4-2　ラックピニオンを使ったクランクの駆動

図例 9–5 ダブルトグルによる両端増力メカニカルチャック

2つのトグルを組み合わせて、フィンガを閉じたときと開いたときの両方でチャックの力を増力するメカニズムをつくります。

図 9–5–1 のチャックは、操作レバーを開方向に移動すると、トグル1が伸びて、点Pはスラッドにガイドされて垂直に上昇します。トグル1が伸びきったところでトグル1が開ストッパに当たって停止します。この位置がフィンガを開にした状態で、**図 9–5–2** のようになります。トグル1が伸びきっていると、フィンガ側から力がかかっても動かないので、フィンガが開いている状態を保持します。

このとき角度αが180°に近づくと、フィンガの停止位置が不安定になるので注意します。

図 9–5–1 の操作レバーを閉方向に移動すると、点Pが下降して、トグル2が180°に近づくに従って大きな力でフィンガを閉じます。

図 9–5–3 はトグル2が伸びきった状態で、この位置でワークをチャックするとしっかりとクランプします。安定してワークをつかめるようにフィンガヘッドはウレタンゴムなどの弾性のある素材を使うのがよいでしょう。

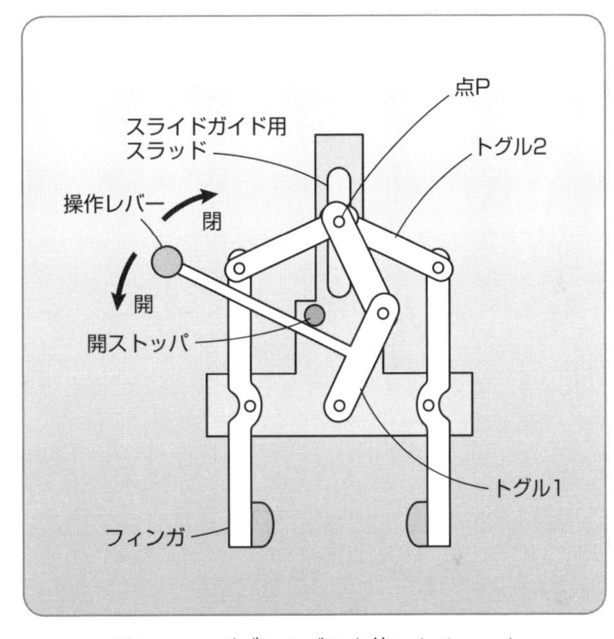

図 9–5–1　ダブルトグルを使ったチャック

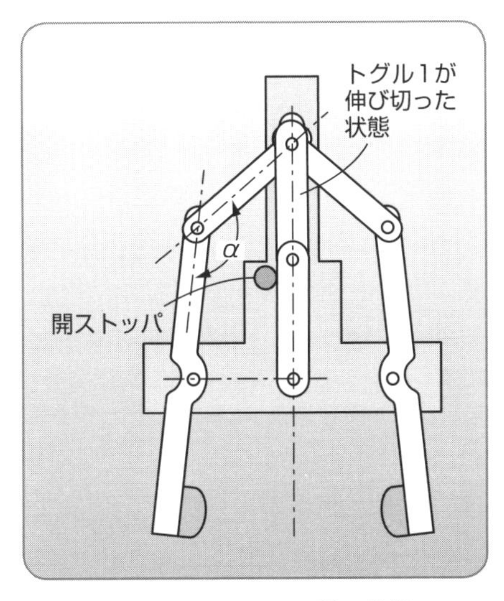

図 9–5–2　チャック開の状態

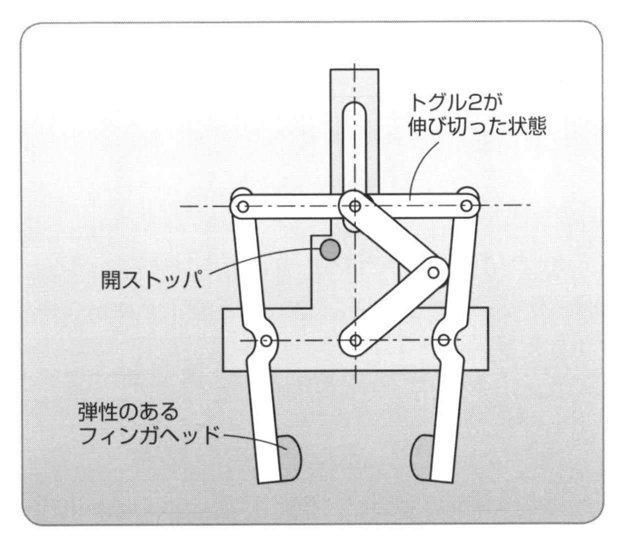

図 9–5–3　チャック閉の状態

図例 9-6 拘束リンク棒とレバーを使ったメカニカルチャック

拘束リンク棒とレバーとトグルを使ってメカニカルチャックをつくってみます。

図 9-6-1 のチャックは、操作ハンドルを開方向に動かすと、トグルが伸びて移動ブロックが上昇し、拘束リンク棒の効果でフィンガが開く方向にレバーを移動させるようになっています。

操作ハンドルを閉方向に動かすと、トグルが縮んでフィンガが閉じる方向に動きます。フィンガが閉じたときの把持力は、移動ブロックの重さ程度でほとんど期待できません。把持力をつけるには、スプリングのようなもので引っ張るか、シリンダのようなもので押しつけるか、トグルのようなメカニズムで増力するか、といった方法があります。

ここでは、チャックの開閉動作の両端で増力するような構造に変更してみます。

図 9-6-2 はその例で、トグルの上昇端と下降端の両端で増力する特性になっています。操作レバーを閉方向に回転すると、トグルが伸びで移動ブロックを押し下げます。トグルが伸びきった位置で最大に増力されるので、その位置でフィンガがワークをつかむように設定します。閉ストッパはトグルが伸びきった位置で停止するように設定します。

操作レバーを開方向に動かすと、トグルは縮んで移動ブロックを引き上げます。開ストッパをA点がC点を少し越えたところで停止するように設定すると、フィンガ側から力がかかってもチャックは動きません。A点が上昇してC点の真上に来たときの増力の仕方を「外トグルによる増力」と呼んでいます。

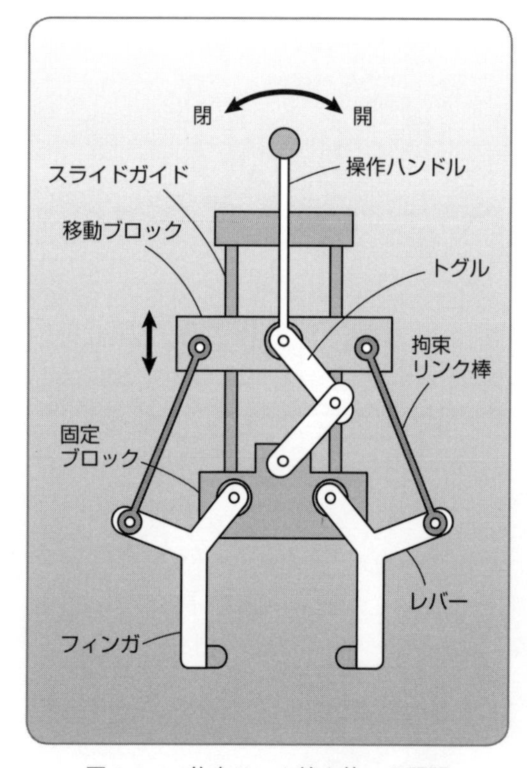

図 9-6-1　拘束リンク棒を使った開閉

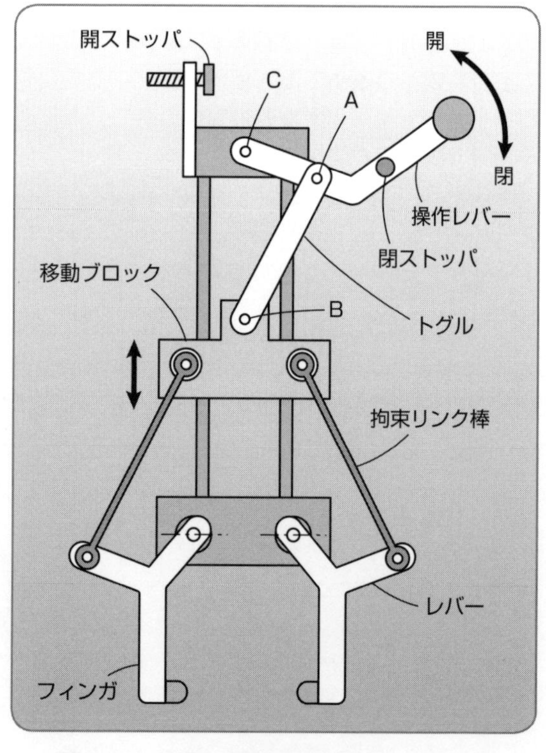

図 9-6-2　開閉の両端で増力するメカニズム

図例 9-7 トグルとカムを組み合わせた両端で停止するメカニカルチャック

トグルを操作レバーで駆動して、チャックの開閉を行うメカニズムを考えてみます。

図 9-7-1 のメカニカルチャックの操作レバーで垂直バーを上昇させると、トグルが水平方向に直線状に伸びてフィンガが閉じます。トグルが伸びきった位置で増力されるので、そのときにワークをチャックするようにします。この構造では、垂直バーが上昇したまま停止できないので、フィンガが閉じた状態を保持できません。

そこで、カムを使って垂直バーを上下させることで、フィンガが開いた状態と閉じた状態を保持するようにしたものが**図 9-7-2** のチャックです。操作レバーを押し引きすることで、フィンガの開閉を行うようにしています。

トグルを使わず、スプリングを使ってフィンガが閉じる力を確保して、開閉の動作にカムを使ったものが**図 9-7-3** のチャックです。操作レバーを動かすとフィンガが開閉します。

一見うまくいきそうですが、この構造では大きなワークをつかんだときにローラとプッシャが離れてしまうと、フィンガの姿勢が不安定になることがあるので注意が必要です。

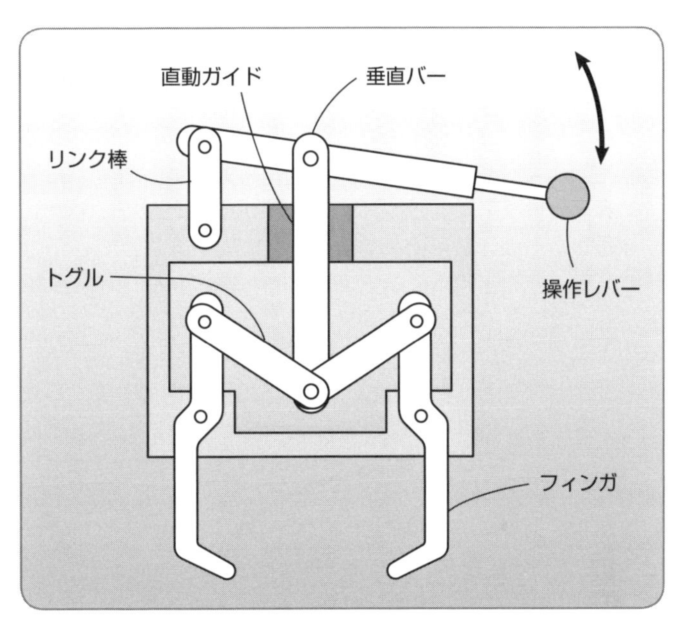

図 9-7-1　トグルとレバーを使ったチャック

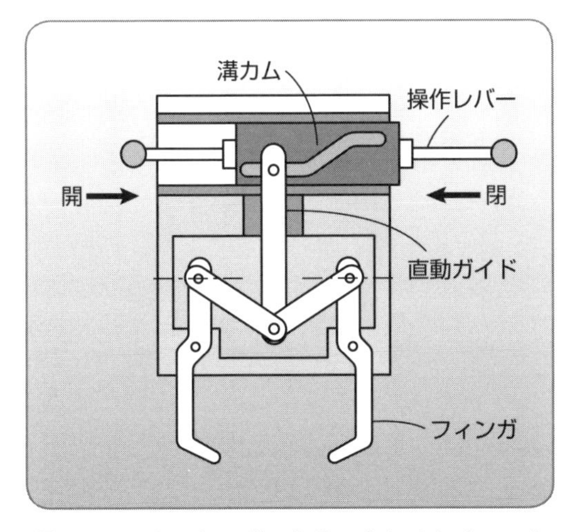

図 9-7-2　カムとトグルを組み合わせたチャック

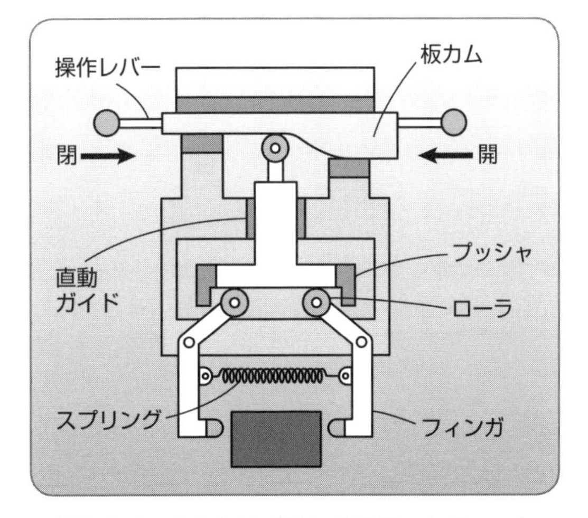

図 9-7-3　カムとスプリングを使ったチャック

図例 9-8 平行リンクとトグルを使ったメカニカルチャック

チャックのフィンガを平行リンクでガイドして、トグルを使って開閉を行うメカニカルチャックをつくってみます。

(1) 平行リンクのレバー駆動

図 9-8-1 のメカニカルチャックは、操作レバーを左右に倒すことで平行リンクでガイドされたフィンガの開閉をするものです。

操作レバーを閉方向に動かすと、点Pがスラッドに沿って下降して、トグルが水平に伸びる方向に動くので、フィンガは閉じます。フィンガが閉じきったときにトグルが水平に一直線になっていると、大きな力でチャックができるようになります。

操作レバーを開方向に動かすと点Pが上昇して、トグルの両端が近づくのでフィンガが開きます。

(2) 上下スライドによるチャックの開閉

レバーの形状を変更して、上下方向の操作で開閉するようにしたものが**図 9-8-2**のチャックです。

操作レバーは直動ガイドで垂直方向にガイドされていて、レバーの下端についているストッパは操作レバーの抜け防止になっています。操作レバーを閉方向に押し下げてトグルが水平にちょうど伸びきった位置でフィンガでワークをつかむと大きな力で把持することができます。

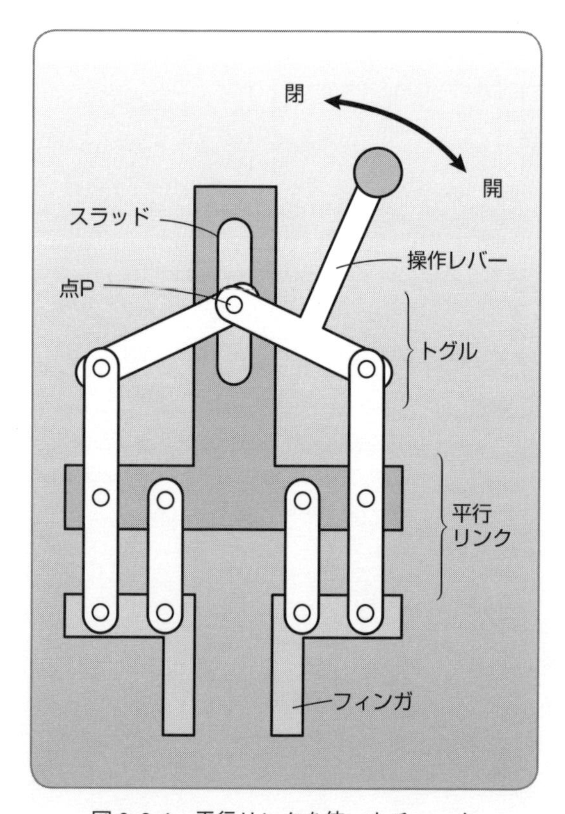

図 9-8-1　平行リンクを使ったチャック

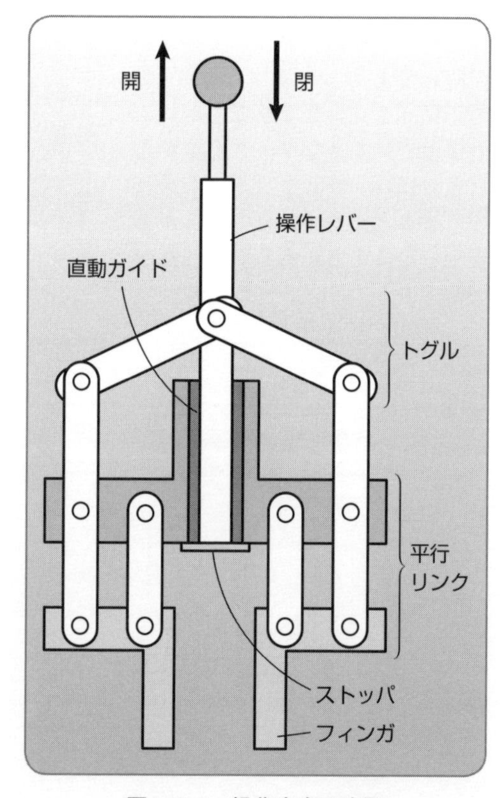

図 9-8-2　操作方向の変更

リンクを使うと低コストでチャックができる

図例の要旨　**チャックの精度を求めないのであれば、リンクを使った簡単な構造のチャックを使うことができます。**

図 9-9-1 のメカニカルチャックは、操作レバーを開方向に動かすと、フィンガ 1 とフィンガ 2 が開の方向に移動してフィンガを開きます。操作レバーを離すとスプリングの力でフィンガが閉じる方向に移動します。

操作レバーを開方向に動かすと、フィンガ 1 とフィンガ 2 は同時に開きます。

操作レバーを閉方向に動かすと、フィンガ 1 とフィンガ 2 は同時に閉じる方向に移動しますが、動作特性は異なっているので、ワークの大きさが変わると、つかんだときの中心軸が一定にならないため注意します。把持力を保持するためにフィンガが閉じる方向に力をかけておくようにスプリングを使っています。

このチャックは簡単なリンク機構を使ってできているので低予算でつくることができます。

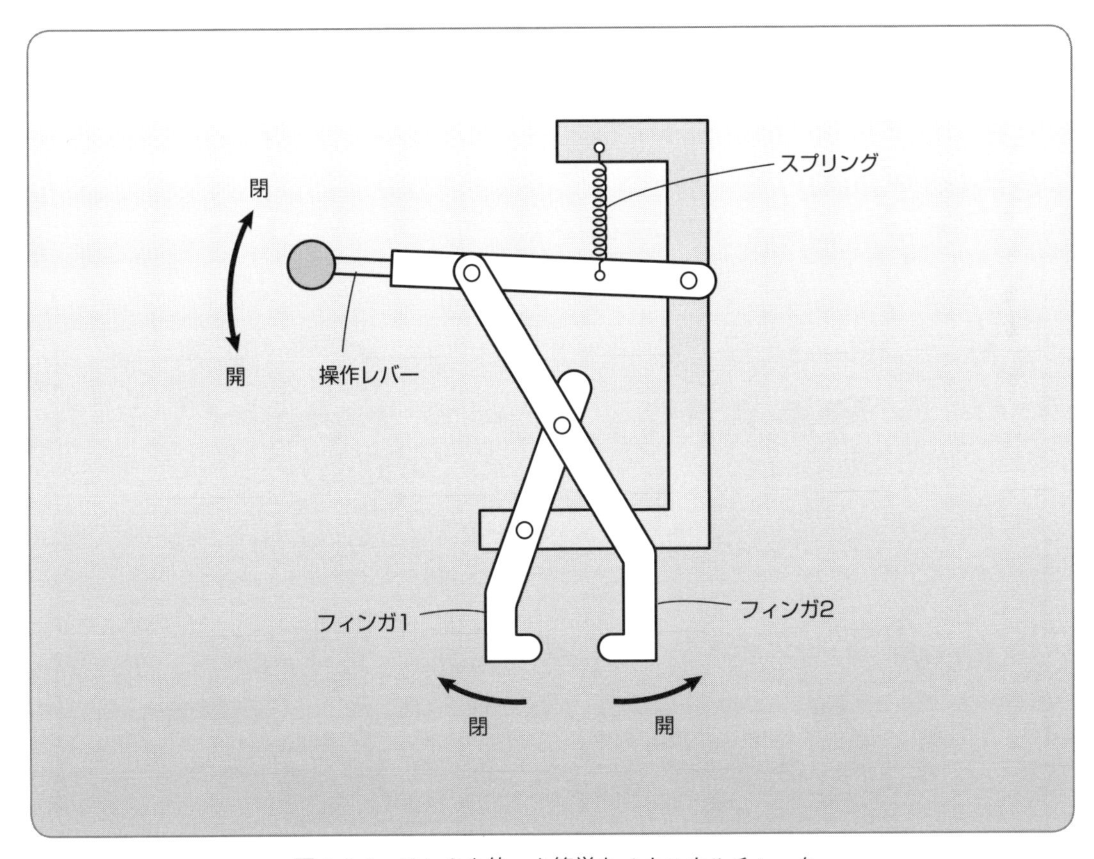

図 9-9-1　リンクを使った簡単なメカニカルチャック

ワークに対して仕事をするからくり

KV720

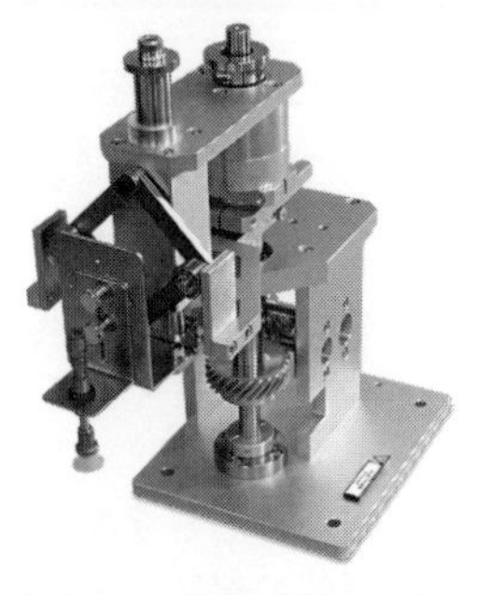

摩擦クロッグ型ピック＆プレイス

KV710

XYZ軸からくりピック＆プレイス

VZ510

レバー式連結ユニット

VZ530

縦型チェーンリフタ

VZ520

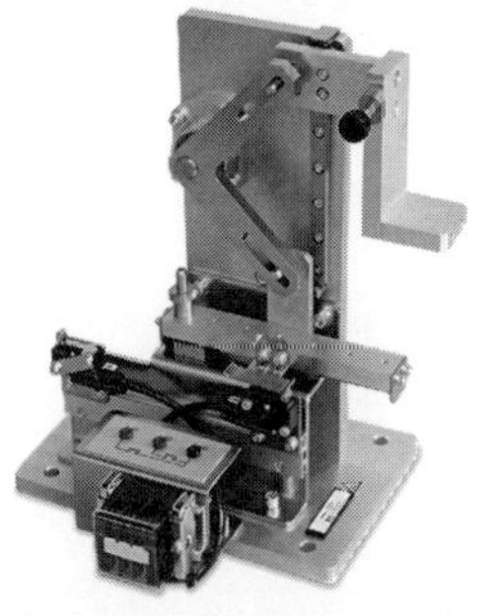

レクタ型プレスリムーバ

VZ550

平行リンク型プレスリムーバ

VZ560

引込み平行リンク型プレスリムーバ

VZ540

トグルリンク型プレスリムーバ

第10章 リレーやPLCを使わないからくりメカニズムの制御方法

リレーやPLCなどの高機能な制御装置を使わずに、からくりメカニズムを順序動作させる方法について考えてみます。リミットスイッチやソレノイドバルブなどの単機能の機器だけを使って制御する方法について、具体的な装置の例を使って解説します。

インデックステーブルと作業ユニット

図例 10-1 リレーを使わずにシリンダを往復するにはダブルソレノイドバルブを使う

リレーやPLCを使わず、ダブルソレノイドバルブとスイッチだけでシリンダを自動的に往復制御する装置のつくり方を考えてみましょう。

図10-1-1は、空気圧シリンダの1往復動作でワークを押し出して移動する装置です。押ボタンスイッチSW_1を押すとシリンダが前進して、リミットスイッチLS_1で後退します。この動作をリレーやPLCを使わずに制御するには、バルブをダブルソレノイドバルブにします。ダブルソレノイドバルブにはSol_1とSol_2の2つのソレノイドがついていて、片方に通電してバルブを切り換えると、通電が切れてもバルブは切り換わった状態のまま変化しないようになっています。

そこで、スタートスイッチSW_1でSol_1をONにしてシリンダを前進して、LS_1でSol_2をONにして後退させるようにしたものが**図10-1-2**の電気配線図です。SW_1を押すたびにシリンダが1往復動作をします。ソレノイドはAC100V駆動のものを選定しています。

一般的には**図10-1-3**のような電気回路図で記述します。

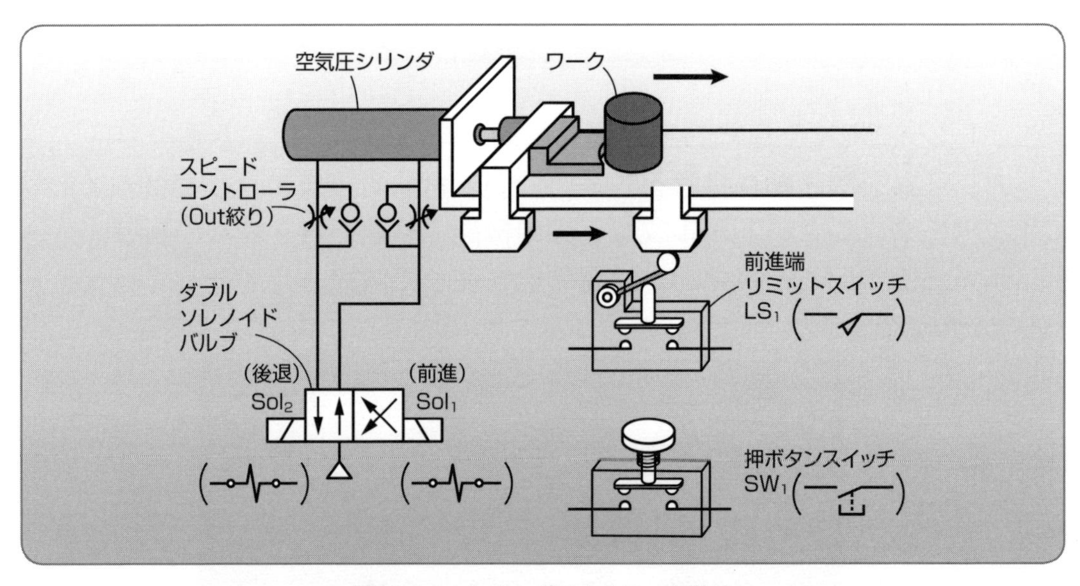

図10-1-1　シリンダによるワーク送り

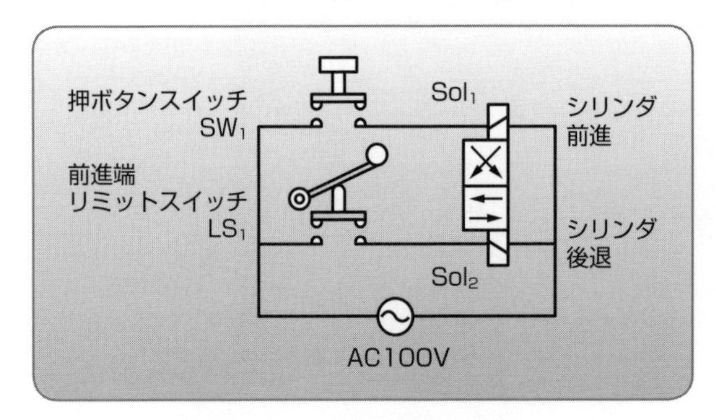

図10-1-2　1往復の電気配線図

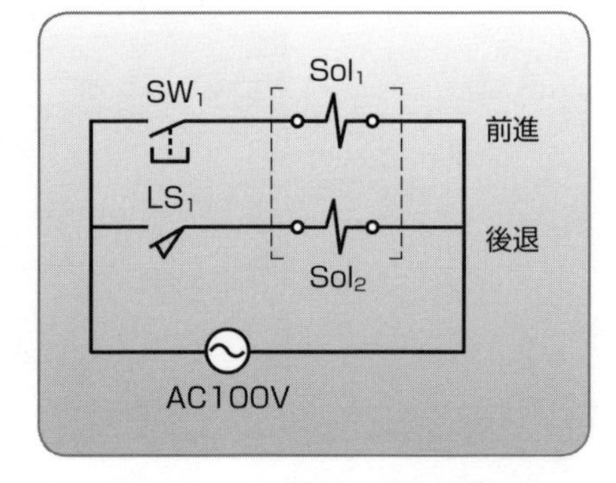

図10-1-3　1往復の電気回路図

図例 10-2 2つのシリンダによるワーク送りと自動排出装置を順序制御する方法

2つのシリンダを使って、ワークの搬送と自動排出を行う装置をつくり、PLCなどの高機能な制御装置を使わずに動かしてみます。

図10-2-1は、スライドテーブルに載せたワークを自動排出する装置です。スライドテーブルに載せたワークをワーク送りシリンダで排出ボックスの位置まで送って、いったん停止し、排出シリンダを1往復させてワークを排出ボックスに落下させます。

この装置の動作順序とシリンダを動かすバルブの動きを説明します。スタートスイッチSW_1が押されたらソレノイドSol_1をONにして、ワークが載せられたスライドテーブルを前進し、前進端でリミットスイッチLS_1がONになったらSol_3をONにして排出シリンダを前進します。排出前進端リミットスイッチLS_2がONになったらSol_2をONにしてワーク送りシリンダを後退すると、続いて排出シリンダも後退します。この制御をする電気配線図は**図10-2-2**のようになります。

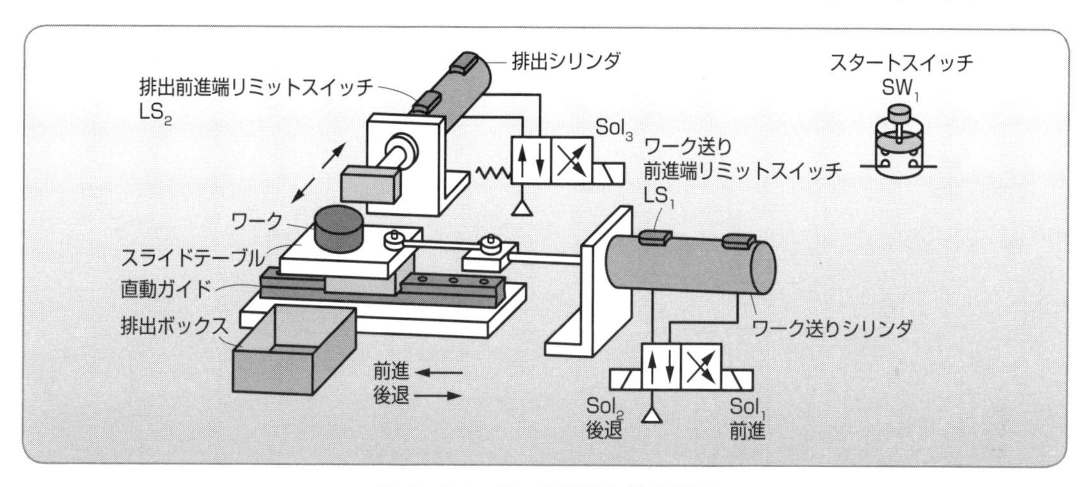

図10-2-1　ワーク送りと排出装置

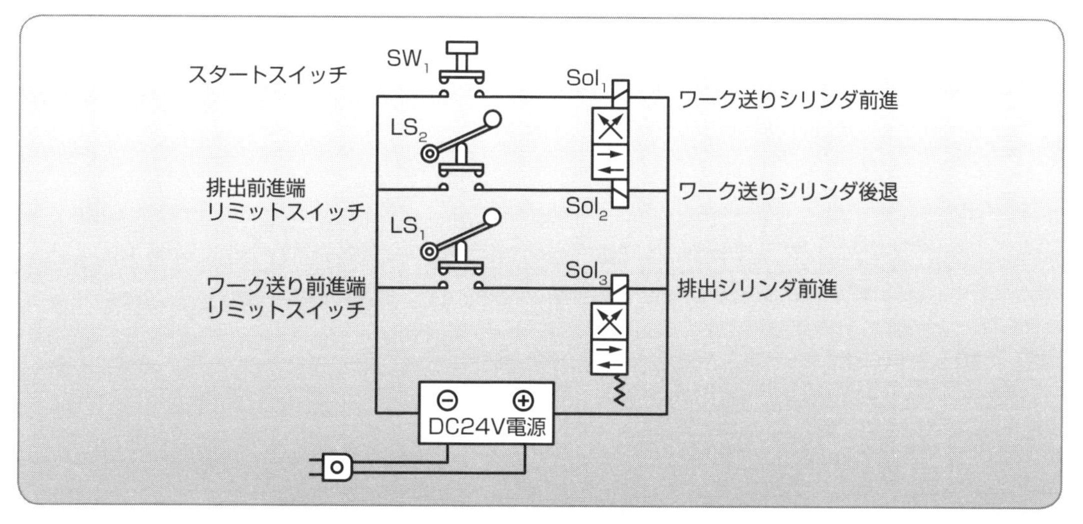

図10-2-2　ワークを送ってから排出する電気配線図

図例 10-3 制御装置を使わずに2つのユニットを順序動作する方法

3つのシリンダを使ってワークを送り出し、搬送する装置を構成します。この装置をリレーやPLCを使わずに順序どおりに動くように制御してみましょう。

(1) 装置の構成と動作順序

図10-3-1は、押し出しシリンダによるワーク押し出しユニットと、ツインロッドの空気圧シリンダを2つ組み合わせた送り出しユニットを使ってワークを搬送する装置です。

まず、Aの位置にあるワークを押し出しシリンダでBの位置に押し出します。押し出し端リミットスイッチLS_1がONになるので、その信号で押し出しシリンダを引き込み、同時に送り出しユニットが下降して、下降が完了したら送り出しユニットが前進し、Bの位置からCの位置へワークを送り出します。前進端に達したらヘッドが上昇してから後退して元の位置に戻ります。

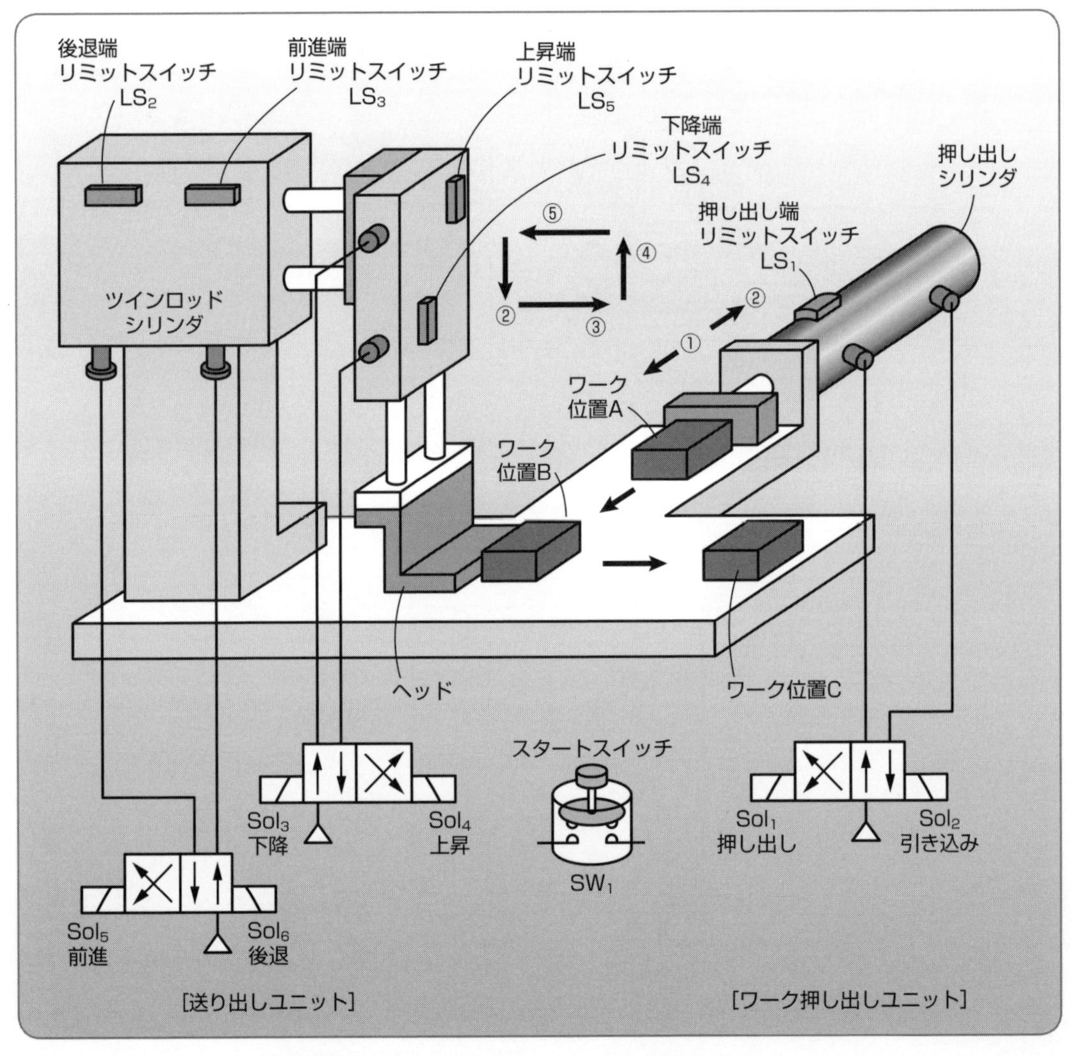

図10-3-1　ワーク押し出しユニットと搬送ユニット

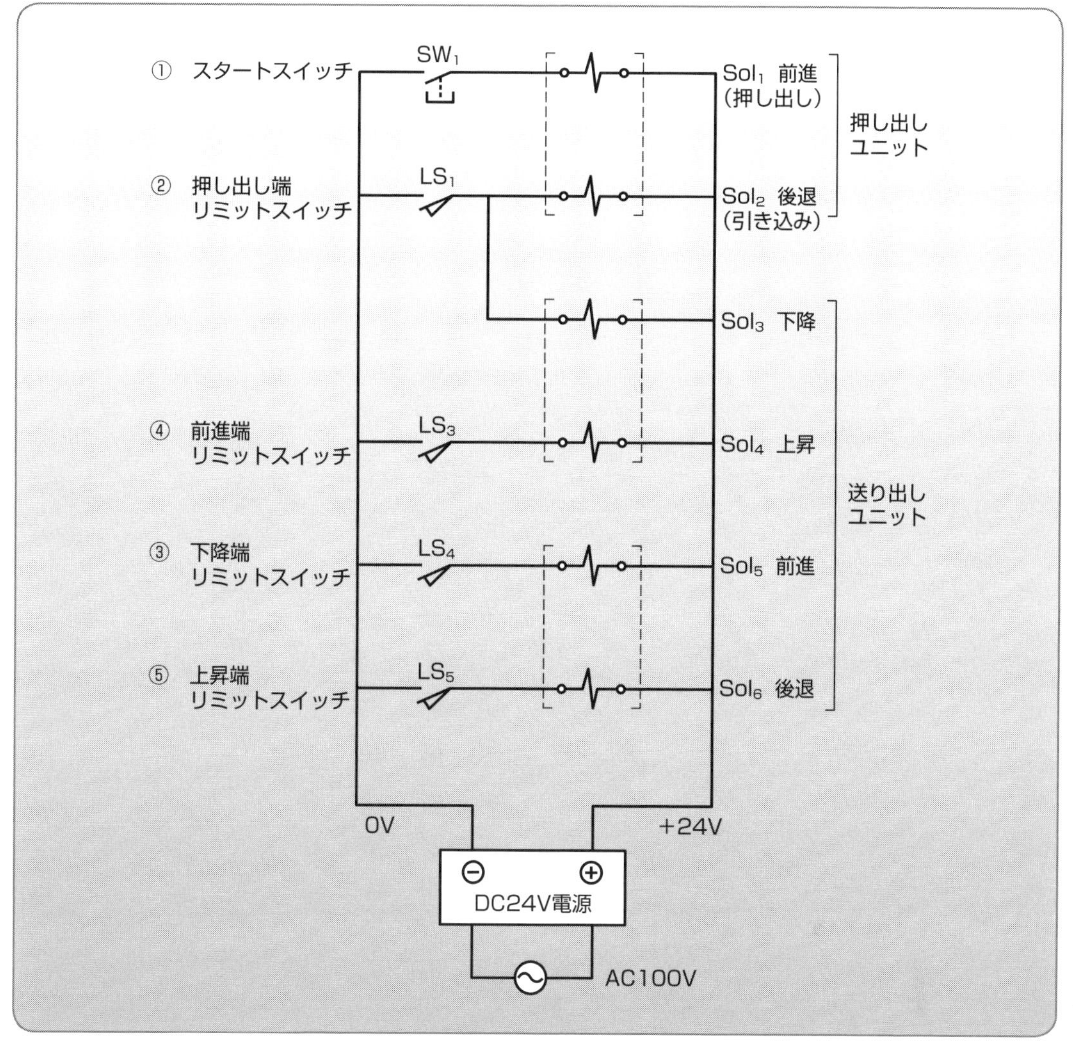

図 10-3-2　電気回路図

(2) 電気回路と動作

この動作を実現する電気回路をつくってみると、**図 10-3-2** のようなものが考えられます。

①では、スタートスイッチ SW_1 を押したときに Sol_1 が ON になるので、押し出しシリンダが前進してワークを A から B の位置へ移動します。空気圧バルブはダブルソレノイドバルブになっているので、いったん Sol_1 を ON にすると、バルブは切り換わったままの状態を保持します。

②では、押し出しシリンダの押し出し端リミットスイッチ LS_1 が ON になったときに、Sol_2 を ON にして押し出しシリンダを後退します。同時に Sol_3 を ON にするので送り出しユニットが下降します。

③では、下降端リミットスイッチ LS_4 が ON になると Sol_5 が ON になるので、送り出しユニットが前進して、ワークを B から C の位置へ移動します。

④では、前進端リミットスイッチ LS_3 が ON になったときに、Sol_4 を ON にして送り出しユニットを上昇しています。

⑤では、上昇端リミットスイッチ LS_5 で Sol_6 を ON にして送り出しユニットを後退します。

このように、スタートスイッチが押されると押し出しユニットが 1 往復してワークを A から B に移動し、送り出しユニットが下降→前進→上昇→後退と動作して B から C へワークを移動します。

図例 10-4 コンベヤはセンサの常閉接点で止める

光電センサを使ってワークを検出したときにコンベヤを停止して空気圧シリンダでコンベヤ上のワークを落下させるように動作します。このコンベヤは、光電センサがOFFのときに駆動し、ワークを検出してONになったら停止します。

(1) 光電センサの信号を使った制御

図10-4-1の装置は常開接点（a接点）と常閉接点（b接点）をもった光電センサコントローラを使って、DCモータとソレノイドバルブを直接ON/OFF制御するものです。このb接点でコンベヤを制御すると、ワークがなくて光電センサがOFFのときにはb接点が閉じているので、DCモータが回転し、ワークが光電センサの光軸を遮るとb接点は開くのでコンベヤは停止します。

(2) 空気圧シリンダによるワーク排出

空気圧シリンダはシングルソレノイドバルブで動くようになっていて、ソレノイドSol_1に通電するとプッシャが前進し、通電を切ると後退します。

この空気圧シリンダを使って、光電センサで停止したコンベヤ上のワークを押し出して排出してみます。ワークを検出してコンベヤが停止しているときには光電センサがONになっているので、光電センサコントローラの常開接点（a接点）は導通になっています。そこで図10-4-1のように、このa接点でSol_1をONにするように配線します。すると光電センサがワークを感知している間、プッシャが前進してワークを押し出し、ワークがなくなると光電センサがOFFになるので、プッシャも後退して元に戻ります。

この電気回路図は**図10-4-2**のようになります。

光電センサのb接点でモータをONにして、a接点でソレノイドSol_1

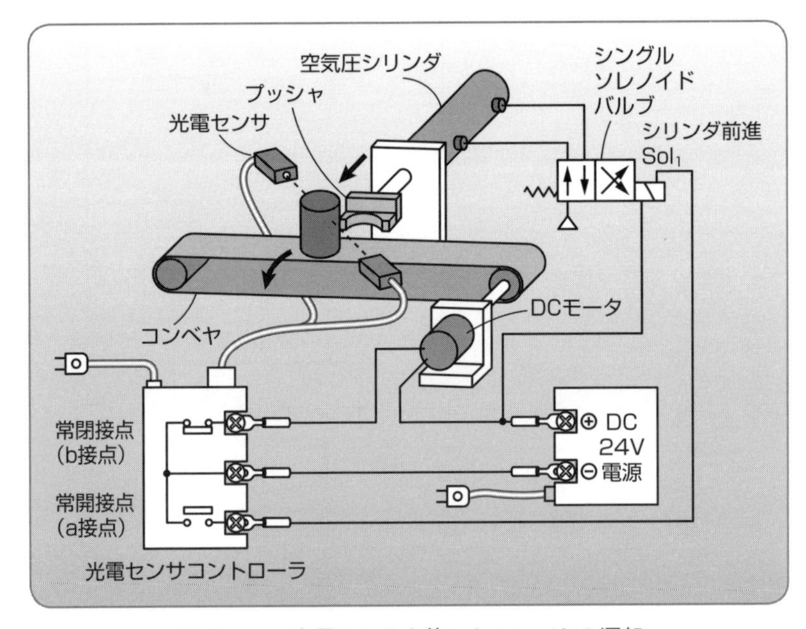

図10-4-1　光電センサを使ったコンベヤの運転

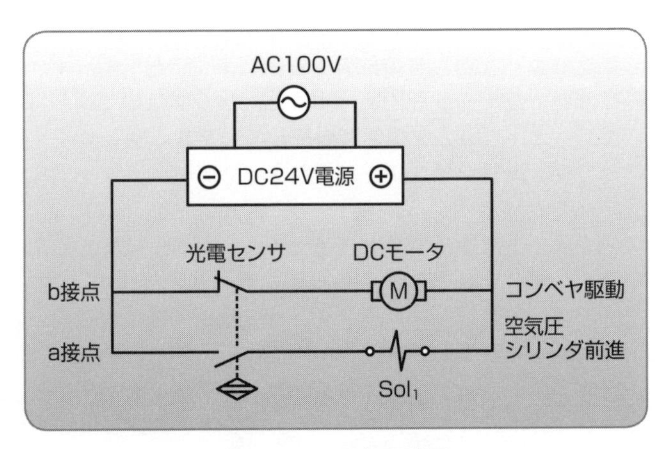

図10-4-2　電気回路図

をONにするだけの簡単な回路で、コンベヤ上のワークを次々と空気圧シリンダで落下させることができるようになります。

(3) 動作の不具合

図10-4-2の回路では、空気圧シリンダが前進してコンベヤ上のワークを排出すると、すぐに光電センサがOFFになるので、プッシャが前進している状態でコンベヤが動き出してしまいます。また、もしプッシャそのものが光電センサの光軸を遮るようなことがあると、空気圧シリンダは元に戻ることができません。

(4) 不具合の修正

このような不具合が出たときには、**図10-4-3**のように、空気圧シリンダの後退端リミットスイッチLS_1と前進端リミットスイッチLS_2を追加して、さらにシングルソレノイドバルブをダブルソレノイドバルブに変更します。ワークがなくなった途端にコンベヤが動き出さないように、プッシャが後退端にいるときの信号をコンベヤの駆動条件に加えて、LS_1がONのときに光電センサがOFFならDCモータをONにするという回路に変更したものが**図10-4-4**の①の電気回路です。

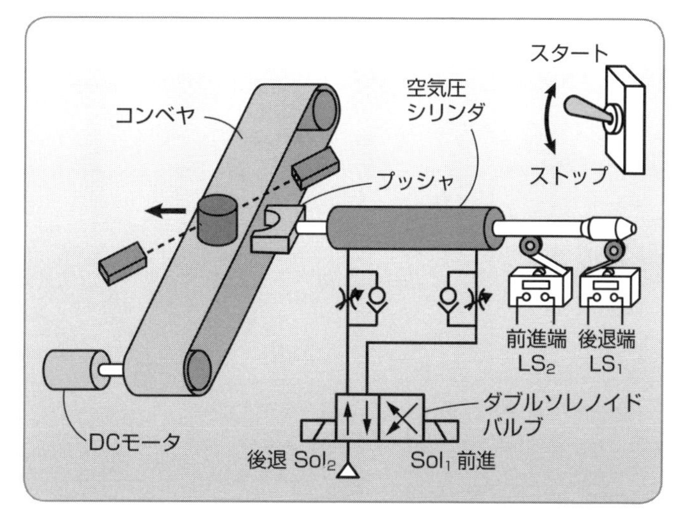

図10-4-3　不具合の修正

次にLS_1がONのときに光電センサがワークを検出したら、空気圧シリンダを前進するようにしたのが②の回路です。空気圧シリンダが前進を始めると、後退端のLS_1はOFFになるので、DCモータは停止します。同時にSol_1もOFFになりますが、ダブルソレノイドバルブにしてあるのでバルブは切り換わらず、空気圧シリンダは前進を続けます。

空気圧シリンダが前進端に到達するとLS_2がONになり、③の回路でSol_2をONにして空気圧シリンダを後退します。後退端に戻ってLS_1がONになると、①と②の回路が有効になってコンベヤが動き出し、次のワークの到着待ちとなります。

さらに図10-4-4の右上のようにオルタネイト型のスタートスイッチを入れておくと、連続運転の起動と停止ができるようになります。

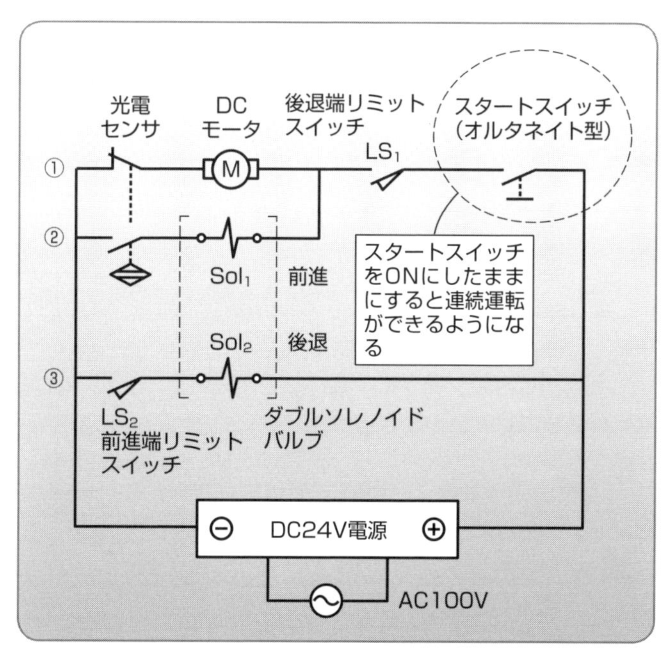

図10-4-4　光電センサの影響を受けない回路

図例 10-5 リミットスイッチの常閉接点を使うとモータの1回転停止ができる

リレーやPLCを使わずにモータを1回転停止して回転テーブルをインデックス送りする装置のつくり方を紹介します。

図10-5-1は、回転テーブルをDCモータで駆動して角度分割送りをする装置です。2組の歯車で1/6に減速されているのでDCモータを1回転すると、回転テーブルは約60°送られます。

DCモータを1回転で停止するように、モータの回転出力軸にドグがついていてリミットスイッチでドグの位置を検出できるようになっています。

この電気回路は**図10-5-2**のようになっていて、スタートスイッチを押すとDCモータが回転します。

ドグがリミットスイッチから外れるまでスタートスイッチを少し長めに押すと、リミットスイッチのb接点が導通になるので、スタートスイッチを離してもモータはそのまま回転し、1回転してドグがリミットスイッチを叩いたところで停止します。このような簡単な回路で回転テーブルのインデックス送り（角度分割送り）ができるようになります。

テーブルが1回転したときに、ドグの位置で止まり切れずにオーバーランして、リミットスイッチがOFFになると、また次の回転をはじめてしまうので注意します。

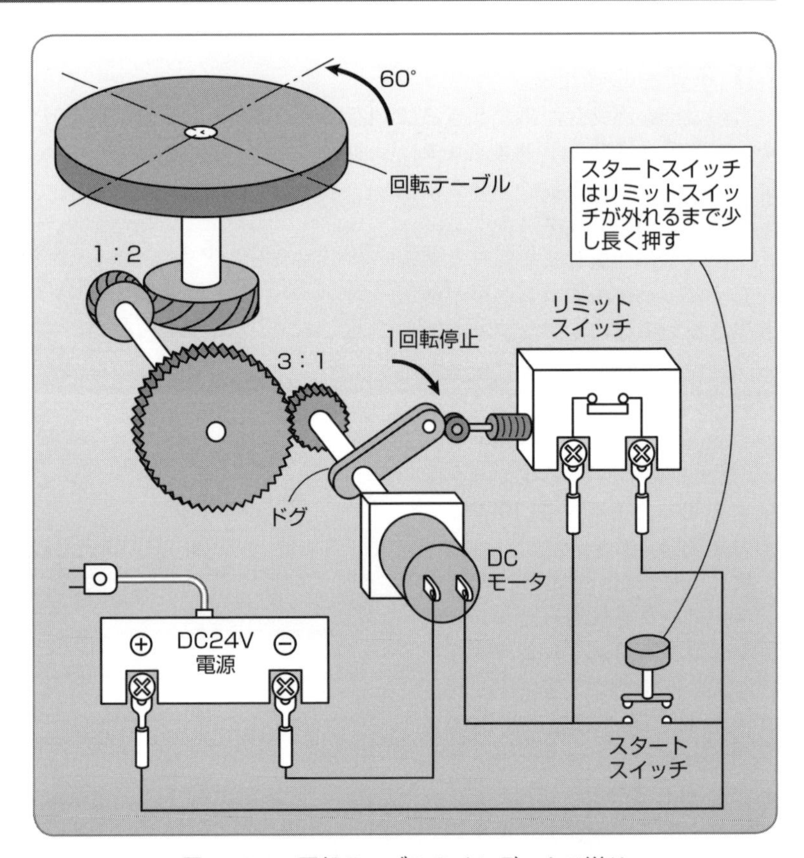

図10-5-1　回転テーブルのインデックス送り

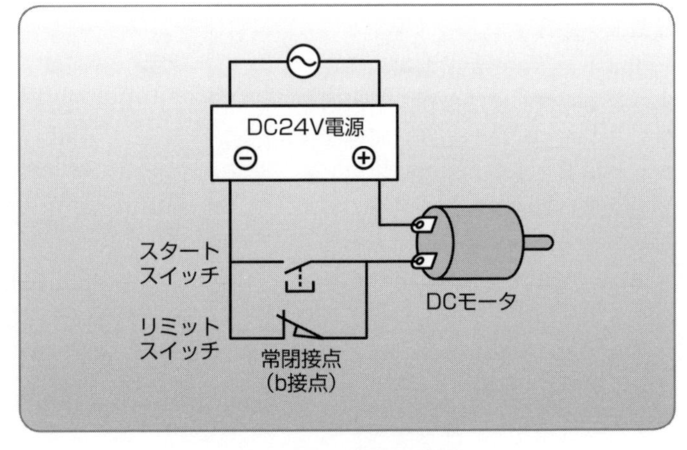

図10-5-2　電気回路図

図例 10-6 マガジンからワークを供給するにはソレノイドバルブを組み合わせる

マガジン内のワークを下から 1 つずつ押し出してプッシャシリンダで移送する装置をリレーや PLC を使わずに制御します。

図 10-6-1 の装置の押し出しシリンダはダブルソレノイドバルブで駆動されていて Sol_1 を ON にすると前進してワークを押し出し、Sol_2 を ON にすると後退します。プッシャシリンダはシングルソレノイドバルブで駆動しているので、Sol_3 を ON にしている間前進して OFF にすると後退します。

まず、スタートスイッチ SW_1 で押し出しシリンダを前進させます。**図 10-6-2** の①の配線をすると、SW_1 で Sol_1 を ON にできるようになります。

押し出しシリンダが前進して、押し出しシリンダ前進端リミットスイッチ LS_1 が ON になったときにプッシャシリンダを前進します。そこで、図 10-6-2 の③のように、LS_1 で Sol_3 を ON にするように配線します。

プッシャシリンダが前進端に移動すると、プッシャシリンダ前進端リミットスイッチ LS_2 が ON になるので、②のように配線し、LS_2 で Sol_2 を ON にして押し出しシリンダを後退させます。押し出しシリンダが後退をはじめると LS_1 が OFF になるので、自動的にプッシャシリンダも後退します。

このような簡単な電気回路で、ワークの供給ができるようになります。ただし、動作途中で SW_1 が ON になると誤作動するので注意します。

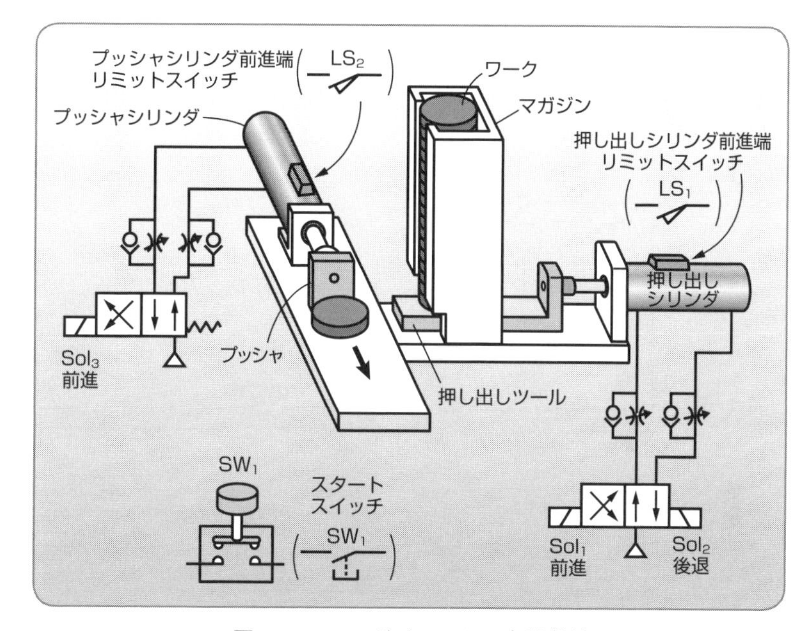

図 10-6-1　マガジンからの自動供給

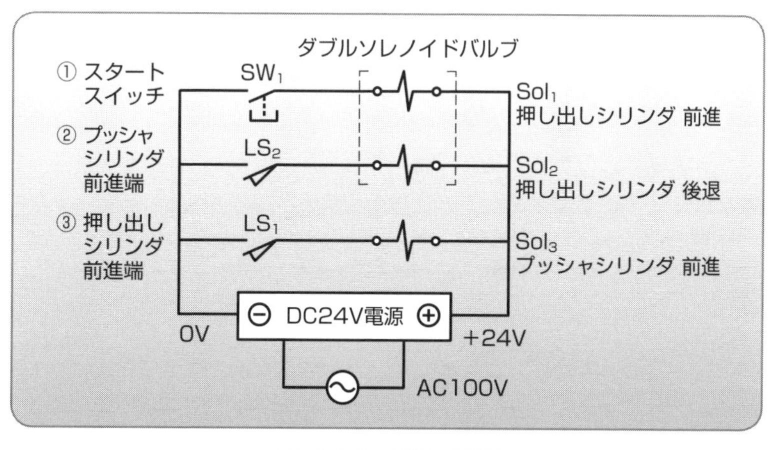

図 10-6-2　電気回路図

図例 10-7 コンベヤのピッチ送りとワークの排出ユニット

コンベヤによるピッチ送りとワークの自動排出をする装置を、リレーやPLCを使わずに制御してみましょう。

(1) 1回転停止とワークの排出

図10-7-1は、ベルトコンベヤを駆動しているモータを1回転して停止させることでワークをピッチ送りし、光電センサの位置に背の高いワークがあれば不良品と判断し、排出シリンダを前進して

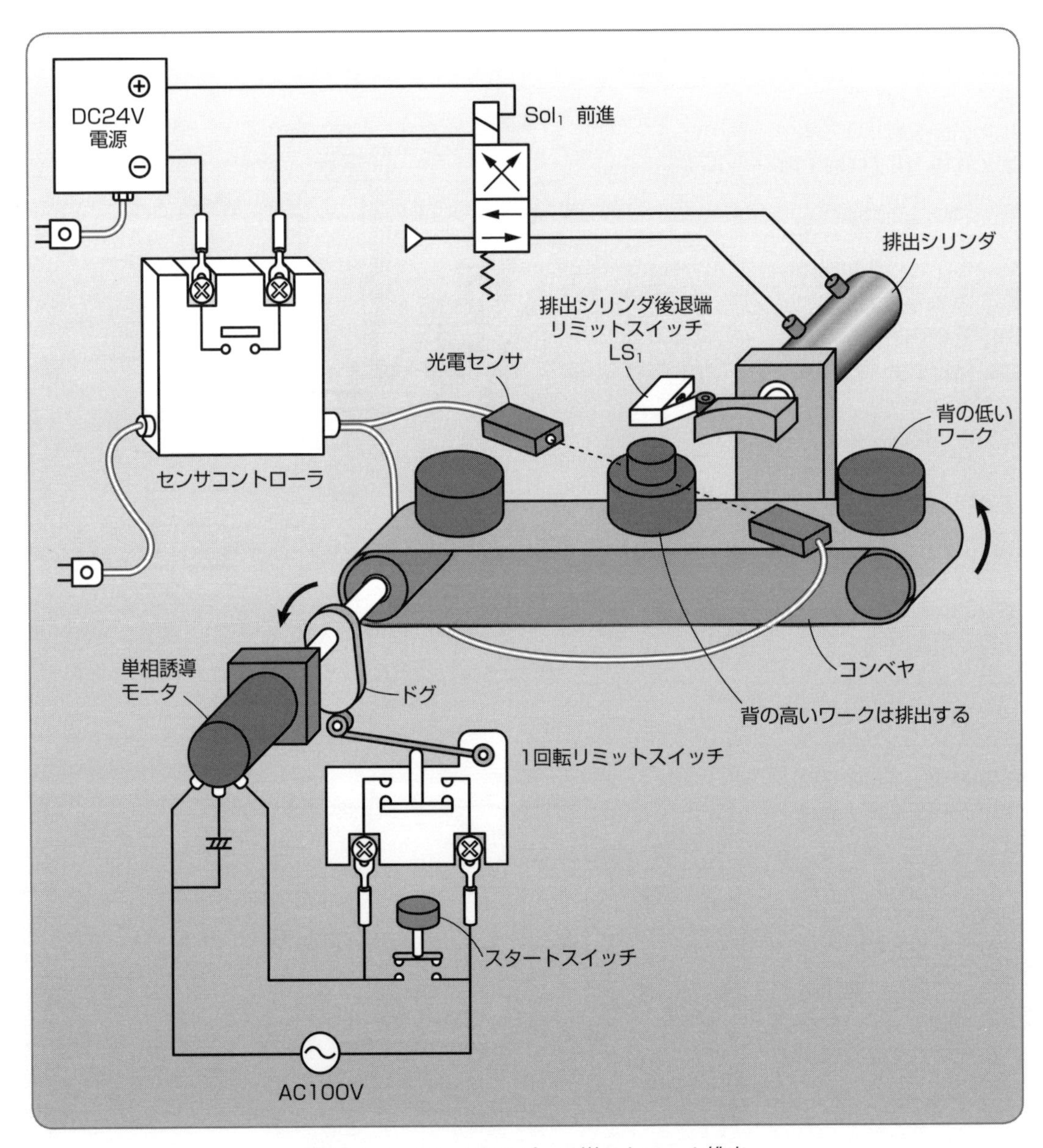

図10-7-1　コンベヤのピッチ送りとワーク排出

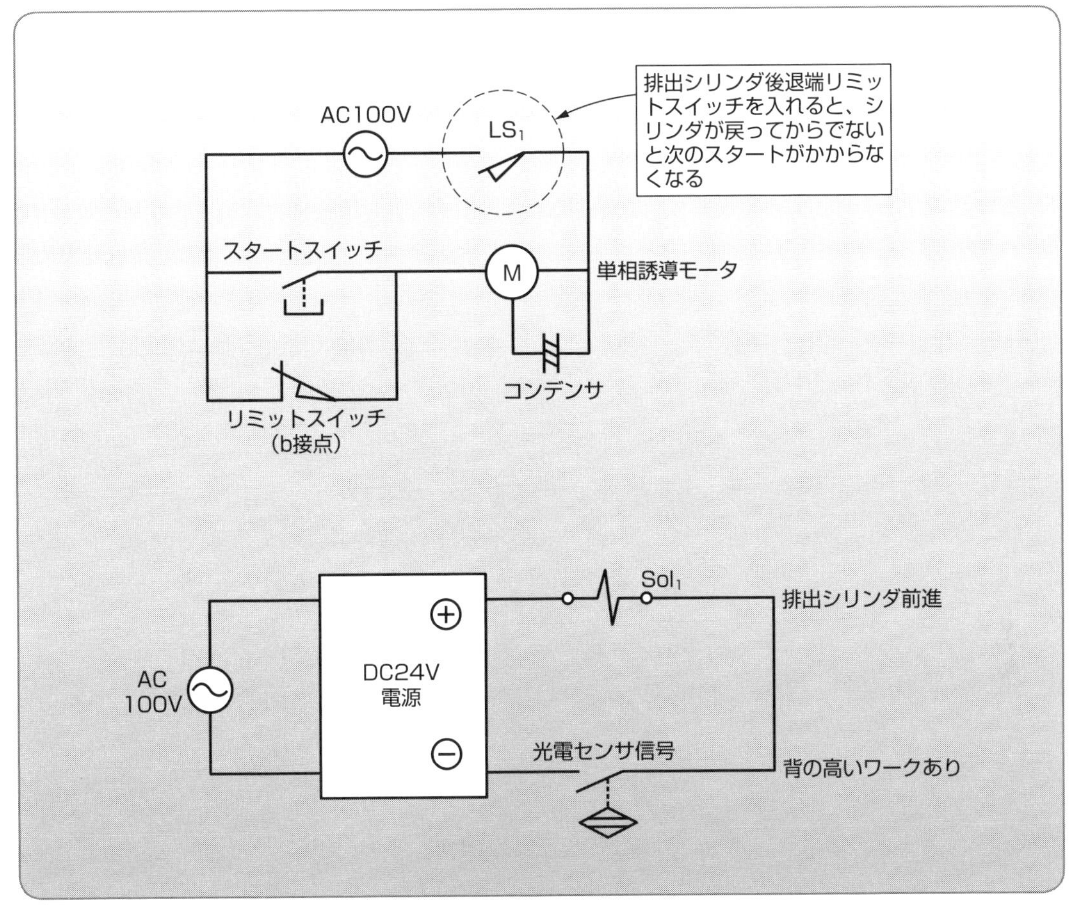

図 10-7-2　電気回路図

コンベヤから排出する装置です。

(2) 電気回路図と制御動作

この電気回路図は**図 10-7-2** のようになります。

スタートスイッチを押すと、単相誘導モータが回転します。スタートスイッチを押したままドグがリミットスイッチを外れるまで回転させると、その後はスイッチを離しても自動で 1 回転して停止します。

背の高いワークがくると光電センサが ON になるので、排出シリンダは前進し、そのワークをコンベヤから落下させて排出します。光電センサが OFF になったら、ワークの排出が完了するので、排出シリンダが後退して元に戻ります。

(3) 後退端リミットスイッチの追加

この例ではスタートスイッチを押すと、いつでもコンベヤモータが回転してしまいます。

誤作動をさけるため、排出シリンダが元に戻ってからコンベヤを動かすようにするのであれば、排出シリンダ後退端リミットスイッチ LS_1 を図 10-7-2 の点線で囲ったように追加します。ワークの排出がはじまると排出シリンダが前進して排出シリンダ後退端リミットスイッチ LS_1 は OFF になります。すると、図 10-7-2 の上側の回路でモータに電源が入らなくなるので、排出動作中にスタートスイッチを押してもコンベヤは動きません。排出シリンダが後退端に戻ると LS_1 が ON になるのでモータを駆動できるようになります。

図例 10-8 センサ信号をプッシャで遮るとクランクの1回転停止ができる

クランクの1往復動作を利用してコンベヤ上のワークを自動で排出する装置をつくり、リレーやPLCを使わずにクランクとコンベヤをタイミングよく制御してみましょう。

(1) 装置の構造

図10-8-1はコンベヤで送られてきたワークを自動的に排出する装置です。コンベヤを回転してワークを移動し、光電センサがONになったところで停止し、プッシャが前進してワークを排出します。

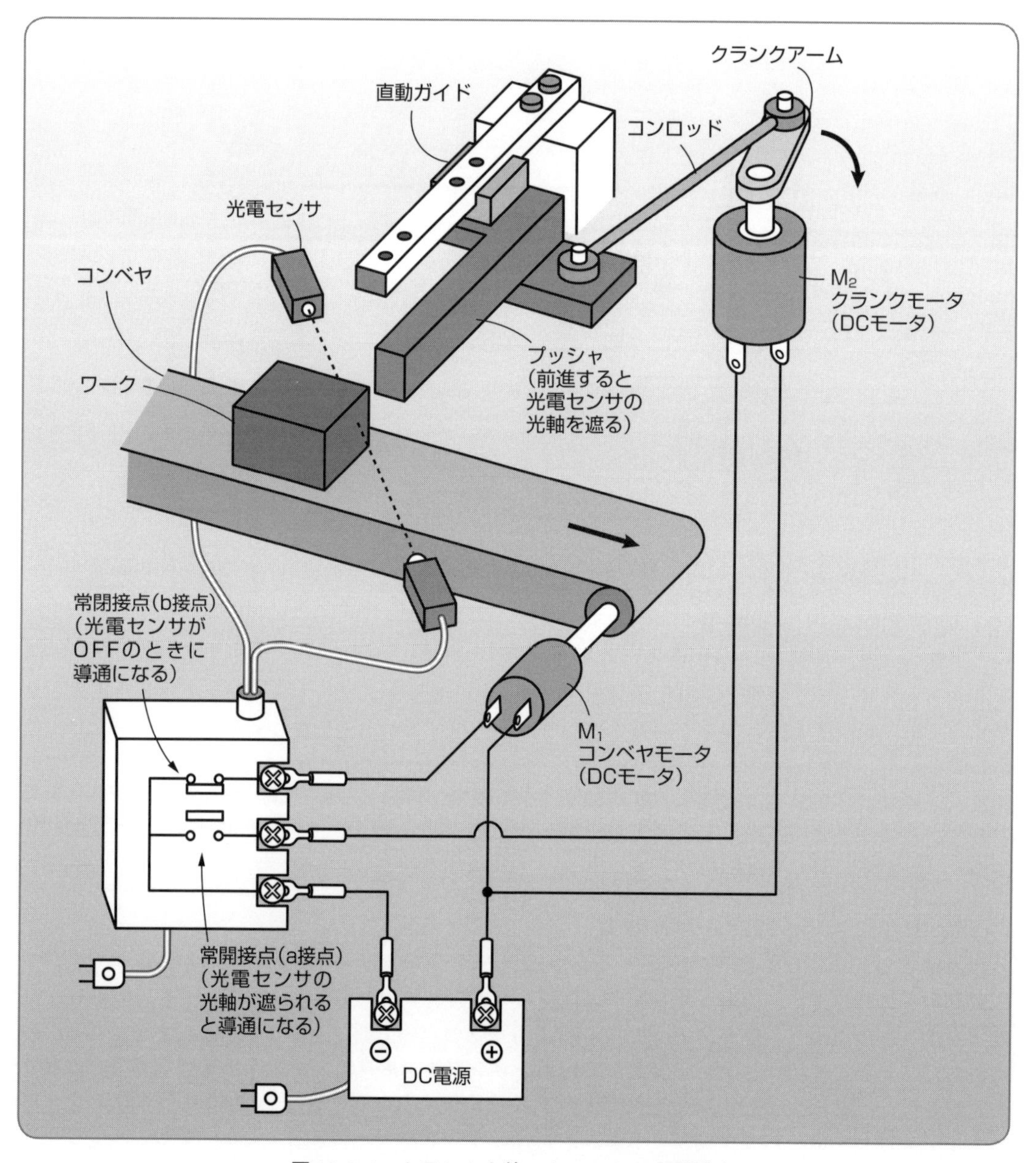

図10-8-1　クランクを使ったワークの自動排出

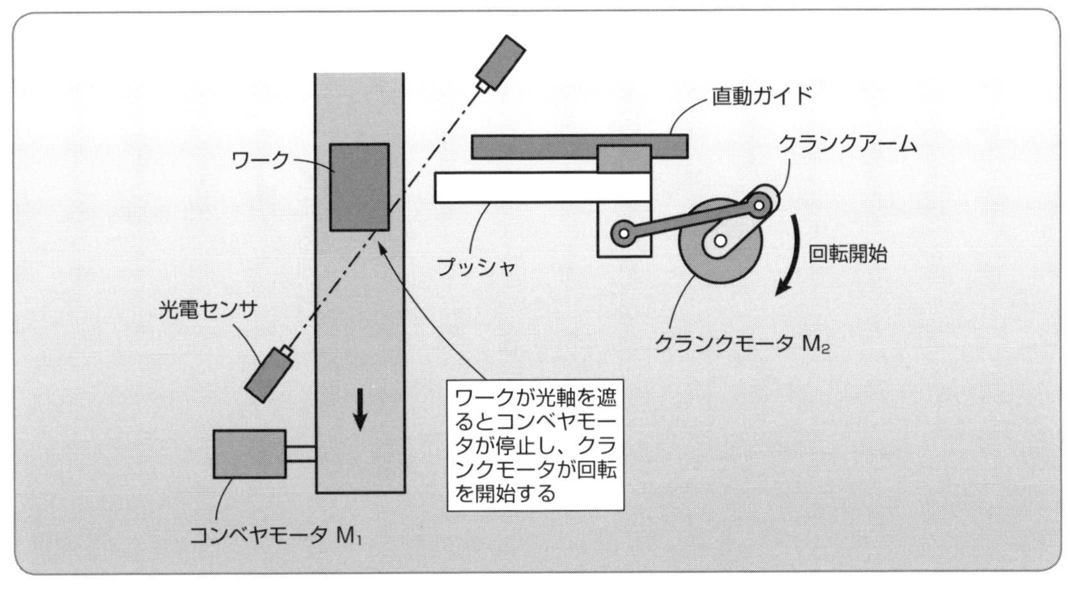

図 10-8-2　光電センサが ON になったとき

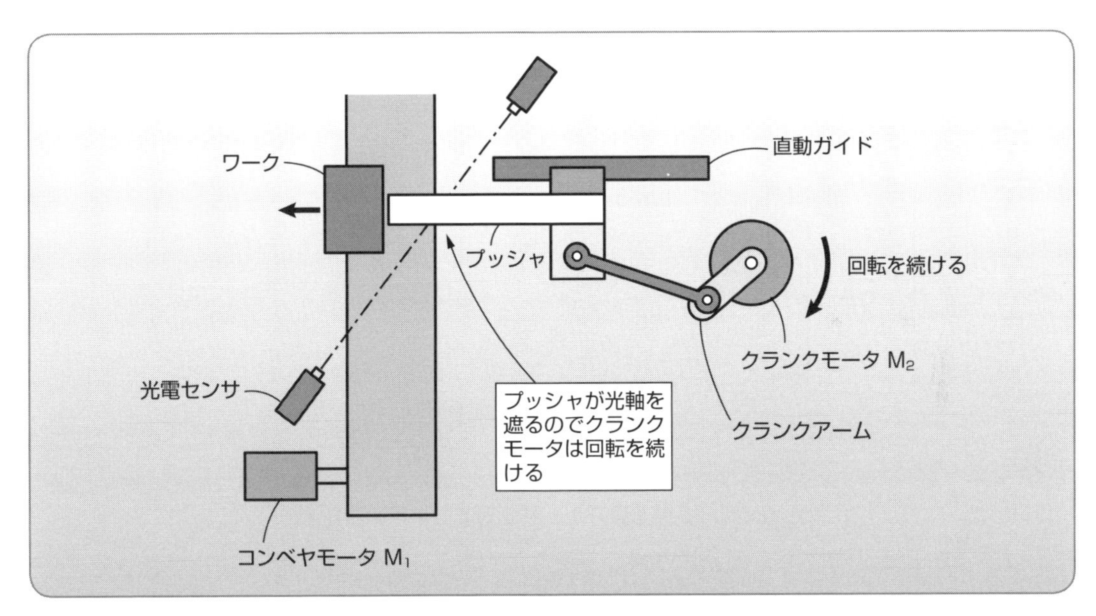

図 10-8-3　プッシャが前進した状態

(2) 電気配線

この動作をさせるには、まず光電センサの常閉接点（b 接点）で、コンベヤモータ M_1 を ON するように配線します。すると、ワークがない間コンベヤが動きます。

ワークが移動してきて光電センサが ON したら a 接点が閉じるのでクランクモータ M_2 が動き出し、コンベヤモータ M_1 は停止します。するとクランクアームが回転して、プッシャを前進します。プッシャはワークを押し出してコンベヤから落下させます。このときプッシャが光電センサの光軸を遮るようにしておくと、クランクアームが 1 回転して光軸を遮らないところでまで回転してから停止します。クランクアームが元の位置に戻ると同時にコンベヤは再起動します。

図 10-8-1 の配線を見るとわかるように、光電センサの常開接点（a 接点）で、クランクモータ M_2 を ON するようになっています。ワークが送られてくると**図 10-8-2** のようにワークが光電センサの

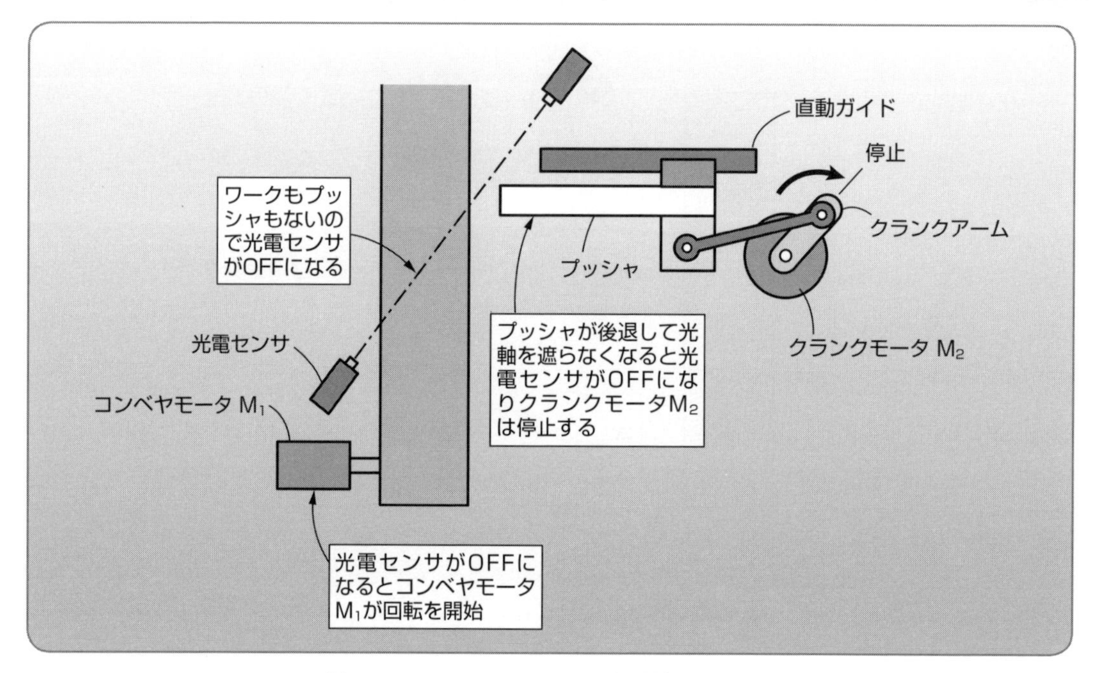

図10-8-4　クランクアームが1回転したとき

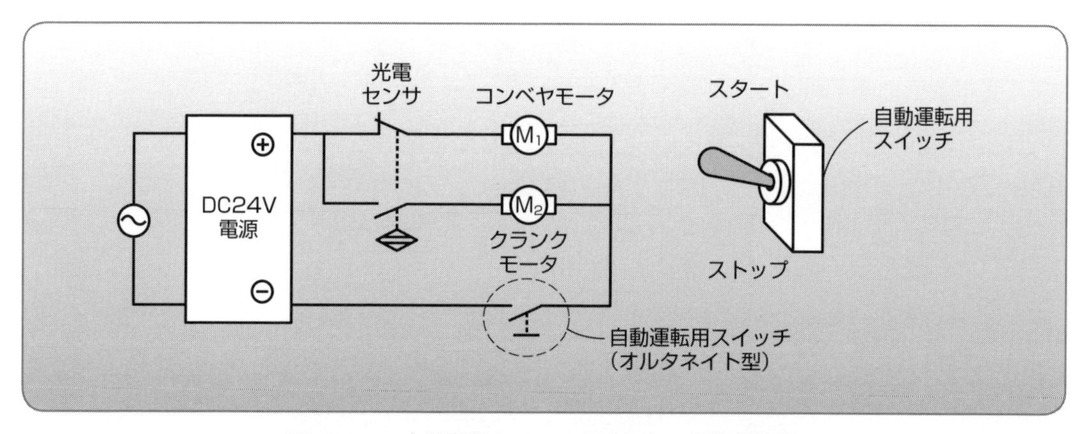

図10-8-5　自動運動スイッチを追加した電気回路図

光軸を遮るので、光電センサがONになってクランクモータM_2が回転します。プッシャがワークを落とした後も**図10-8-3**のようにプッシャが光軸を遮るので、ワークがなくてもクランクモータは回転を続けます。

クランクアームがほぼ1周してプッシャが光軸を遮らなくなるまで後退すると、**図10-8-4**のように光電センサがOFFになるのでクランクモータは停止します。すると光電センサのb接点が閉じるので再度コンベヤモータM_1がONになり、次のワークの到着待ちになります。

(3) 自動運転スタートスイッチ

この電気配線では電気を入れたとたんにコンベヤが動き出して危険です。そこで、自動運転をスタートするスタートスイッチを追加してみます。

その電気回路図は**図10-8-5**のようになります。

オルタネイト型の自動運転用スイッチを図の点線で囲ったところに追加すると、連続した動作と停止ができるようになります。

図例 10-9 電子制御機器を省略するにはメカニカルバルブを使う

メカニカルバルブと、それをタイミングよく ON/OFF するためのカムを使うと、制御機器を使わなくても装置を順序どおりに制御することができます。

(1) ゼネバによるコンベヤの間欠駆動

図 10-9-1 は、ダブルピンゼネバを使ったコンベヤのピッチ搬送と、空気圧シリンダによる作業ユニットを組み合わせた装置です。オルタネイト型のスタートスイッチを ON にしてモータを回転すると、ダブルピンが回転し、ダブルピンの半周でゼネバホイールを 60°回転して停止する間欠駆動をします。

ゼネバホイールの回転と停止の運動特性は、ほぼ**図 10-9-2**（1）のようになっていて、モータの回転軸の約 120°回転でコンベヤをピッチ送りして、約 60°の間停止するサイクルを繰り返します。

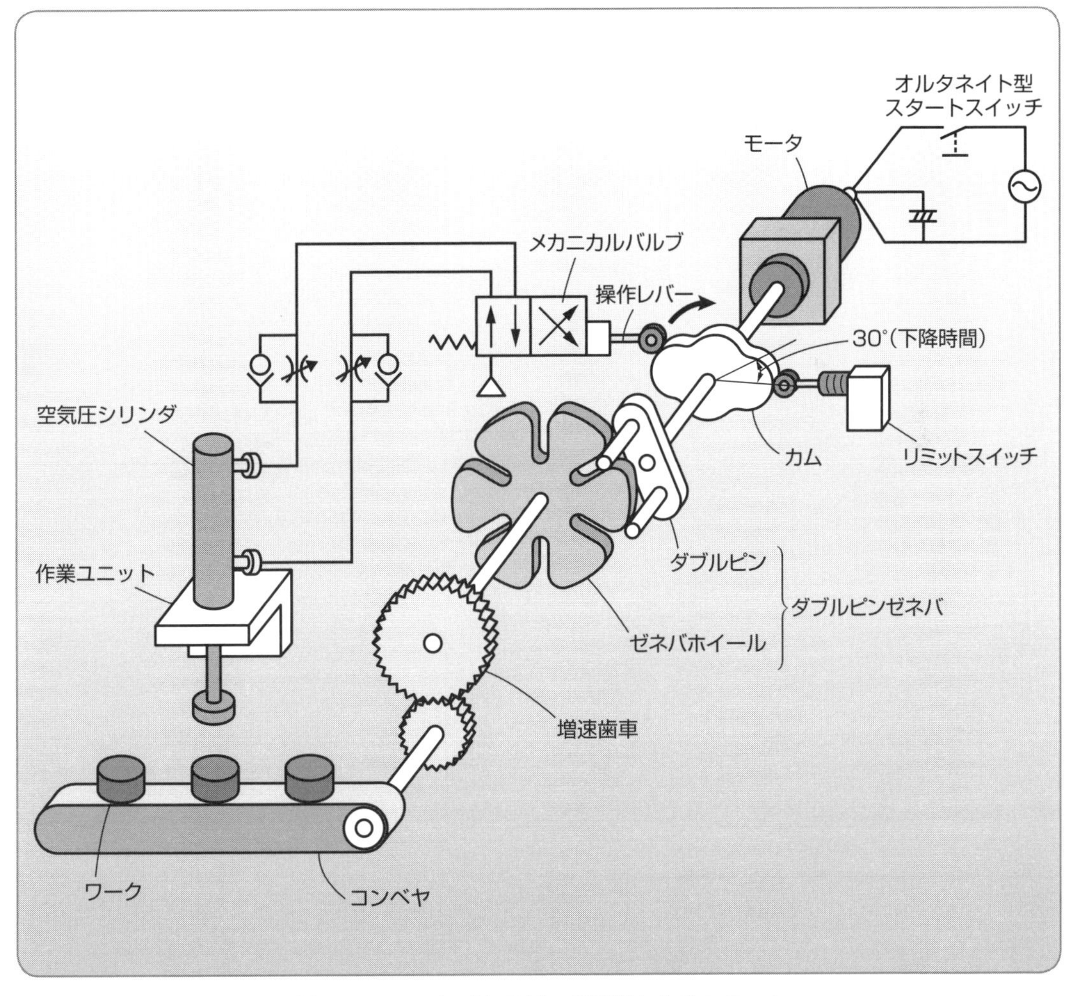

図 10-9-1　コンベヤのピッチ搬送と作業ユニット

(2) 作業ユニット動作タイミング

作業ユニットの空気圧シリンダは、コンベヤが停止している 60°の間に上下の 1 往復動作を完了するので、120°のところから下降して 150°で上昇に転じて、180°で上昇端に到着するように調節します。この動作曲線が図 10-9-2 (2) です。

このシリンダはメカニカルバルブで動作するようになっているので、モータの回転出力軸にカムをつけて、メカニカルバルブの ON/OFF を行います。このカムの動作特性は図 10-9-2 (3) のようになります。

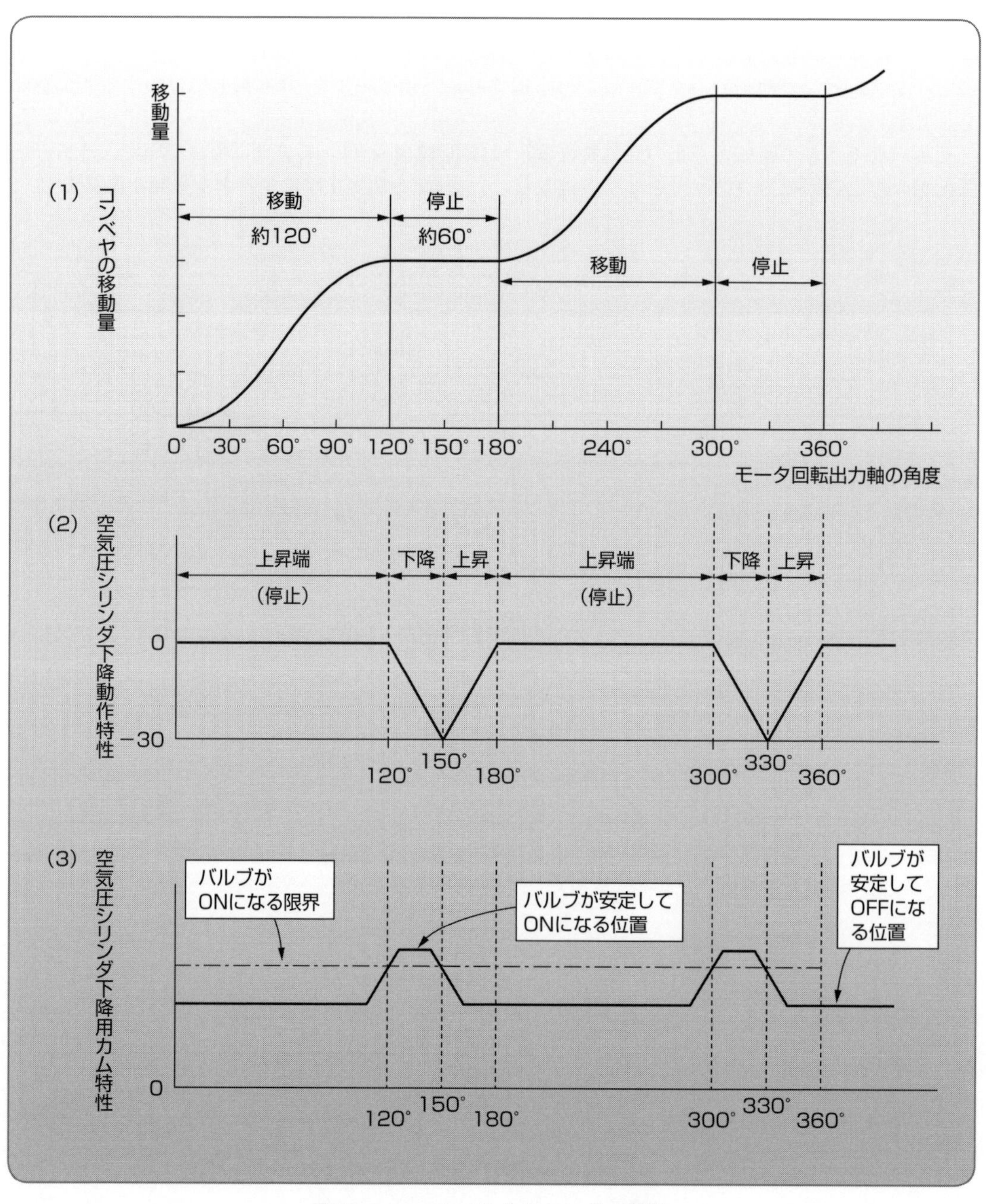

図 10-9-2　コンベヤとシリンダの動作

(3) 作業ユニットの上下動作用のカム

このカムを円盤カムとして作図してみます。バルブがONになる限界とバルブが安定してONになる円を描いて、120°と150°でその限界をよぎるようにカム曲線をつくります。反対側の300°～330°の間も同様です。

するとカム曲線は**図10-9-3**のようになります。このカムをモータの回転出力軸に取り付けて、メカニカルバルブを駆動するように配置します。

すると、ダブルピンが180°回転するごとにワークがピッチ送りされて、停留している間に作業ユニットの空気圧シリンダが1往復するようになります。もちろん、コンベヤの停留時間中に空気圧シリンダが1往復できるように、空気圧シリンダのスピード調整が必要です。

(4) ソレノイドバルブを使った制御

メカニカルバルブを使わずに、リミットスイッチで空気圧シリンダのソレノイドバルブをON/OFFして上下に移動させることも可能です。このときは、図10-9-3のカムでリミットスイッチをON/OFFします。そして、メカニカルバルブをシングルソレノイドバルブに変更して、**図10-9-4**のように配線します。

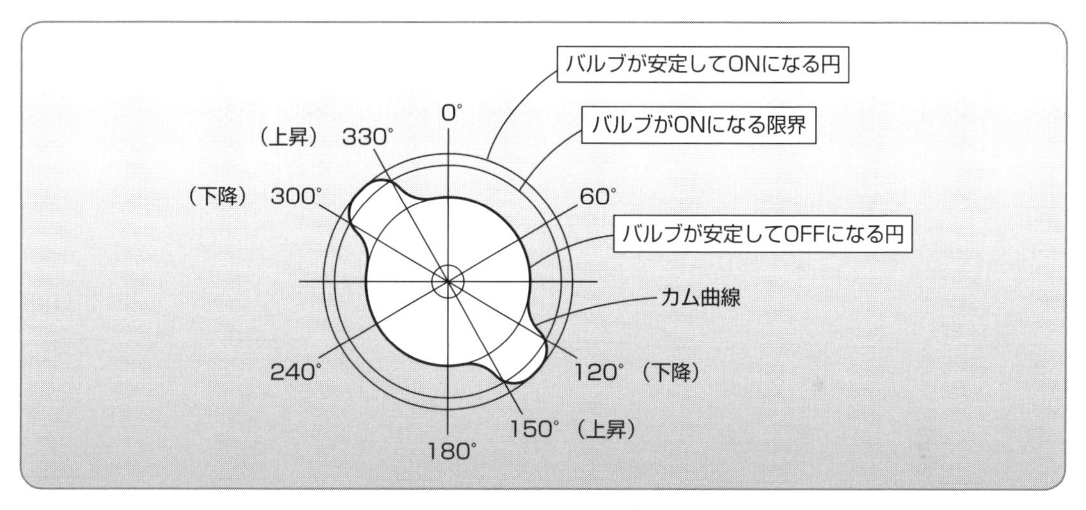

図10-9-3　メカニカルバルブ用カム曲線

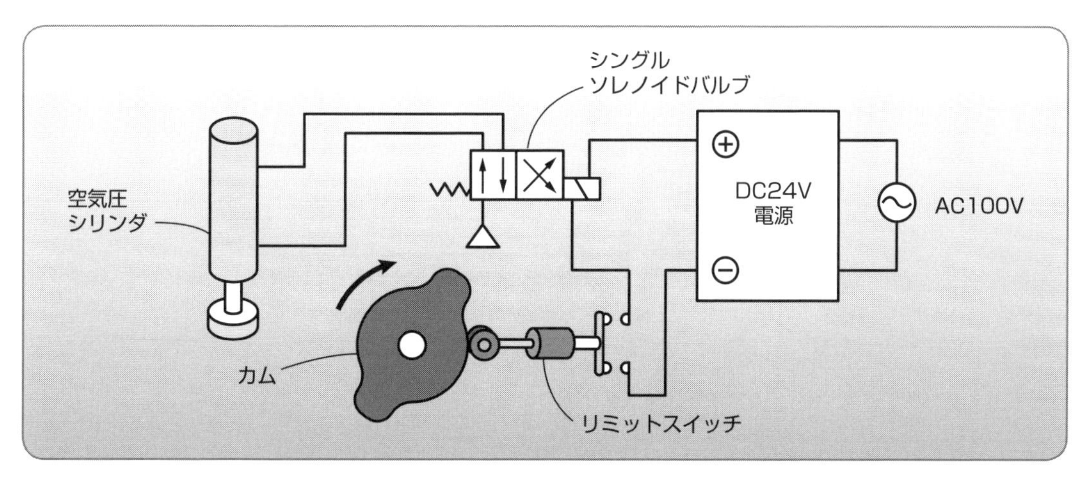

図10-9-4　リミットスイッチを使ったシリンダの制御

図例 10-10 空気圧シリンダを使ったコンベヤ送りと捺印作業

ラチェット送りシリンダを1往復してベルトコンベヤに載せられたワークをピッチ送りし、捺印ヘッドが下降してワークに捺印をする装置をつくってみましょう。

図10-10-1 の装置では、スタートスイッチでラチェット送り空気圧シリンダのソレノイドバルブ Sol_1 を ON にして、ラチェット送りシリンダを図の前進方向に移動し、送り爪がラチェットホイールを回転します。ラチェットホイールはベルトコンベヤを駆動して、ワークをピッチ送りします。

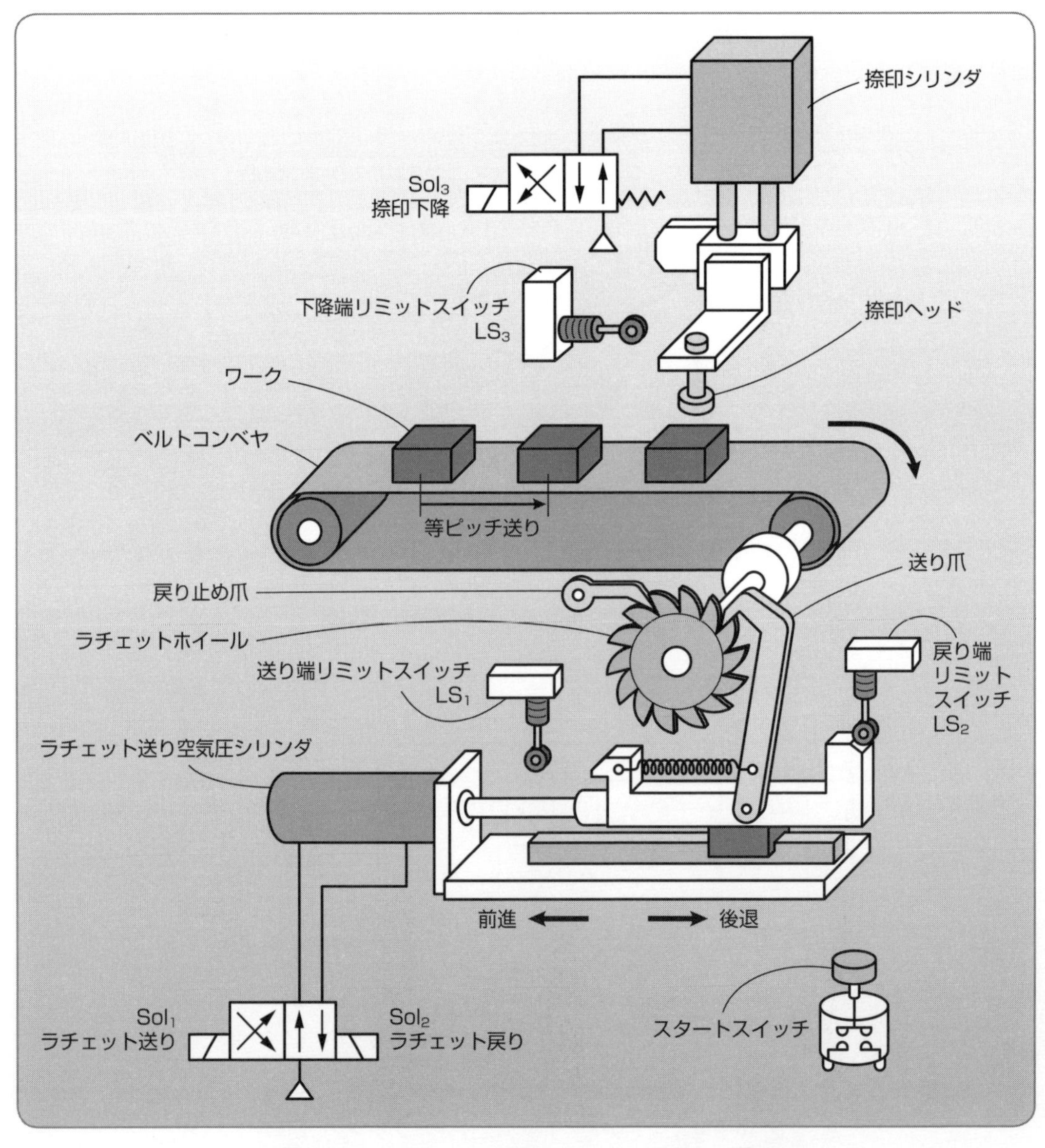

図10-10-1　ラチェットを使ったコンベヤ送りと捺印

ラチェット送りシリンダが前進動作を終えると、送り端リミットスイッチ LS_1 がONになるので、その信号で Sol_3 をONにして捺印シリンダを下降します。捺印ヘッドが下降端に到達すると、下降端リミットスイッチ LS_3 がONになるので、今度はその信号で Sol_2 をONにしてラチェット送りシリンダを後退します。シリンダが後退するときには、戻り止め爪がラチェットホイールを押さえた状態で、送り爪はラチェットホイール上をすべって戻るので、ラチェットホイールは停止したままでコンベヤは動きません。

ラチェット送りシリンダが後退しはじめると、送り端リミットスイッチ LS_1 がOFFになります。すると Sol_3 がOFFになるので、捺印ヘッドが上昇して最初の状態に戻り、1サイクルが終了します。元の状態に戻ったら、またスタートスイッチを押すと同じ動作を行います。

図 10-10-2 はこの装置の電気配線図で、**図 10-10-3** はその配線を記号で表した電気回路図です。ラチェット送りシリンダが後退の動作をしている間に捺印ヘッドが上昇端に戻っているものとして、ラチェット送りシリンダの戻り端リミットスイッチ LS_2 のa接点をスタートスイッチと直列に接続すると、スタートスイッチを押している間、上述のサイクルを繰り返します。

スタートスイッチをトグルスイッチのようなオルタネイト型に変更すると、連続運転と運転停止を切り換えられるようになります。

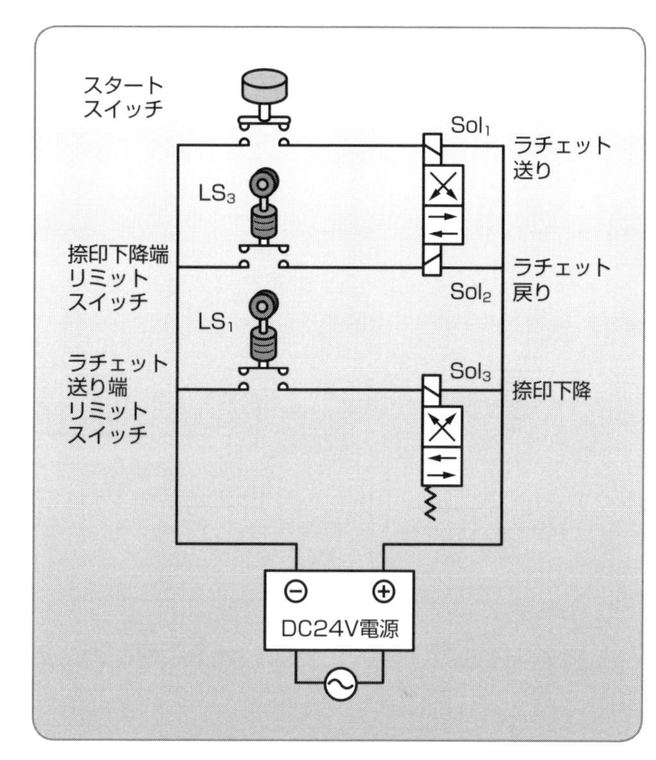

図 10-10-2　電気配線図

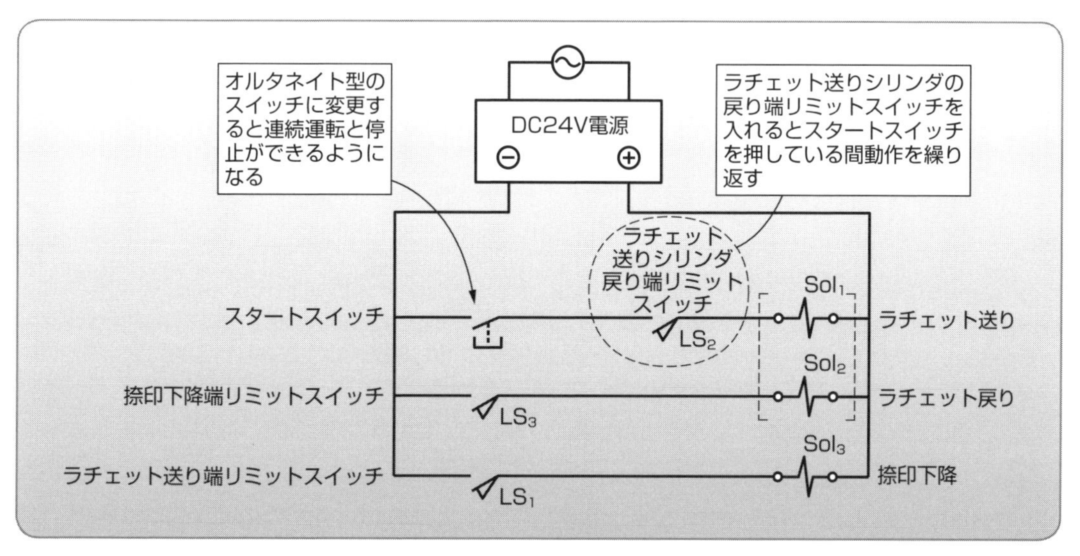

図 10-10-3　電気回路図

図例 10-11 タイミングカムを使った空気圧式ピック&プレイスの連続運転

下降用カム、チャック用カム、前進用カムの 3 つのタイミングカムを使って、ソレノイドバルブを切り換えて、空気圧式ピック＆プレイスユニットを動かしてみましょう。

図 10-11-1 のピック＆プレイスユニットを、3 つのカムがついているカムシャフトをモータで回転して、それぞれのカムでメカニカルバルブを切り換えるようにして制御します。メカニカルバル

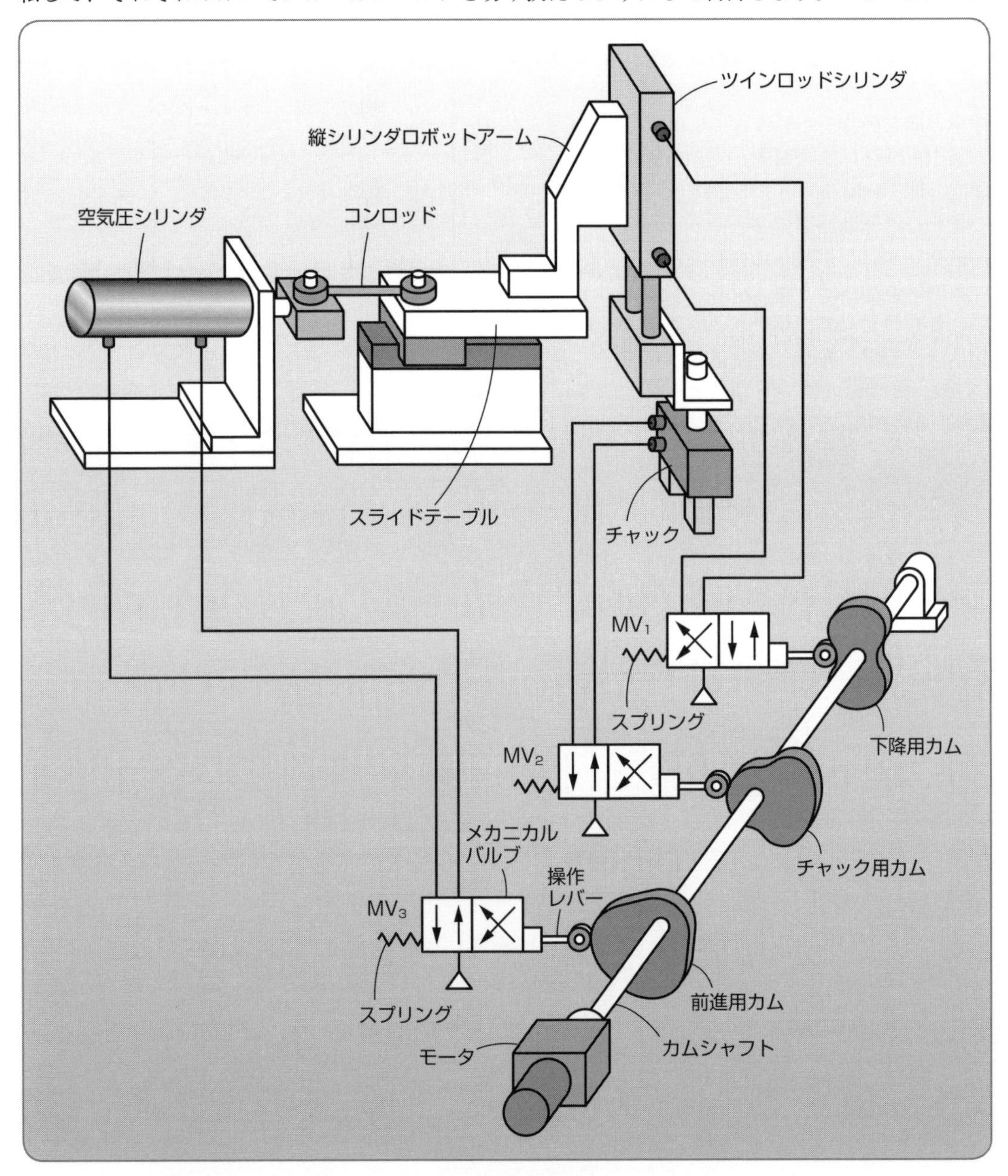

図 10-11-1　タイミングカムを使った空気圧式ピック＆プレイスユニット

ブの操作レバーをカムが押し込んでいるときをONとします。操作レバーをカムで押していない状態では、メカニカルバルブはスプリングの力で元の位置に戻るので、この状態をOFFとします。

下降用カムで操作レバーが押されて、メカニカルバブルMV_1がONになると、縦シリンダロボットアームのツインロッドシリンダが下降して、チャックを下降します。メカニカルバルブMV_1が

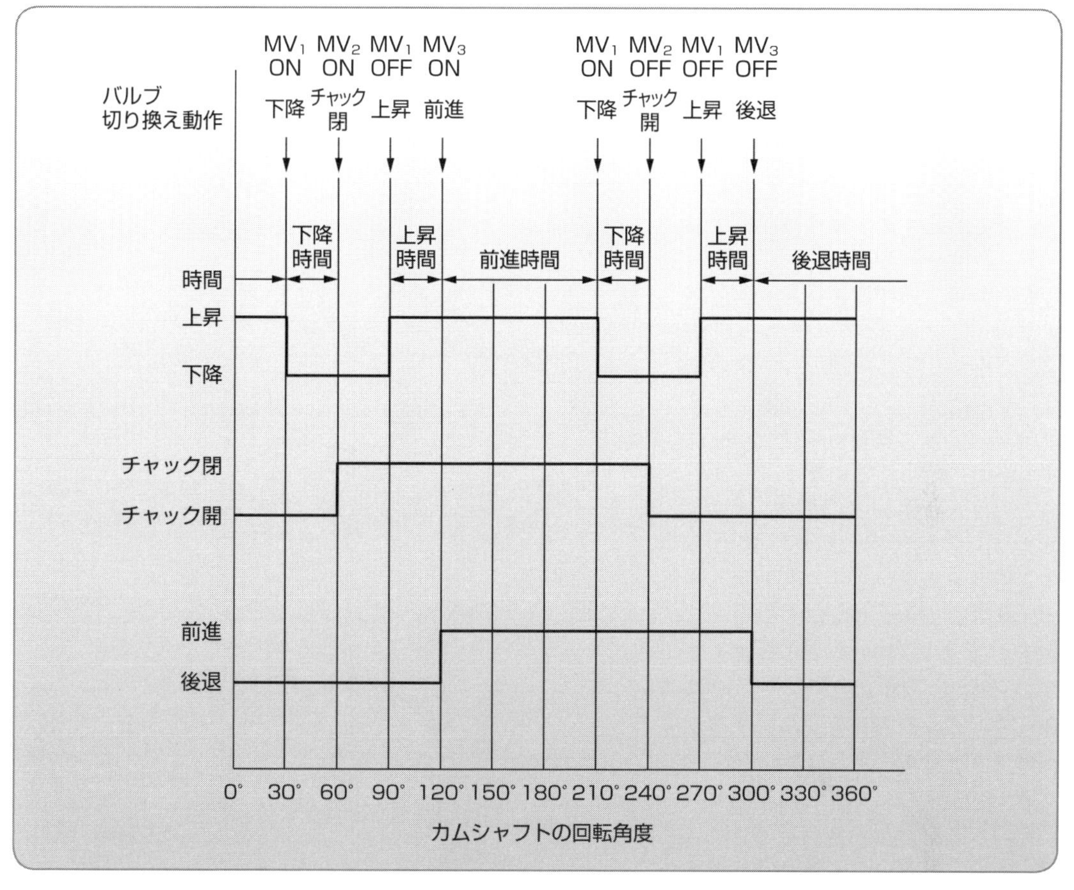

図 10-11-2　ピック＆プレイスユニットの動作タイミング

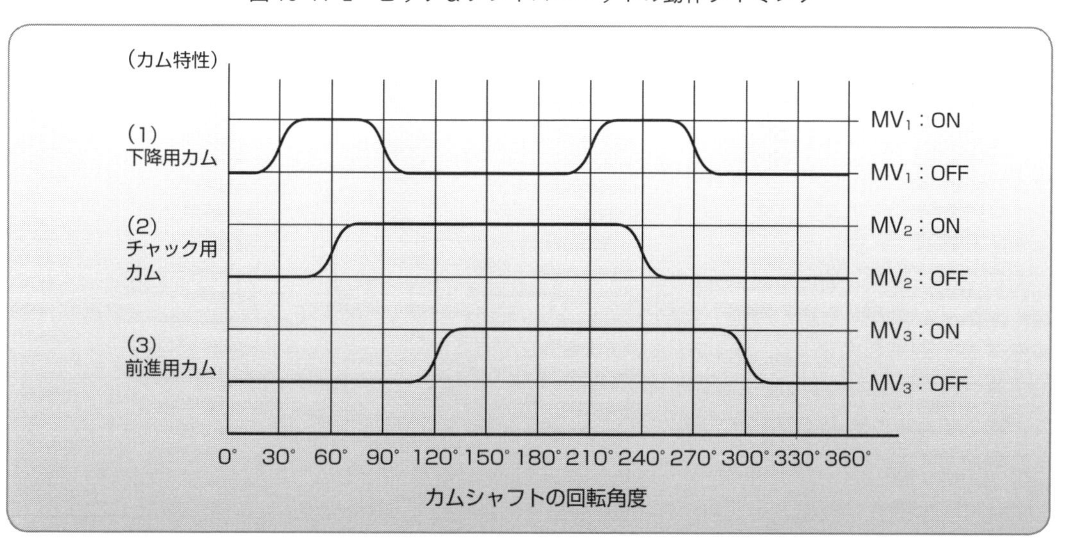

図 10-11-3　ピック＆プレイスを動かすタイミングカムの特性

OFFになると上昇してツインロッドシリンダは元の位置に戻ります。チャックはチャック用カムでメカニカルバルブMV_2をONにすると閉じて、OFFにすると開きます。前進用カムでメカニカルバルブMV_3をONにすると、空気圧シリンダが前進して、スライドテーブルを図の右方向に移動し、バルブMV_3がOFFになると左方向に移動して元に戻ります。

ピック＆プレイスユニットの動作は、下降→チャック閉→上昇→前進→下降→チャック開→上昇→後退という順序になります。この動作を、カムシャフトが0°の位置から360°までの1回転の角度に割り振ったものが**図10-11-2**の動作タイミングです。

30°で下降を開始して60°でチャックを閉じて、90°で上昇、120°で前進します。続いて、210°で再度下降し、240°でチャックを開き、270°で上昇、300°で後退します。

カムでこの動作をするように、バルブのON/OFFを切り換えるタイミングをつくると、**図10-11-3**のようになります。上に凸になっている部分が、メカニカルバルブをONにする場所に相当しています。

このカム特性から、実際にメカニカルバルブの操作レバーをON/OFFする円盤カムをつくってみます。まず、操作レバーをONにする円と、OFFにする円の2つの円を描きます。そして、図10-11-3の特性に従って、カムの回転角度に対するカムのリフト量を決定します。

図10-11-4がそのカムの形状で、外側の大きな円がメカニカルバルブをONにする円で、内側の少し小さな円がOFFにする円です。回転角度に対して、バルブをONするときには大きな円、OFFにするときには小さな円に接するようなカムの形状にします。3つのカムをつくって、図10-11-1のカムシャフトに装着すると、装置はピック＆プレイスの動作順序で動くようになります。

空気圧シリンダの動作が遅いと、タイミングがずれてうまく機能しなくなることがあります。図10-11-2に記載されている動作時間内に各動作が終了するように各シリンダの速度を調節します。

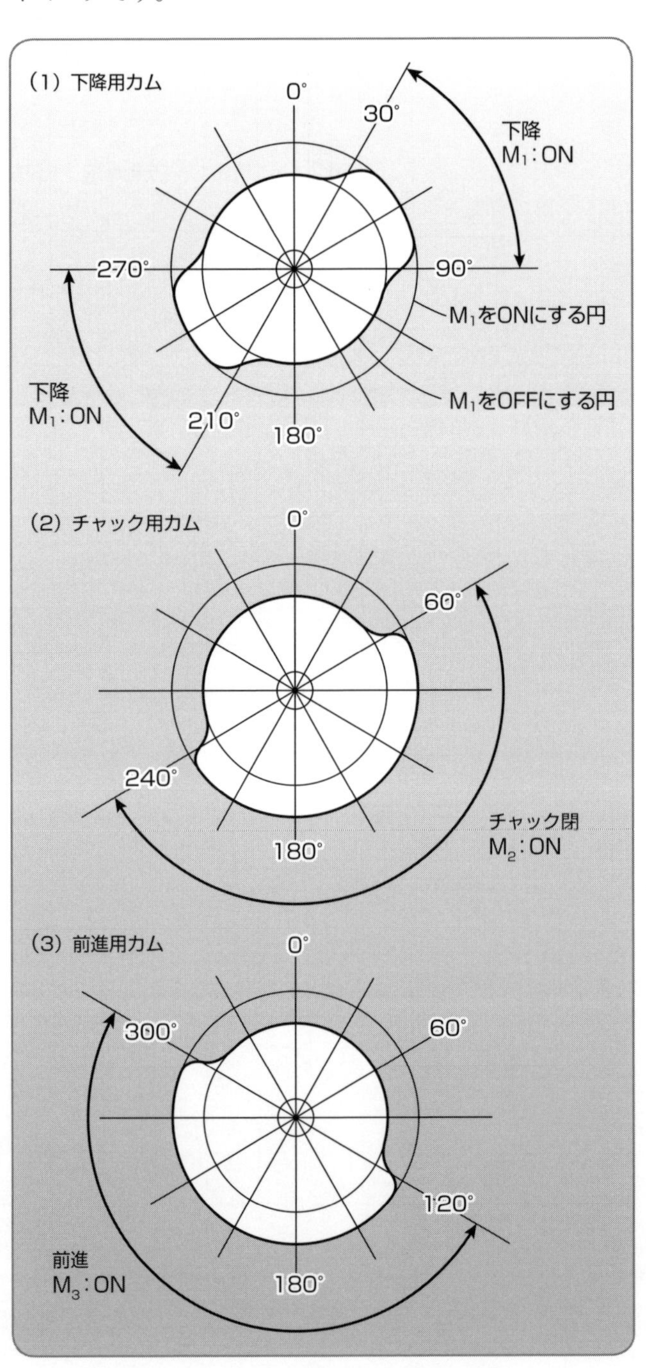

図10-11-4 ピック＆プレイスの動作タイミング

図例 10-12 ワークのインデックス送りと複数の作業ユニットのタイミングカム制御

回転型インデックステーブルと 2 つの作業ユニットでできている装置をリレーや PLC を使わずに順序どおりに動作させてみましょう。

(1) 装置の動作

図 10-12-1 の装置は、モータでゼネバギヤを駆動して、回転テーブルを間欠角度分割送りしています。ゼネバギヤによる間欠駆動によって回転テーブルが一時停止している間に作業ユニット 1 が上下に 1 往復します。作業ユニット 2 は、その間に 2 度ワークを叩く動作をします。

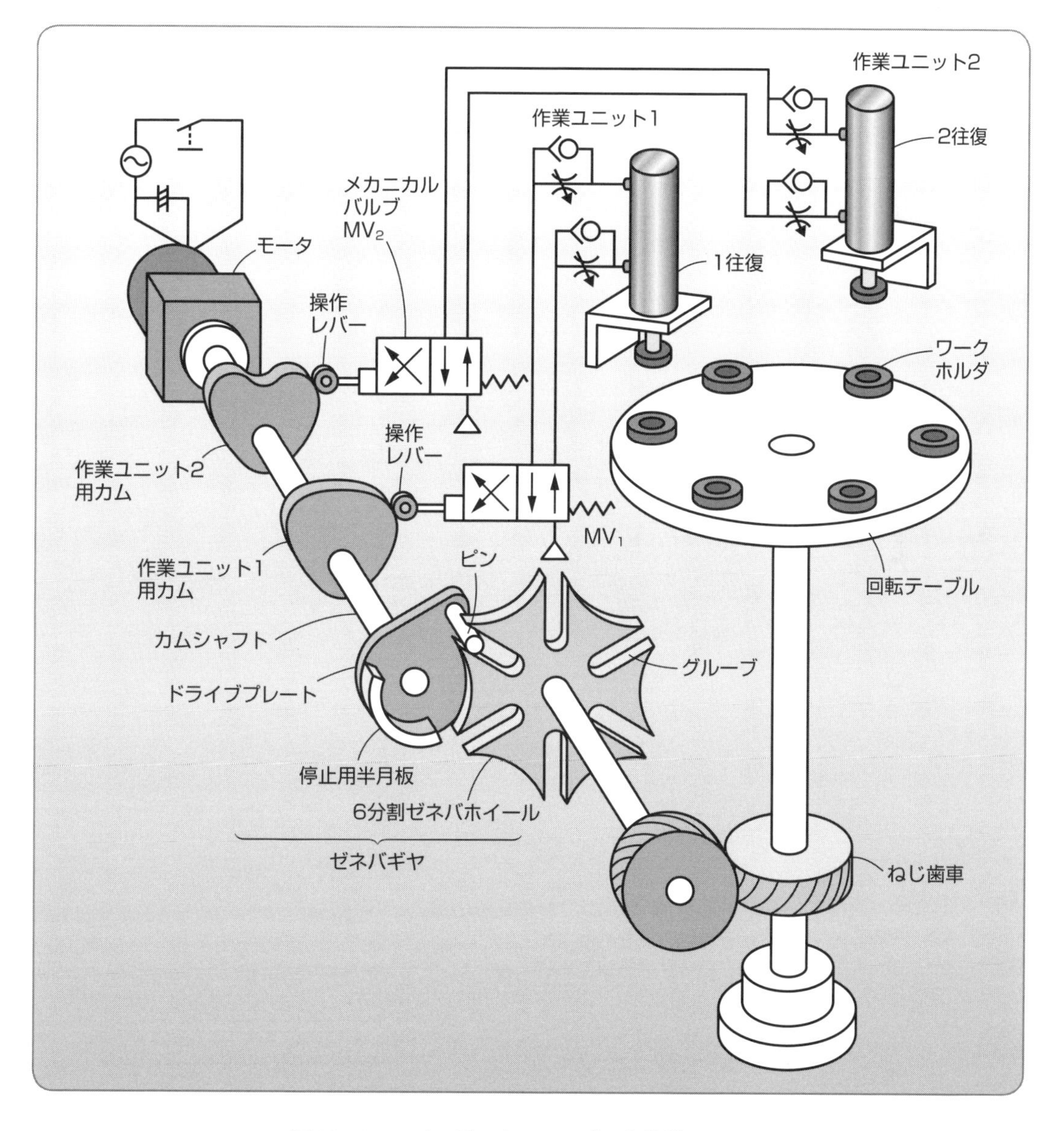

図 10-12-1　インデックステーブルと作業ユニット

(2) 回転テーブルの駆動

モータを連続回転すると、ドライブプレートについているピンがゼネバネホイールのグルーブを移動し、60°の角度送りをします。ピンがグループから抜けるのと同時に、停止用半月板が円形くぼみに入り込むので、ゼネバネホイールは60°回転と停止を繰り返します。

図10-12-2は、ゼネバギヤの構造を示した図です。このゼネバギヤでは、ピンがグループに入ってから抜けるまでに、ドライブプレートは約90°回転するようになっています。すると、ゼネバホイールの送りは

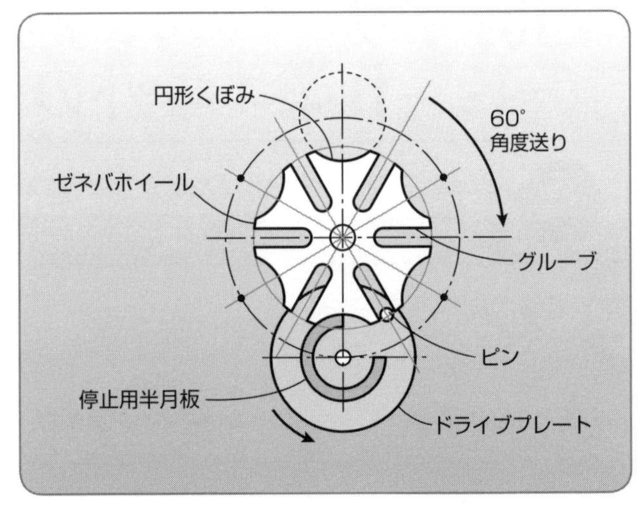

図10-12-2　ゼネバギヤの構造

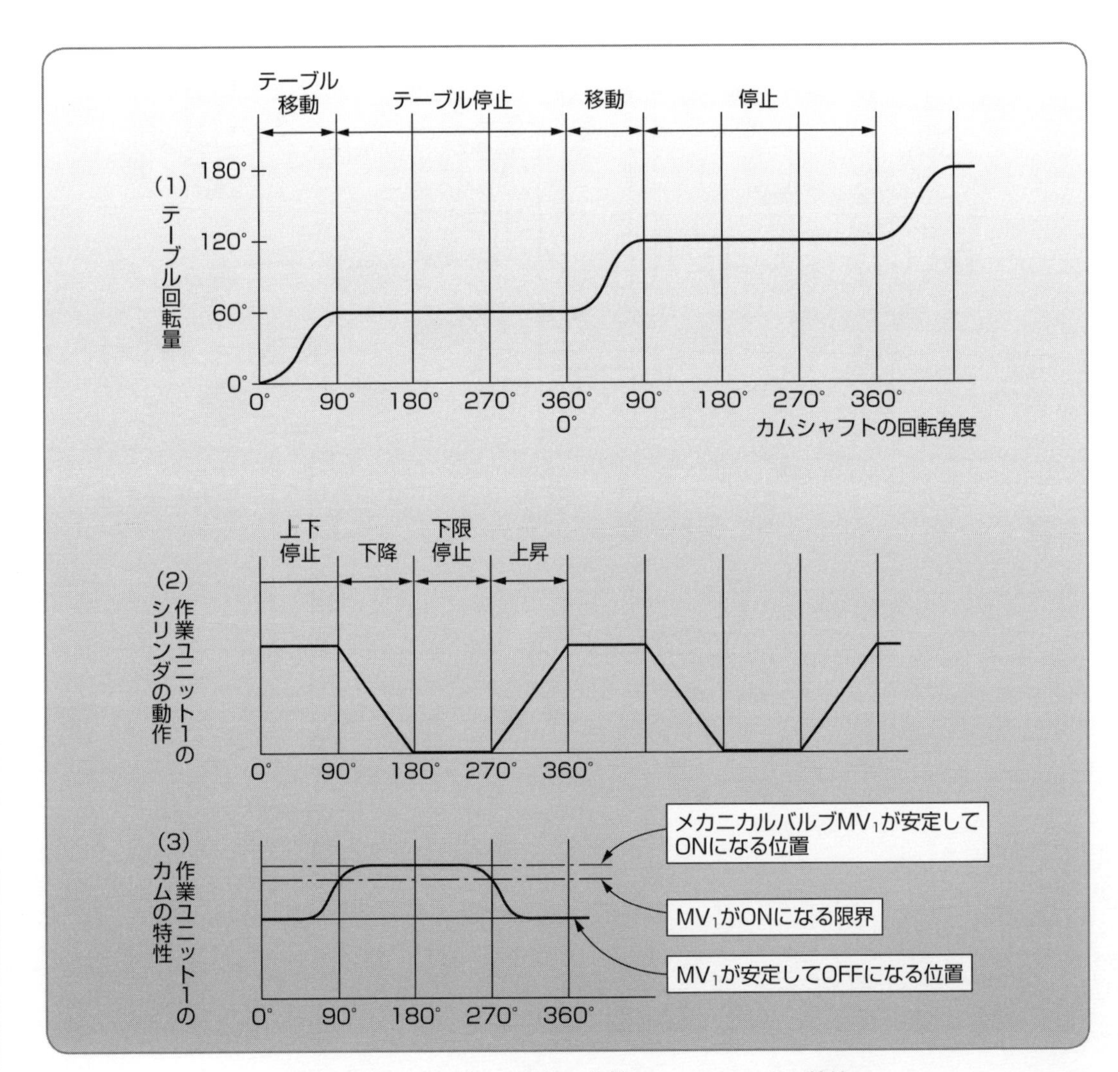

図10-12-3　テーブルの回転と作業ユニット1のカム特性

90°になり、残りの 270°が停止する時間になります。

図 10-12-3 の (1) がカムシャフトの回転角度とテーブルの回転量のグラフです。0°で回転を開始して、90°で回転を終了し、その後 360°まで停止しています。

(3) 作業ユニット 1 の動作

ゼネバホイールが停止している時間内に作業ユニット 1 は 1 往復するので、図 10-12-3 (2) のように、90°で下降して 270°から上昇をする動作特性にします。シリンダがこの動作をするようにメカニカルバルブ MV_1 を切り換えるとすると、同図 (3) のように、90°の手前からそのバルブの操作レバーを駆動して、90°でバルブが ON になる限界の状態になり、その後、バルブが安定して ON になる位置まで移動するようにカムの特性をつくります。

このカムを円盤カムでつくると**図 10-12-4** のようになり、カムシャフトの 90°付近でバルブを切り換えて下降して、270°付近でバルブが元に戻るようなカム形状にします。

(4) 作業ユニット 2 の動作

作業ユニット 2 は、ワークを上から 2 度叩くように下降端で往復するので、**図 10-12-5** のようなカム特性になります。この特性を円盤カムのカム曲線にすると、**図 10-12-6** のようになります。

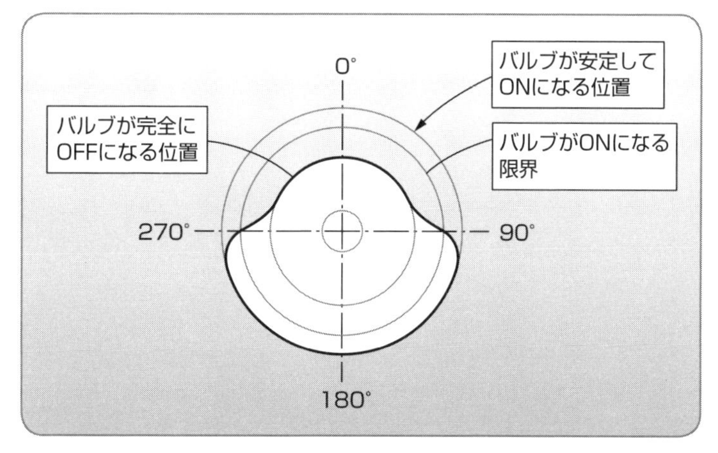

図 10-12-4　作業ユニット 1 のカム曲線

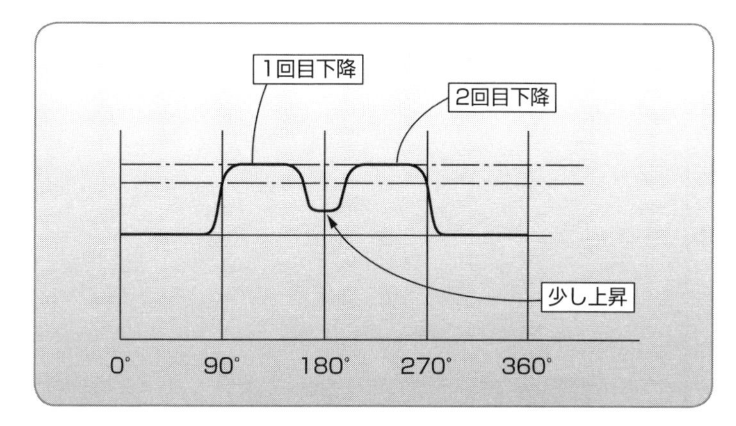

図 10-12-5　作業ユニット 2 のカム特性

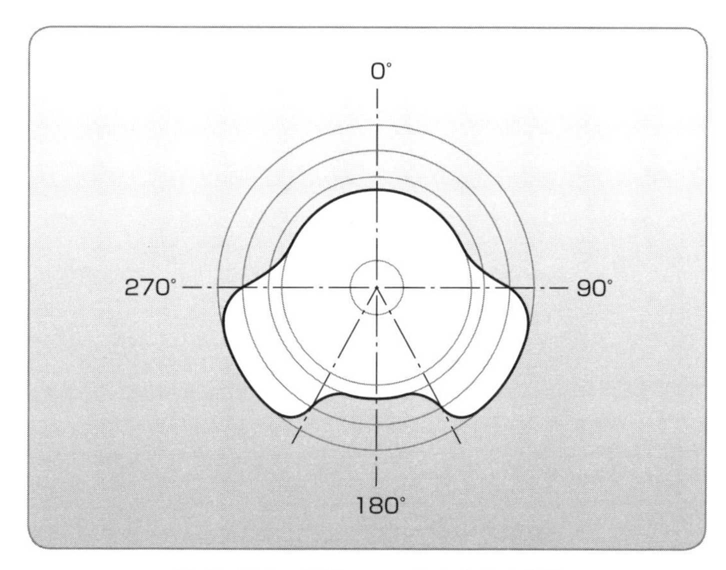

図 10-12-6　作業ユニット 2 のカム曲線

からくりに使われる運動変換メカニズム

VMC210-MP　ドラム型カム（端面カム）

VMC210-MP　ドラム型カム（溝カム）

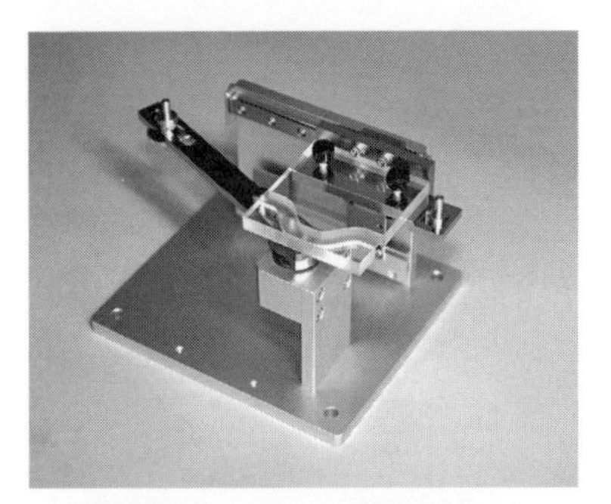

VMC310-MP　直動板カム

VMC410　L型溝カム

VMC110-MP　水平円盤カム

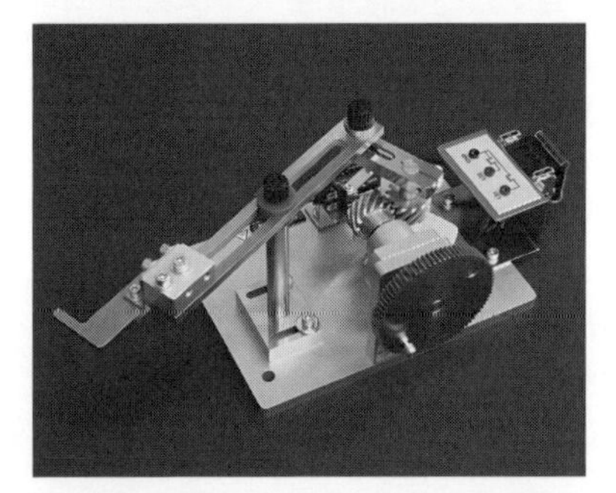

VML120　スライダー型リンク

VM290　スコッチヨーク

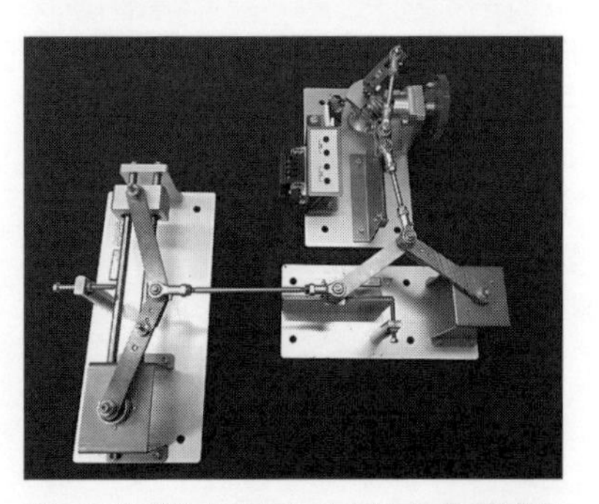

2つのトグルとクランクによる多重減速

第11章 自動化装置を高速化するからくり

からくりメカニズムを使って自動化装置が行う作業のサイクルタイムを短縮する手法について考えてみます。

平行リンク型アーチモーションユニット（VML210）

図例 11-1　自動化装置の生産性を上げる高速化の手法

からくりメカニズムを使って装置を速く動かしたり、短時間でたくさんの製品をつくるための手法について考えてみましょう。

自動化装置の生産性を上げるには、装置を構成するユニットのサイクルタイムを短縮しなくてはなりません。ユニットのサイクルタイムを縮めるには、「動作の高速化」・「無駄時間の削減」・「工程分割」・「マルチツーリング」という4つの方法があります。

〔高速化手法 1〕動作の高速化

高速化する1番目の手法は、ユニットの動作を速くすることです。その方法として最初に思いつくのがモータやシリンダなどのアクチュエータの動作スピードを上げることでしょう。当然ながら、スピードを上げた分だけ移動時間が短くなってサイクルタイムは短縮されます。しかし、あまり速度を上げ過ぎると振動したり、停止位置のばらつきが大きくなったりして、速度を上げることには限界があります。ユニットのサイクルタイムを短縮する5つの方法を説明します。

(1) アクチュエータの速度を上げる

たとえば、直径20 mm程度の空気圧シリンダの場合、100 mmのストロークを動かすのに、片道0.5秒で動作していたとしてみます。絞り弁を開いてこの速度を20 %上げて0.4秒にする方法です。この方法では**図11-1-1**のように、振動が大きくなる割には片道0.1秒しか短縮できません。

(2) モータの回転速度を上げる

モータの回転速度を上げることも考えられます。速度変更ができないモータでは、ギア比を変更します。モータの速度の調節をするのなら**図11-1-2**のように、モータ本体を三相誘導モータに変更してインバータ制御にするか、単相誘導モータの場合にはタコジェネレータと速度制御コントローラをつけて速度制御型にするか、速度制御コントローラのついたDCモータに変更するなどの方法をとることになります。一方、モータの回転速度を上げると、今度は止まりにくくなります。その結果、停止位置のオーバーランが大きくなって位置決めの精度が下がったり、停止信号が入ってから停止するまでの時間が長くなったりします。また、モータのコントローラによってはモータの始動時に急激に速度が上がることがあるので、立ち上がりのときの動作特性などに影響することがあります。このように、装置の動作速度を上げると、装置の動作が不安定になるので、アクチュエータの速度によるサイクルタイムの短縮には限界があるといえます。

(3) 数値移動型のモータを使う

速度を上げて位置決め精度も高くするのであれば、モータをステッピングモータに変更するか、さらに速度を上げたいのであれば、サーボモータに変更することも考えられます。サーボモータであっても速く動かそうとして加速度を大きくすると装置に大きな力がかかるので注意します。

(4) タイマーを短くする

ユニットを速く動かすための方策として思いつくのがタイマーの値を小さくすることでしょう。ワークやパレットが完全に停止するまでの安定

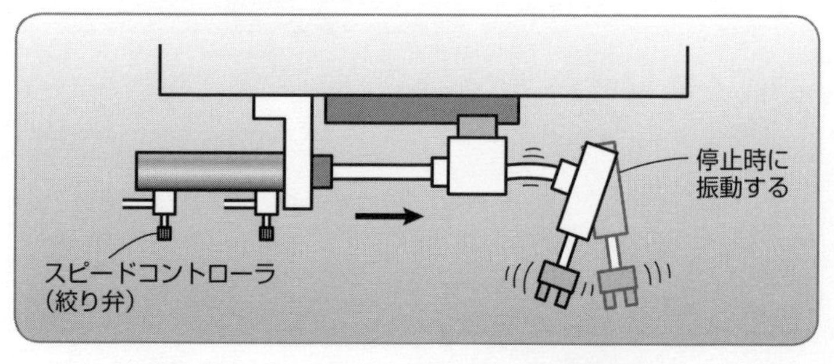

図11-1-1　シリンダを速く動かすと振動する

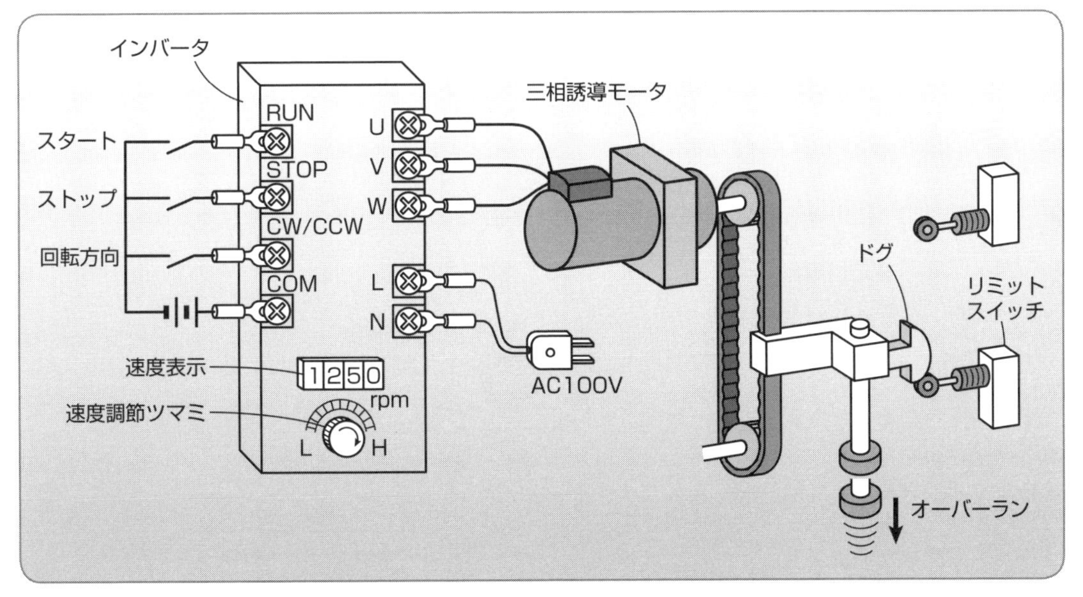

図 11-1-2　インバータによるモータの速度制御

化の待ち時間をつくっているタイマーを短くしたり、シリンダの移動端やワークをチャックするときの待ち時間などに入れてあるタイマーを短縮することです。1つのユニットの動作にタイマーが4個使われていたとすると、1カ所あたり0.1秒縮めれば0.4秒速くなります。しかし、タイマーの設定値はデバック段階である程度詰めてあるのが一般的で、タイマーを短くする余裕のあるところはそれほど多くないかもしれません。

(5) からくりを使った高速化

からくりを使ってユニットのサイクルタイムを上げるには、ユニットを構成するすべての駆動軸をリンク機構やカムなどで連動させて、1つのモータで動くように改造し、モータの回転速度を上げて高速に動かすという方法があります。

からくりを使ったもう1つの方法としては、装置の中の時間がかかる複雑動作の部分をワンモーションで動かせるように改造することです。たとえばピック&プレイスユニットであれば、直進移動と上下移動を複合してプレスリムーバのような1つのメカニズムにします。そして、1つのシリンダの1往復だけで直進動作と上下動作をするようにすれば、1サイクルの時間を短縮できます。

〔高速化手法 2〕無駄時間の削減

高速化の手法の2番目は無駄時間の削減です。無駄時間を削減するには順番待ちの時間をなくすことや、動作時間のバラツキを吸収するなどの方法があります。

(1) 待ち時間の短縮

一番多い無駄時間は、1つ前の動作が終ってから次の動作に移るときの順番待ちの時間です。他のユニットが動作しているときに、もう1つのユニットが動くことができずに停止しているような状態のことです。これは、停止しなくてもよい状況にもかかわらず、プログラムがよくないために停止している場合と、機械的な干渉があって停止せざるを得ない場合があります。プログラムが原因の場合には、これを修正すればよいので対処は簡単です。

機械的な干渉がある場合には、干渉しているところを改造して、装置の各部ができるだけ同時に動けるようにします。たとえば、**図 11-1-3 (1)** のように、1つの治具上でワークの供給と取り出しを2台のユニットで行う場合、ワークの供給動作をしている間は、取り出しユニットは動くことができません。そこで、2つのユニットの高さを変えて、供給ユニットが動作しているときに、取り出しユニットが治具の上で待機できるように改造したものが図 11-1-3 の（2）です。すると、供給ユニットの動作中に取り出しユニットはワークの上まで移動して、供給動作完了後すぐに下降できるようになるので、水平移動の無駄時間を短縮できます。

(2) バッファによるばらつき平準化

前の工程の作業が終わらないと、次の工程の動作ができないようになっている装置では、次の工程が動作待ちになることがよくあります。このような場合には、2つの工程の中間にいくつかのワークを整列できるバッファをつくって、サイクル時間のばらつきを吸収するようにします。バッファは工程間のサイクル時間にばらつきがあるような場合に有効です。

サイクル時間の短い工程の後にワークを整列できるバッファをつくっておくと、次の工程が止まっていてもバッファに余裕があるうちは前工程は連続して作業を進めることができます。一方バッファにワークが残っている間は前工程の作業を停止しても、次の工程ではバッファにあるワークを使いきるまで作業を継続することができます。作業主体がロボットなどの場合には、バッファを利用した空き時間中に別の作業をさせることが可能になり、作業効率を上げることができます。

人が作業をするときにも、**図11-1-4**のように、バッファを使うと無駄時間を削減したり、短い無駄時間をまとめて長い休止時間をつくったりすることができるようになります。

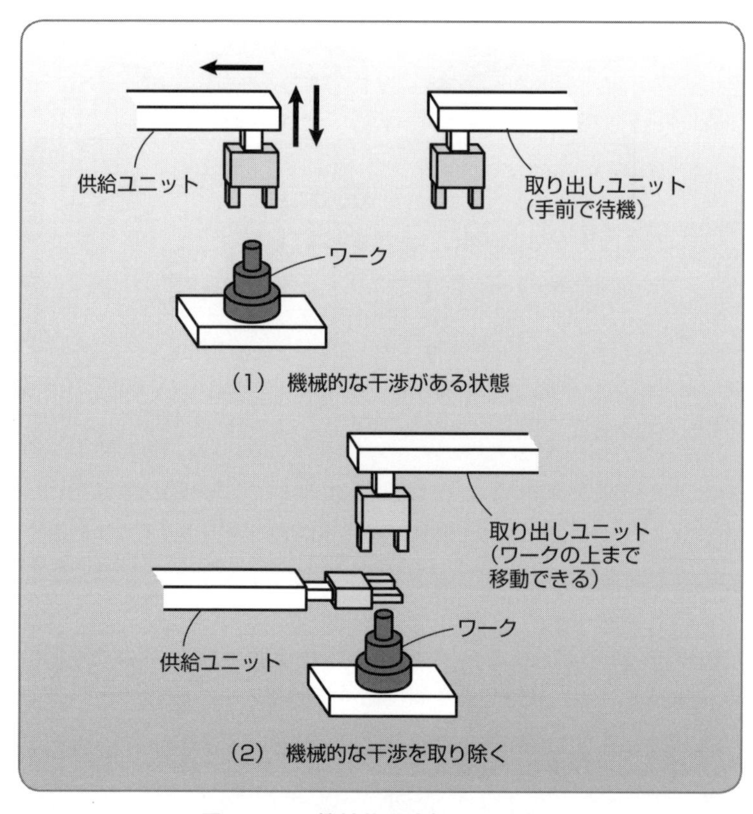

図11-1-3　機械的干渉部の取り除き

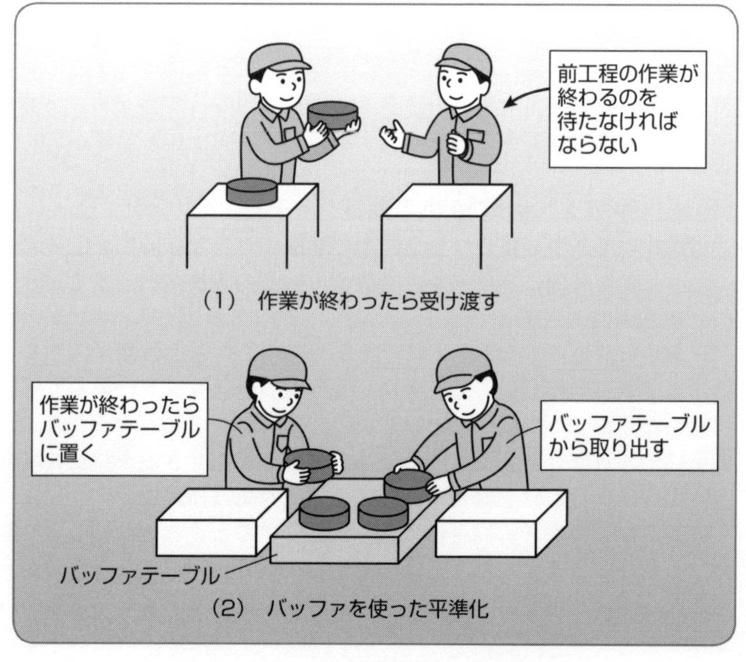

図11-1-4　作業時間のバラツキの吸収

〔高速化手法 3〕工程分割

高速化の3番目の手法として、工程を分割する方法があります。

1つの治具上で複数の工程を行っているような場合に、その工程を単純な作業に分割して、分割した作業をそれぞれ別の場所で行うことで複数の作業を同時に行うようにすることを「工程分割」と呼んでいます。ワークを1台の治具に載せて、複数の作業を順番に行っているような装置の場合、まず、全作業工程を単純な作業に分割して、その作業を行う作業ユニットをつくります。そして、その作業ユニットを別々の位置に設置して、それぞれの位置にワークを載せる治具を配置します。治具を作業順序に従って作業ユニット間を搬送すると、搬送が完了した時点で、作業ユニットが同時に作業を行えるようになります。もとの複数の作業工程が分割され、1つひとつの作業が単純化されて短時間で完了するようになるので、1サイクルの時間が短縮されます。

たとえば3つの部品を組み立てるには、**図11-1-5**のように部品A、B、Cを3つのステージで別々に供給して組み付けます。すべての作業が完了したら治具を一度に次のステージへ送ります。すると供給ユニットの動作が単純になって、1サイクルの時間が短くなるので速く製品をつくることができます。

このような、工程分割による高速化の手法によって長い時間がかかる工程でも、工程をいくつかの短い工程に分割することで、装置全体のサイクルタイムを短縮できるようになります。

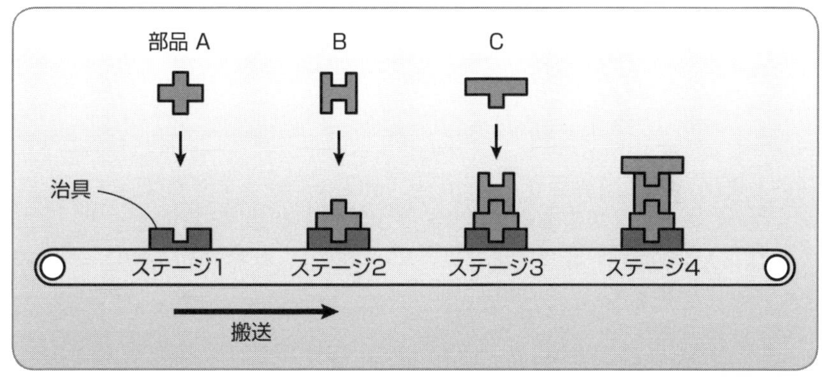

図 11-1-5　3部品供給の工程分割

〔高速化手法 4〕マルチツーリング

1回の作業時間が長くて分割できない場合には、多数個を同時に処理する方法をとることがあります。これを「マルチツーリング」と呼んでいます。

たとえば、10個のワークをコンベヤから取り出すときに、1回の取り出しに5秒かかるとすると、10個取り出し終わるまでに50秒かかります。それを、10個一度に取り出しをするように変更します。コンベヤに10個整列するまでに20秒かかり、10個を同時に取り出しをするユニットの1サイクルの動作に10秒かかるとすると、30秒で10個の取り出しができるようになります。ワークの整列時間が無駄なようですが、10個を同時に処理するので、生産速度の高速化に効果があります。コンベヤにストックエリアを設けるなどして、整列時間を短かくすると、さらに1サイクルの時間を短縮できます。**図11-1-6**は、4つのワークを同時に供給する装置のイメージです。

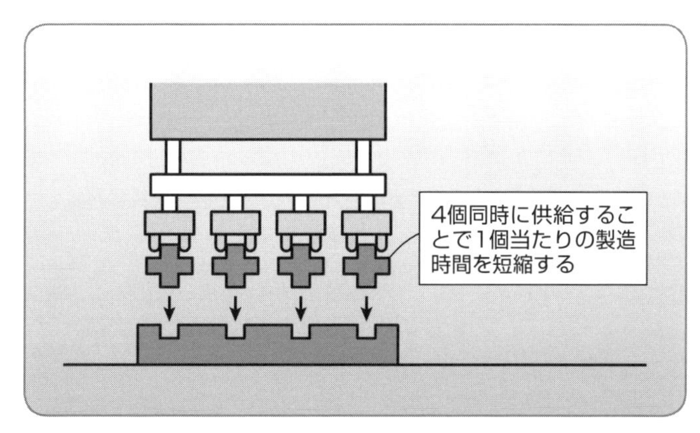

図 11-1-6　マルチツーリングのイメージ

図例 11-2　長い距離を短時間に搬送するには移動距離を分割する

離れた距離を短時間で移送するには、移動距離を分割することが有効です。具体例を使って考えてみましょう。

(1) 搬送距離を分割する

図 11-2-1 は、供給ユニットＡから離れた位置にある取り出しユニットＣにワークをシャトル搬送する装置です。水平に直線往復移動するシャトルを使ってワークを搬送します。ワークを搬送する時間として、片道に 5 秒、往復で 10 秒かかるものとします。さらに取り出しユニットＣによる取り出し動作（下降・チャック閉・上昇）に 1.5 秒かかるとすると、供給ユニットＡの場所に戻ってくるまで 11.5 秒かかります。

搬送時間を短縮するためには、たとえば**図 11-2-2** のようにシャトル搬送をやめてコンベヤ送りに変更します。そして、コンベヤ中間に停止位置を 4 カ所つくって、1 回当たりの移動時間を 3.5 秒で完了するようにします。すると、コンベヤの移動時間 3.5 秒＋取り出し時間 1.5 秒が 1 サイクルの時間になります。供給ユニットＡ側もコンベヤ上でのワーク供給時間が下降 0.5 秒、チャック開 0.5 秒、上昇 0.5 秒の計 1.5 秒とすると、取り出しユニットＣが作業している間に供給ユニットＡの作業も終わるので、装置全体が 5 秒サイクルで動作するようになります。

このように、長い距離の搬送は短いピッチ送りに分割することで、全体のサイクル時間を短縮できるようになります。

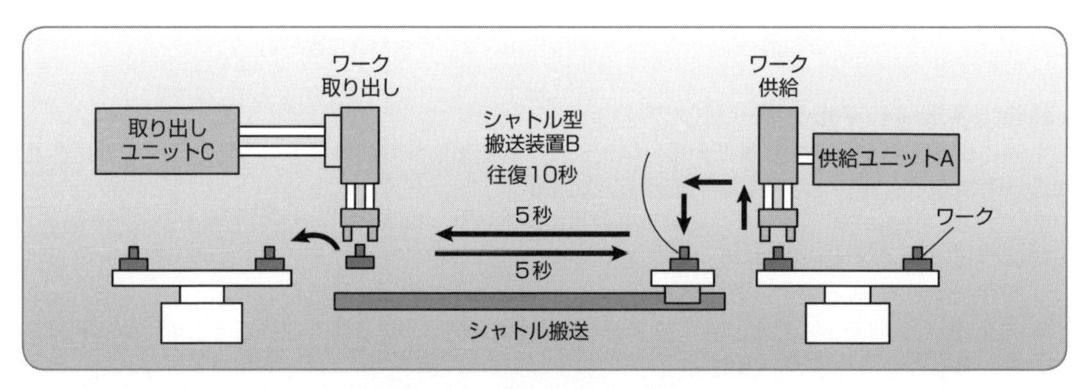

図 11-2-1　往復 10 秒かかる搬送

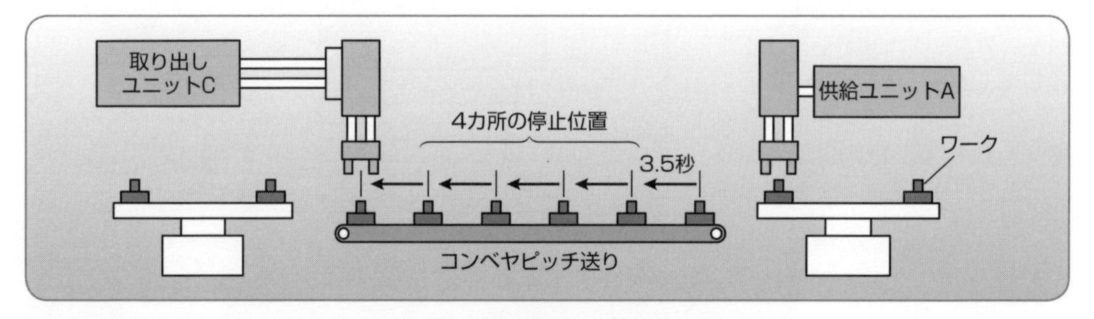

図 11-2-2　3.5 秒間ずつ 5 回に分ける

(2) 長いハンドリングは中間に仮置き治具をつける

図11-2-3はハンドリング搬送ユニットで、ワークをコンベヤ側でつかみ上げて、回転テーブル上に搬送するユニットです。移動距離Lの搬送の片道に4秒かかるので、往復で8秒、下降・チャック・上昇に1.5秒かかるとすると、1サイクルは11秒になります。このサイクルタイムを短縮するために、1回で水平方向に搬送する距離を半分にして、搬送時間を8秒から4秒に短縮します。

図11-2-4がその例で、コンベヤとテーブルの中間に仮置き治具を設置して、ハンドリング搬送ユニットにチャックを2つ装着して、ダブルチャックにします。ハンドリング搬送ユニットの移動距離はLのちょうど半分にします。チャックが下降すると、チャック1でコンベヤ上のワークをつかみ、チャック2で仮置き治具上のワークを同時につかみ上げます。上昇後にハンドリング搬送ユニットが左側に移動して、チャック2は回転テーブル上にワークを降ろし、チャック1は仮置き治具上にワークを降ろします。1サイクルでワークがコンベヤから仮置き治具へ、仮置き治具から回転テーブルへと順次移動することになります。

これで、横移動の距離が半分になったので、移動時間も半分の2秒で完了するものとして計算すると、11秒かかっていた1サイクルの時間は7秒に短縮されることになります。

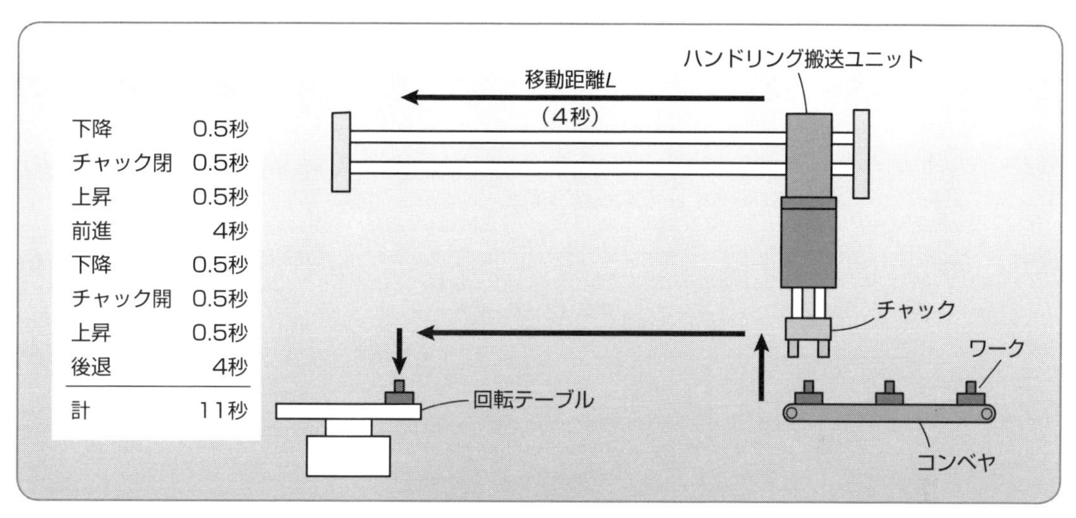

図 11-2-3　長い距離の搬送

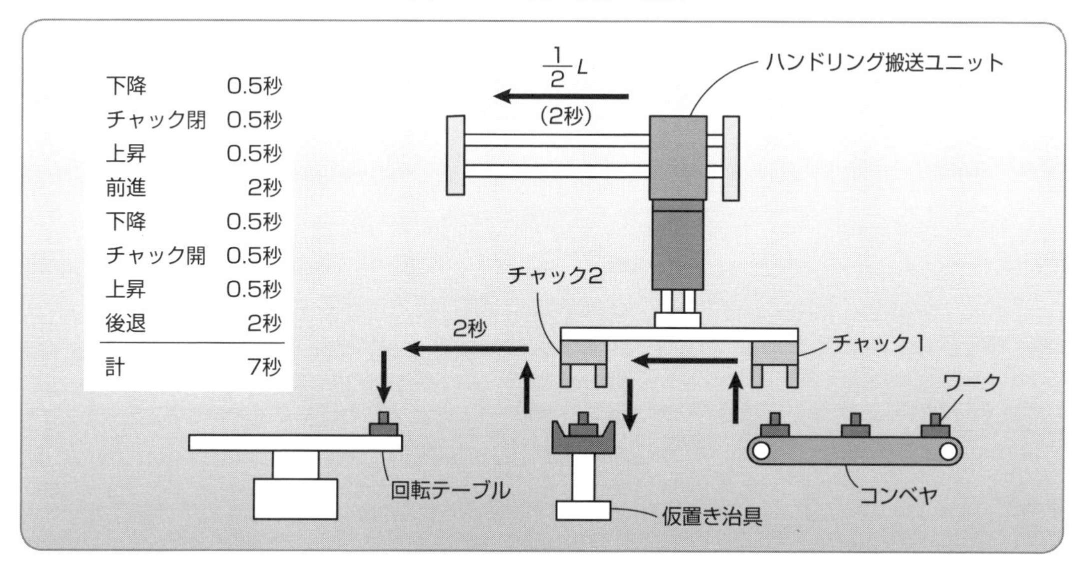

図 11-2-4　ダブルチャックと仮置き治具を使った移動距離の分割

図例 11-3 高速に取り出すには アーチモーションユニットを使う

アーチモーションユニットを使うと取り出し作業を高速化できます。

(1) ピック＆プレイスユニットの動作時間

図11-3-1 は、ピック＆プレイスユニットを使って、回転テーブル上のワークを真空チャックで吸いつけてコンベヤ上に取り出す装置です。前進後退と上昇下降を2つの空気圧シリンダで駆動していて、下降（0.5秒）・チャック吸引（0.5秒）・上昇（0.5秒）・前進（1.5秒）・下降（0.5秒）・チャック吸引解除（0.5秒）・上昇（0.5秒）・後退（1.5秒）の順序で動作して、1サイクルに6秒かかっているものとします。サイクルタイムを縮めるには、この装置の動作を速くしなくてはなりません。

(2) アーチモーションユニット

そこで、ピック＆プレイスユニットの構造を変えて、アーチモーションユニットに変更します。**図11-3-2** のアーチモーションユニットは、チャックを下に向けたまま半円を描いて反対端に移動するユニットで、ワンストロークで回転テーブル側からコンベヤ側にチャックが移動します。アー

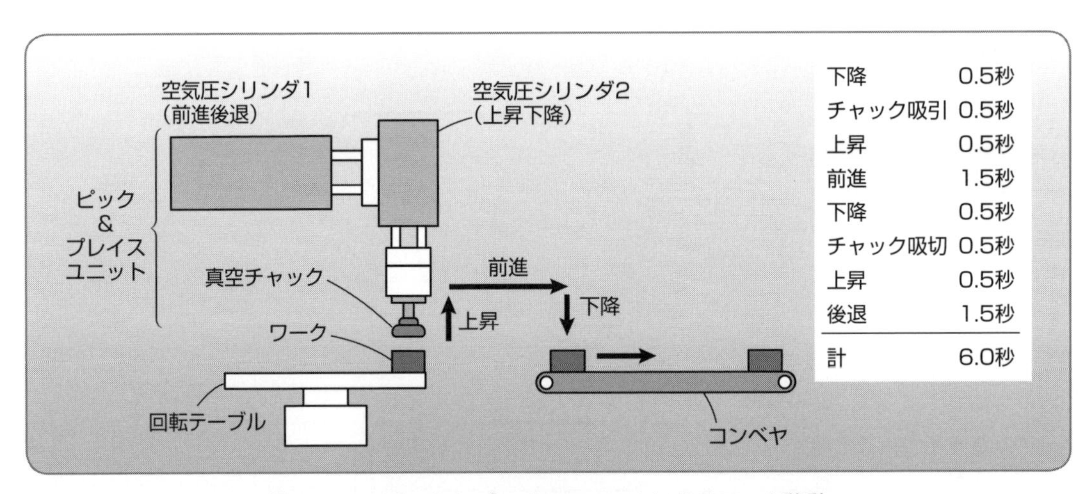

下降	0.5秒
チャック吸引	0.5秒
上昇	0.5秒
前進	1.5秒
下降	0.5秒
チャック吸切	0.5秒
上昇	0.5秒
後退	1.5秒
計	6.0秒

図11-3-1　ピック＆プレイスユニットによるワーク移動

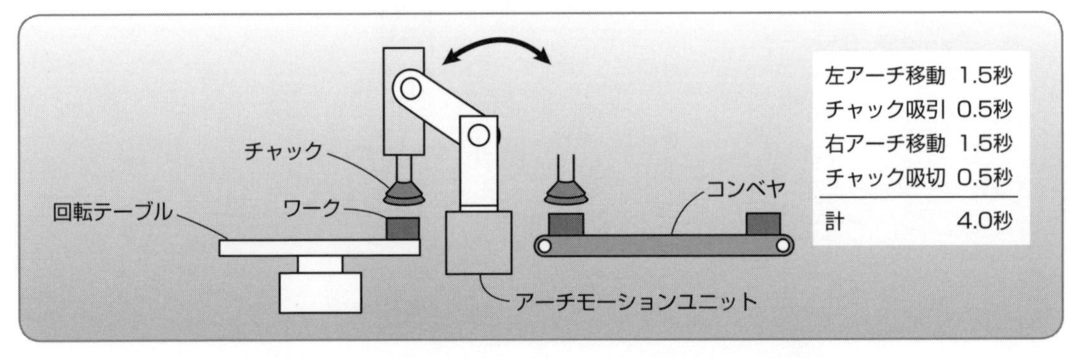

左アーチ移動	1.5秒
チャック吸引	0.5秒
右アーチ移動	1.5秒
チャック吸切	0.5秒
計	4.0秒

図11-3-2　アーチモーションユニットによるワーク移動

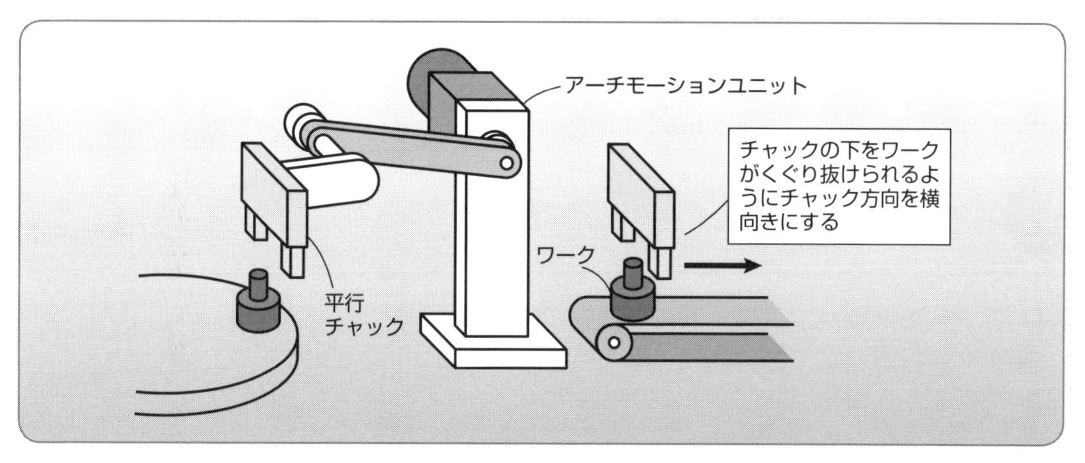

図 11-3-3　平行チャックの場合

チモーションユニットの原点位置はコンベヤ側になります。コンベヤ側でワークを降ろすときには、少し上からワークを落とすような位置に設定して、コンベヤ上のワークをチャックで押しつけないようにしておきます。

アーチモーションユニットが半円の片道を移動するのに 1.5 秒、チャックで吸引に 0.5 秒、吸引の解除に 0.5 秒かかるとすると、1 サイクルが 4 秒で完了します。アーチモーションユニットの原点はコンベヤ側に設定してあるので、平行チャックを使う場合には、コンベヤにワークを降ろした後、ワークがチャックをくぐり抜けて移動できるよう、**図 11-3-3** のように、チャックはコンベヤの移動方向に対して横向きになるようにします。

アーチモーションユニットの種類はたくさんありますが、よく利用されるものには、**図 11-3-4** にあるような（1）平行リンク型、（2）タイミングベルト型、（3）歯車型などがあります。

平行リンク型は駆動軸をモータやロータリエアアクチュエータなどで、180°回転します。タイミングベルト型はタイミングベルトによってチャックの向きを変えずに、平行移動させるようになっています。

歯車型は遊星歯車によって従動歯車が常に同じ方向を向くようになるので、チャックを下に向けたままの姿勢を保持します。

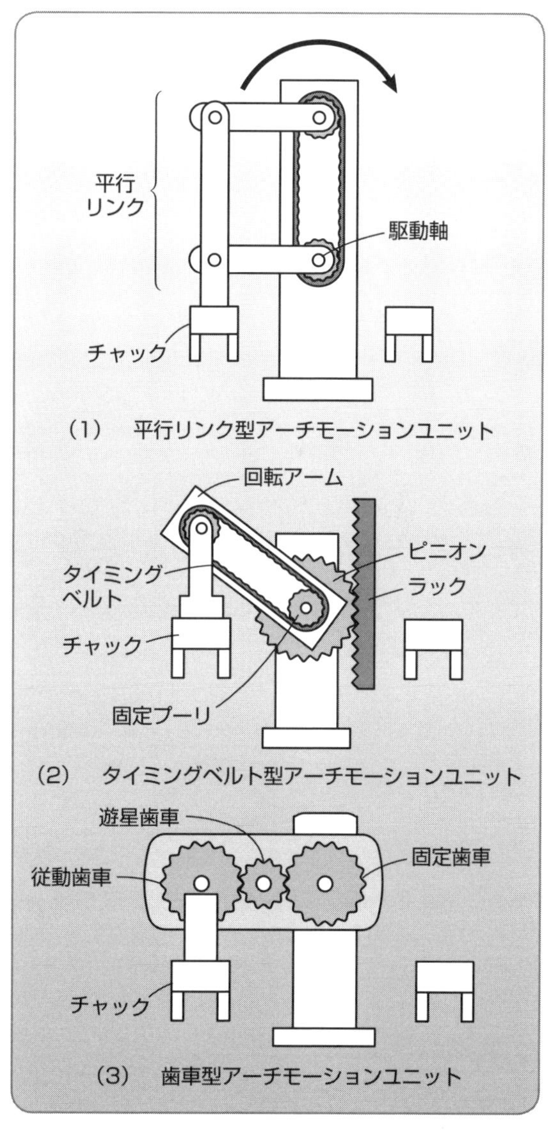

図 11-3-4　アーチモーションユニットの主な種類

図例 11-4 平行リンク型アーチモーションユニットによる高速ハンドリング

アーチモーションユニットの具体的な構成例を見てみましょう。

(1) アーチモーションユニットのクランク駆動

図11-4-1は、平行リンクを使ったアーチモーションユニットの例です。

アーチモーションユニットを連続して高速に動作させるために、クランクアームの回転でラックを往復運動します。この運動をピニオンの180°の回転運動に変換して、平行リンクを半円形に往復運動させています。

クランクアームの回転出力をコンロッドでラックに連結することでラックを高速かつスムーズに往復運動させることができます。

(2) 平行リンクによるチャックの移動

平行リンクを使っているので、真空チャックは常に下を向いたまま移動します。また、クランクの特性で、ワークをチャックする位置付近と、ワークを降ろす位置付近でチャックの移動速度が減速し、移動端で速度が0になるので、振動の少ないスムーズな動作ができます。

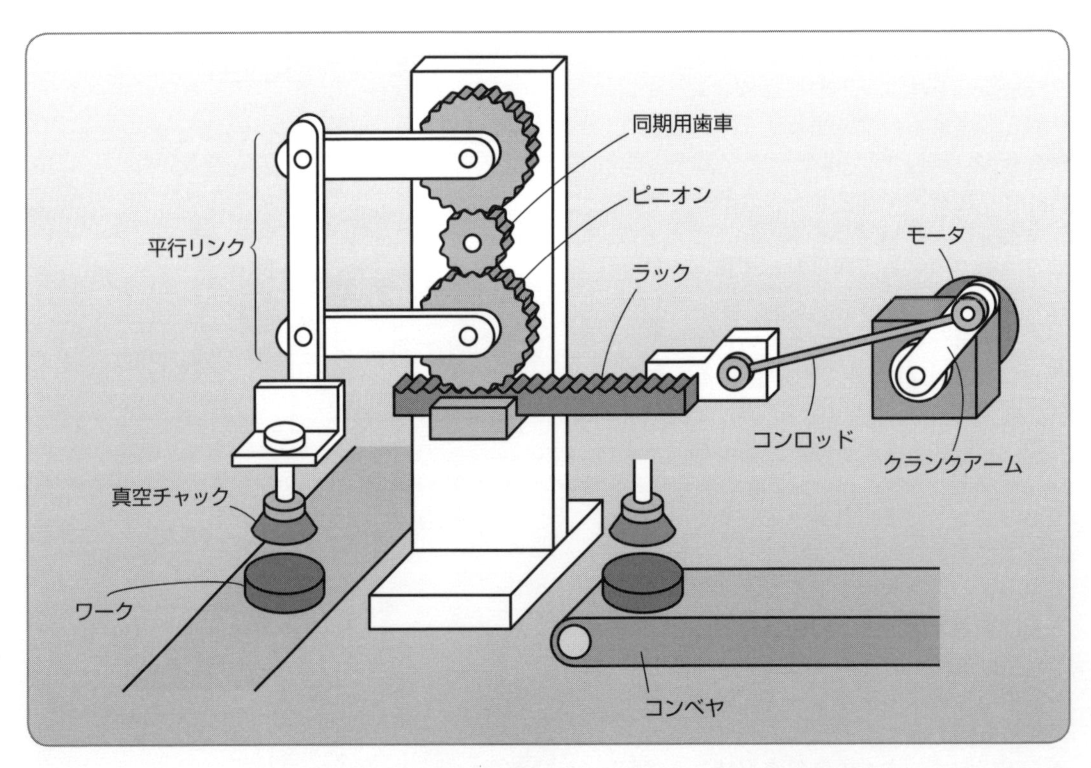

図11-4-1　平行リンクによるアーチモーションユニット

図例 11-5 2つのクランクを使った高速アーチモーションユニット

2つのクランクを組み合わせて1つのモータで動くアーチモーションユニットを設計してみます。

図11-5-1は、2台のクランクを使って、それぞれがチャックの上下運動と水平運動をするようにタイミングを合わせたピック＆プレイスユニットです。

クランク1は、クランク2の倍の速度で回転して、クランク2が1往復する間にクランク1は2往復するようにしておきます。

図11-5-2はクランク1とクランク2の動作タイミングをグラフにしたものです。上下位置を駆動するクランク1の円運動がAからHまで時計回りに回転したときに、クランク2はAからHまで移動し、チャックはP1からP2を通ってP3へ移動します。

クランク2の次の半回転で、クランク1は再度上下に1往復して、今度はP3側からP2を通ってP1へ移動します。このように2つのクランクの効果でチャックは、図11-5-2のチャック移動軌跡に沿ってアーチモーションのように往復する動作を繰り返します。

P1のピック位置で真空チャックでワークを吸引し、P3のプレイス位置で吸引を切ると、高速で動くアーチモーションユニットによる取り出しの動作になります。

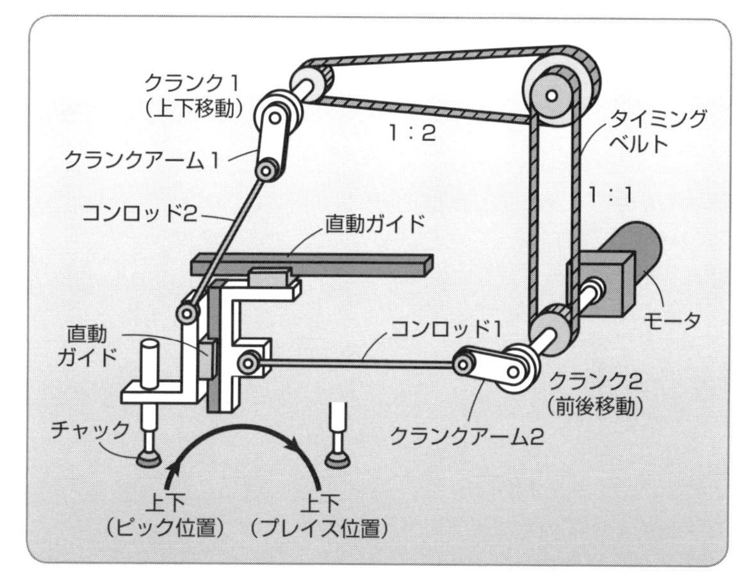

図 11-5-1　クランクを使ったピック＆プレイス

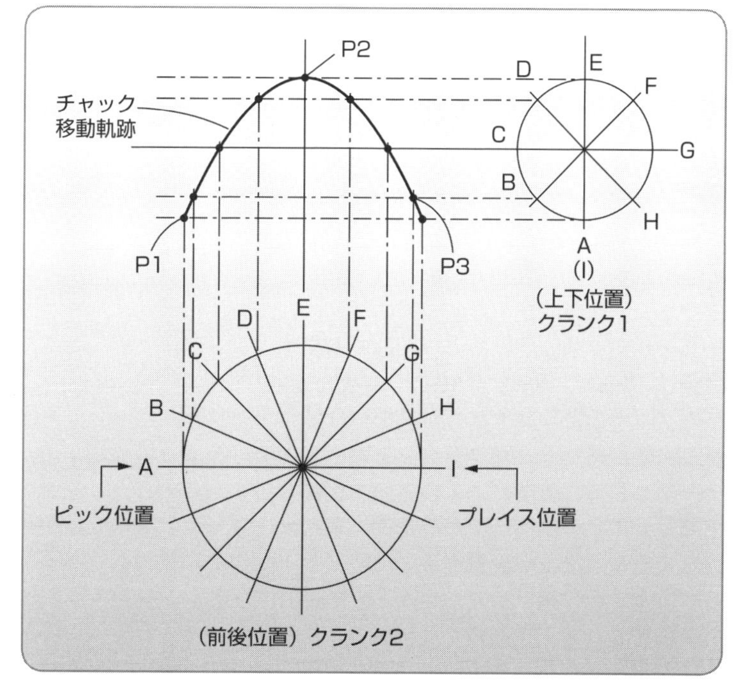

図 11-5-2　チャックの軌道

図例 11-6 タクトタイムを短くするには作業ユニットの動作を分割する

ピック＆プレイスユニットを例にとって、作業に必要な動作を分割してサイクル時間を短縮する方法を解説します。

図 11-6-1 は、回転型のインデックステーブル上のワークを、空気圧シリンダでつくったピック＆プレイスユニットでコンベヤに移動する装置です。ピック＆プレイスユニットは、**図 11-6-2** のように、①～⑧までの 1 サイクルに 5 秒間かかるものとします。インデックステーブルは 6 分割されていて、1 ピッチ分（60°）送るのに 1 秒かかっています。この回転送り動作は④の動作と同時に行われるので、1 サイクルの時間に影響はありません。また、コンベヤはワークが置かれてから 1.5 秒間動作しますが、この動作も①～④の間に完了するので、サイクルタイムには影響がありません。

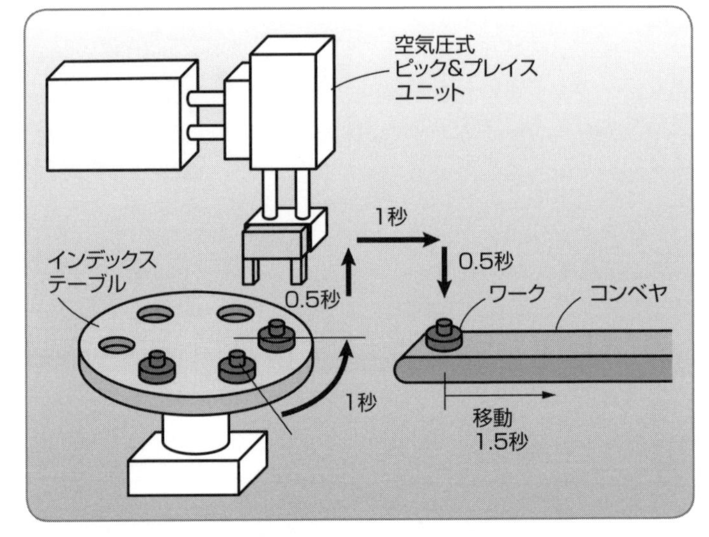

図 11-6-1　ピック＆プレイスユニットによる取り出し

この装置の 1 サイクル時間を短くすることを考えてみましょう。

1 サイクル時間は、ピック＆プレイスユニットの①～⑧までの動作時間と同じですから、ピック＆プレイスユニットのサイクル時間を縮めなくてはなりません。そこで、ピック＆プレイスユニットを分割して、リフタユニット、横移動ユニット、プレイスユニットの 3 つのユニットにして、それぞれが単独で動けるようにしてみます。

ピック＆プレイスユニット		回転テーブルとコンベヤ
① 下降	0.5秒	コンベヤ駆動
② チャック閉	0.5秒	（1.5秒）
③ 上昇	0.5秒	
④ 前進	1秒	テーブル回転
⑤ 下降	0.5秒	（1秒）
⑥ チャック開	0.5秒	
⑦ 上昇	0.5秒	
⑧ 後退	1秒	
計	5秒	…… 1サイクル時間

図 11-6-2　ピック＆プレイスユニットの動作時間

図 11-6-3 がその分割例です。インデックステーブルの下にリフタユニットをつけて、テーブルの回転が終わったらワークを下から突き上げます。横移動ユニットは、突き上げられたワークをチャックして、チャック 2 の方向へ移動します。このときリフタが邪魔をしないように、リフタは下降します。チャック 1 が前進端にきたら、プレイスユニットのチャック 2 にワークを受け渡してから、チャック 1 が後退すると同時にチャック 2 が下降し、コンベヤ上にワークを降ろしてから上昇します。その後、コンベヤが 1.5 秒間動作します。インデックステーブルはリフタユニットが下降端に達したら 1 秒間のインデックス送りを行います。

これらの動作をタイムテーブルに記述したものが**図 11-6-4** です。線が斜めになっている場所が移動中を示しています。0～1 秒でリフタが上昇し、1 秒～1.5 秒間でチャックをして、1.5 秒が経過

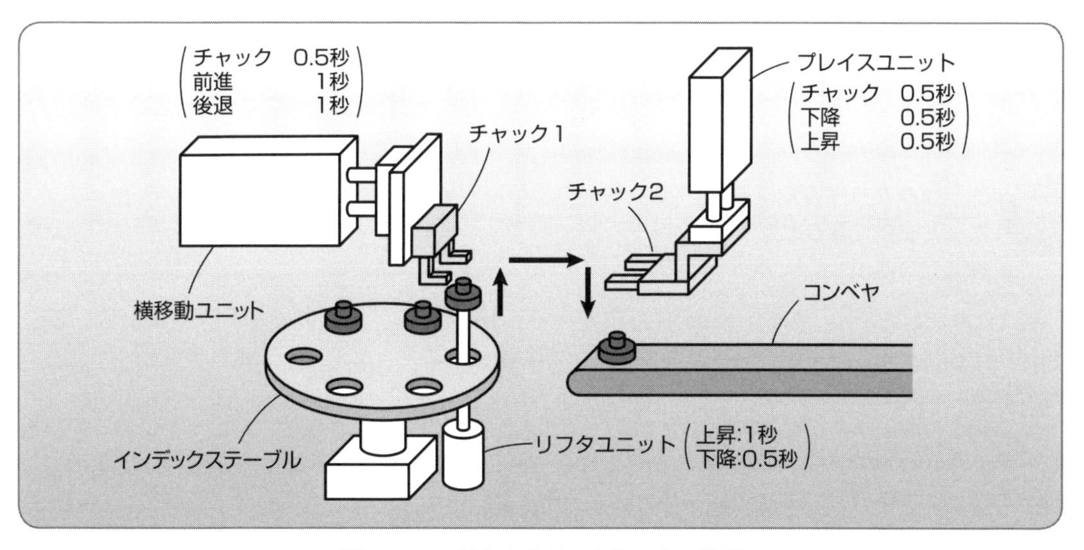

図 11-6-3　動作を分割した取り出し装置

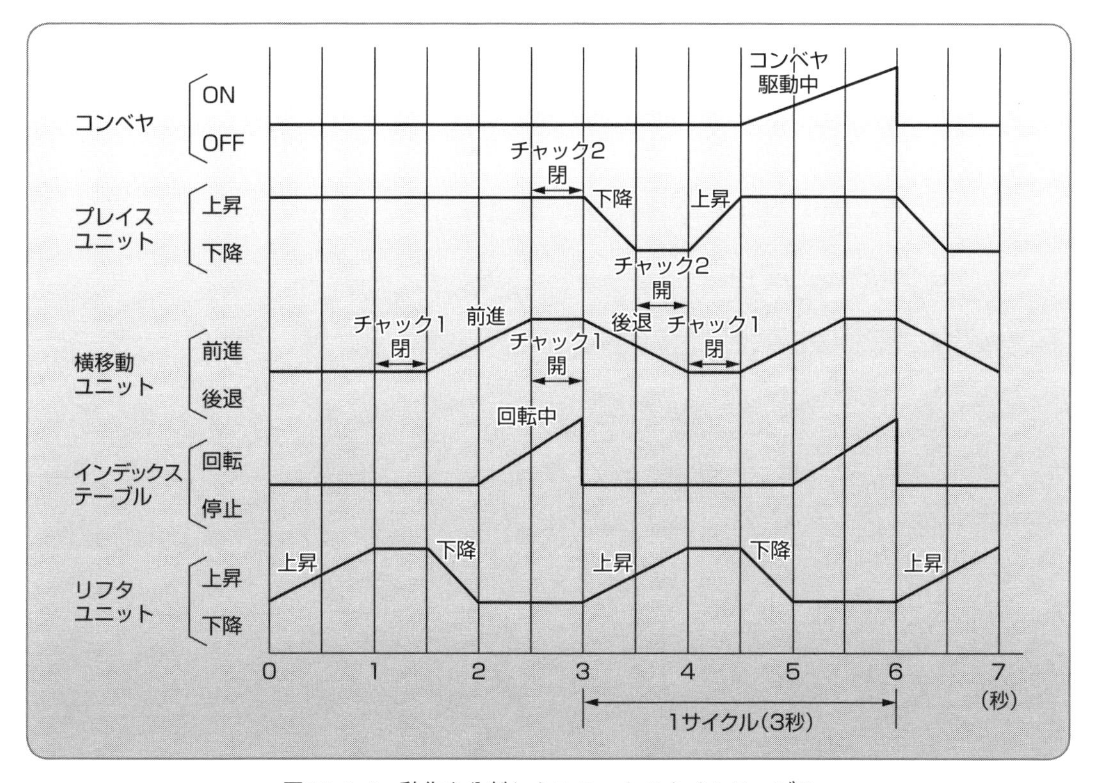

図 11-6-4　動作を分割したユニットのタイムテーブル

したところで横移動の前進とリフタの下降を開始しています。2秒の時点からテーブルが1秒間回転します。2.5秒の時点で横移動の前進動作が完了して、ワークをプレイスユニットに渡し、3秒の時点でプレイスユニットが下降を開始して横移動ユニットも元に戻ります。このとき、インデックステーブルの回転も終了しているので、リフタが2回目の上昇をします。

3秒の時点から6秒の時点まで経過すると、また3秒と同じ状態になるので、その3秒間が1サイクルの時間となります。このように、ピック＆プレイスユニットでは5秒かかった1サイクルがユニットを分割することによって3秒に短縮されます。

図例 11-7 クランクスライダを使った高速ピックアップユニット

クランクスライダを使うと、コンベヤ上のワークを高速に取り出しするピックアップユニットをつくることができます。

図 11-7-1 は、クランクスライダの先に真空チャックをつけて、コンベヤ上のワークを取り出し、排出箱に移動する装置です。クランクアームが 270°回転すると、チャックが垂直方向から水平方向まで移動します。

この例では駆動源として 270°回転するロータリエアアクチュエータを使ってクランクアームを駆動しています。真空チャックが垂直下向きになる近辺で、チャックはほぼ垂直に動作するので、ワークを上から吸引して容易にピックアップできます。ロータリエアアクチュエータの 270°の 1 往復で取り出しが完了するので、高速にワークの排出ができます。

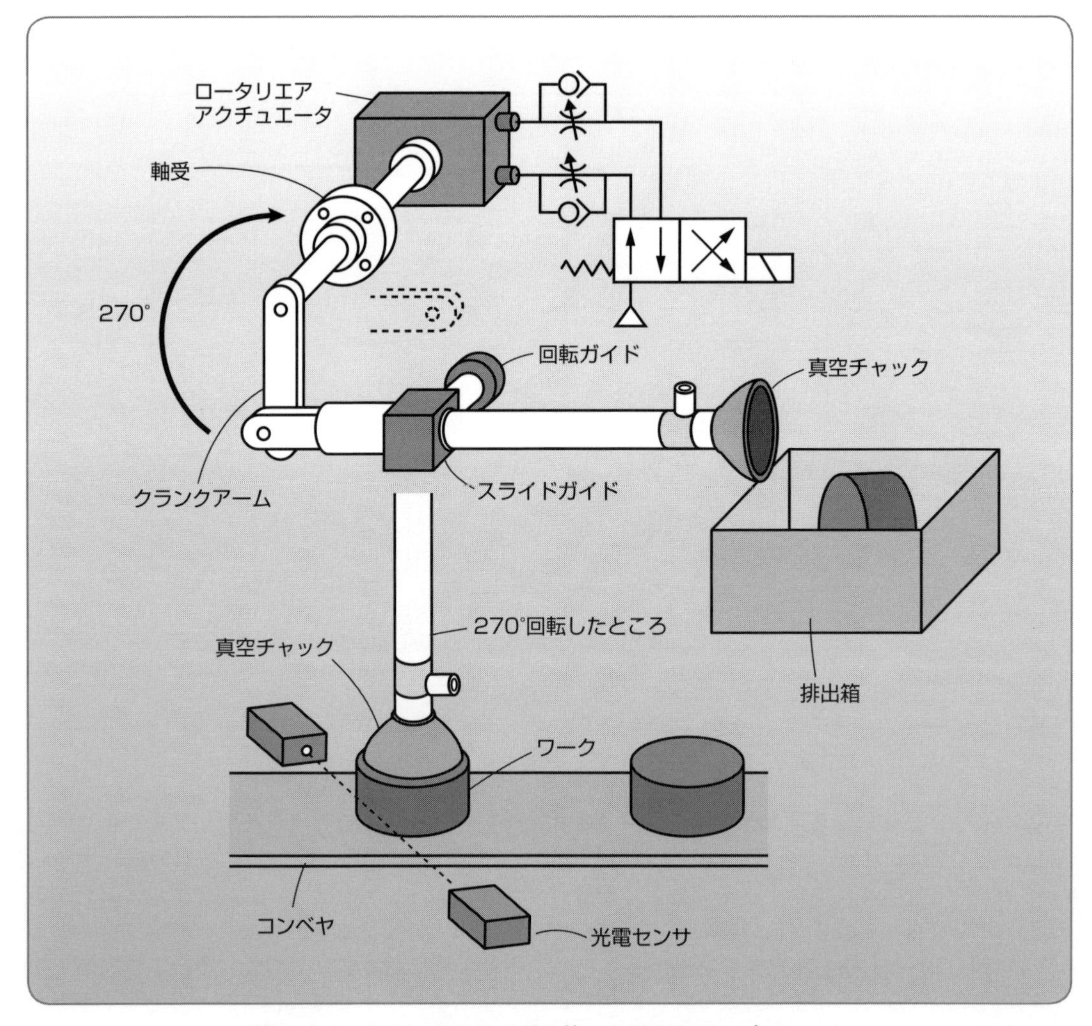

図 11-7-1　クランクスライダを使ったピックアップユニット

図例 11-8 ワンモーションの取り出しは可動シュートとデテルを使う

デテルで障害物を移動してワンモーションでワークを取り出す装置をつくってみます。ここではチャックにつけたデテルを使って取り出しのじゃまになるシュートを移動します。

図11-8-1は、インデックステーブル上のワークを空気圧シリンダの1モーションで取り出す装置です。

空気圧シリンダが下降すると、デテルがついた真空チャックを下降して、デテルが可動シュートに当たって押し下げます。ワークを吸着してから上昇すると可動シュートはスプリングで元の位置に戻るので、真空吸引を切ってワークをシュート上に落下させます。

このようにシリンダの1往復のワンモーションで取り出しができるので、高速に取り出し作業を完了することができます。

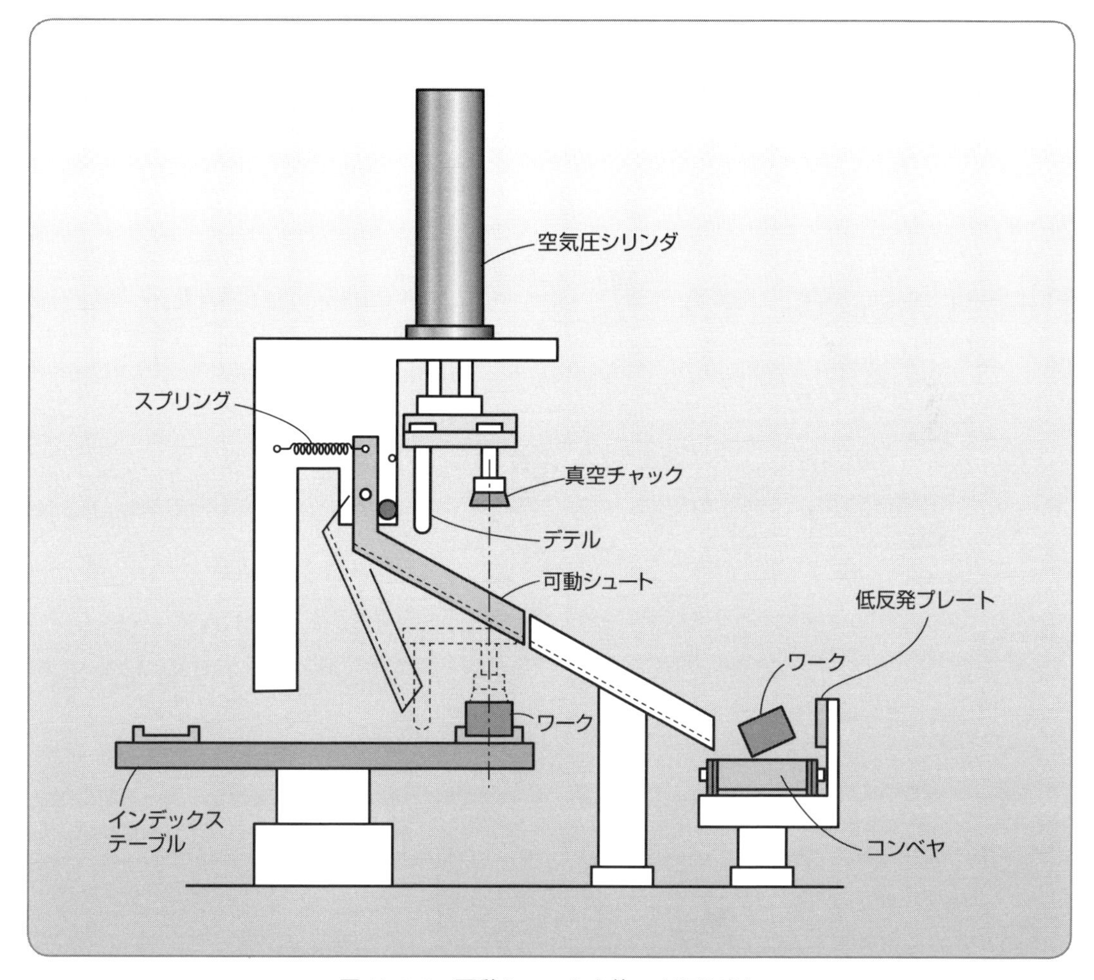

図 11-8-1　可動シュートを使った取り出し

図例 11-9 プレスリムーバを使うとワークを高速で取り出せる

インデックステーブルからワークを取り出すときに、ピック＆プレイスユニットを使わずに、1モーションで取り出しをするプレスリムーバユニットを使ってサイクルタイムを短縮することを考えてみます。

1モーションで取り出しを行うには、移動するワークシュートを使う方法があります。インデックステーブルからワークを持ち上げると同時に、その下にワークを落下させるシュートを配置でき

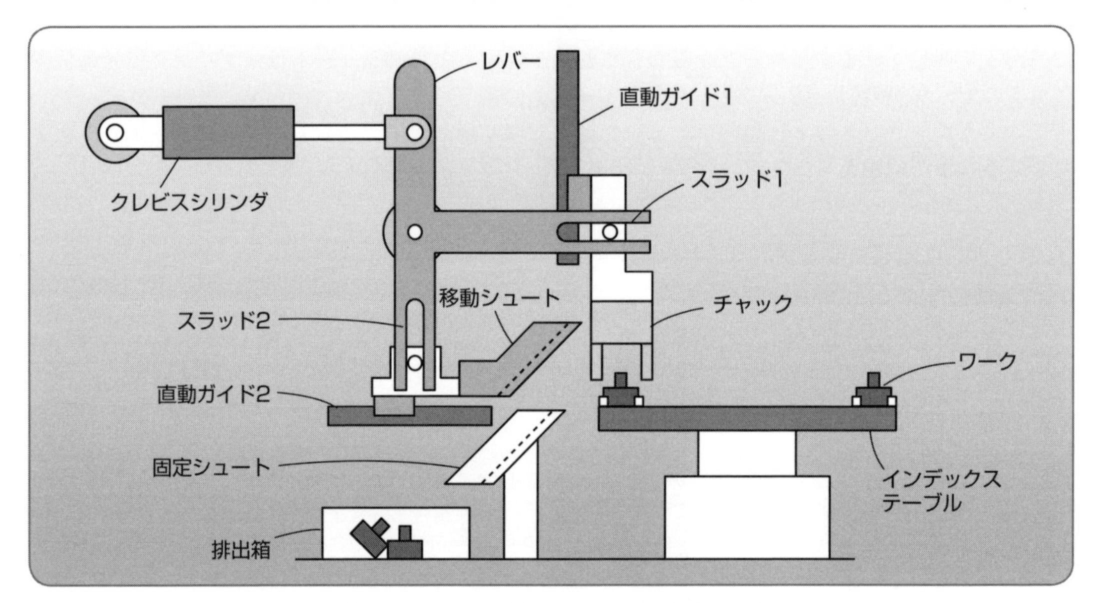

図11-9-1　プレスリムーバを使ったワークの高速取り出しユニット

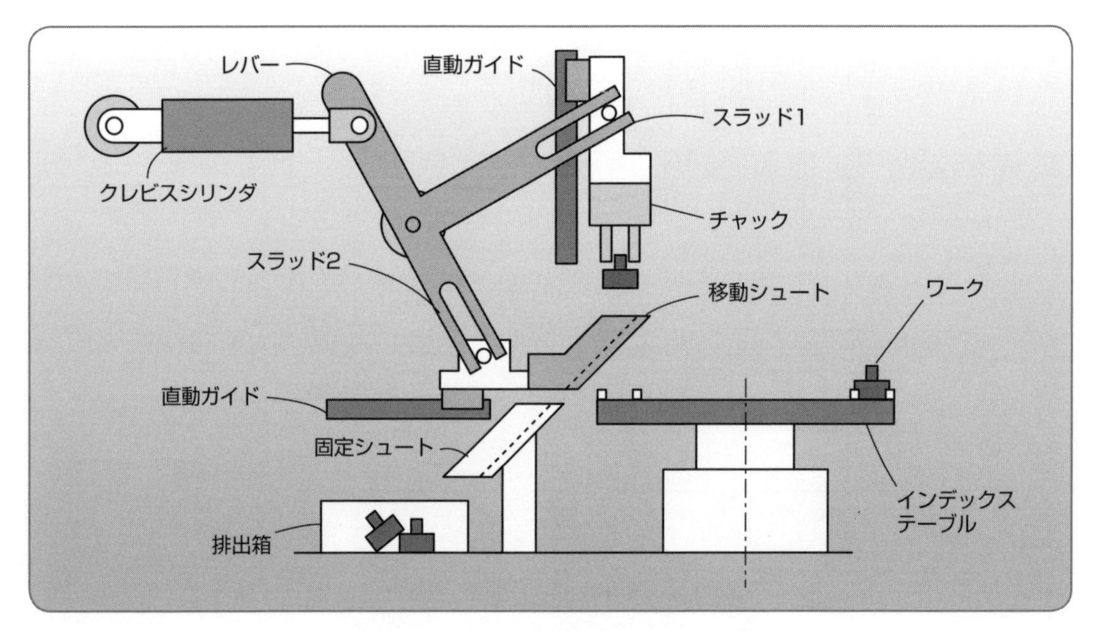

図11-9-2　ワークを排出するときの状態

れば、後はチャックを開放してワークを離すだけでワークはシュートを転がって排出されるようになります。

この動作をプレスリムーバを使ってつくったものが**図 11-9-1** の装置です。クレビスシリンダを前進・後退させることで、チャックの上下と移動シュートの前進・後退をするようになっています。

図 11-9-1 の状態でチャックを閉じてクレビスシリンダを後退すると、チャックが上昇すると同時に移動シュートが前進してチャックの下に配置されます。その状態が**図 11-9-2**で、後はチャックを開放すれば、シュートから排出箱へワークは落下します。チャックの上昇と移動シュートの前進が同時に動くので、お互いに干渉しないようにストロークの調整が必要です。

図 11-9-3 には、一般的なプレスリムーバの構造を示します。

写真 11-9-1 は、レクタ型プレスリムーバの実物の例です。入力ピンを矢印方向に移動すると、プッシャが後退してチャックブラケットが下降し、入力ピンを逆方向に移動するとプッシャが前進してチャックブラケットが上昇します。

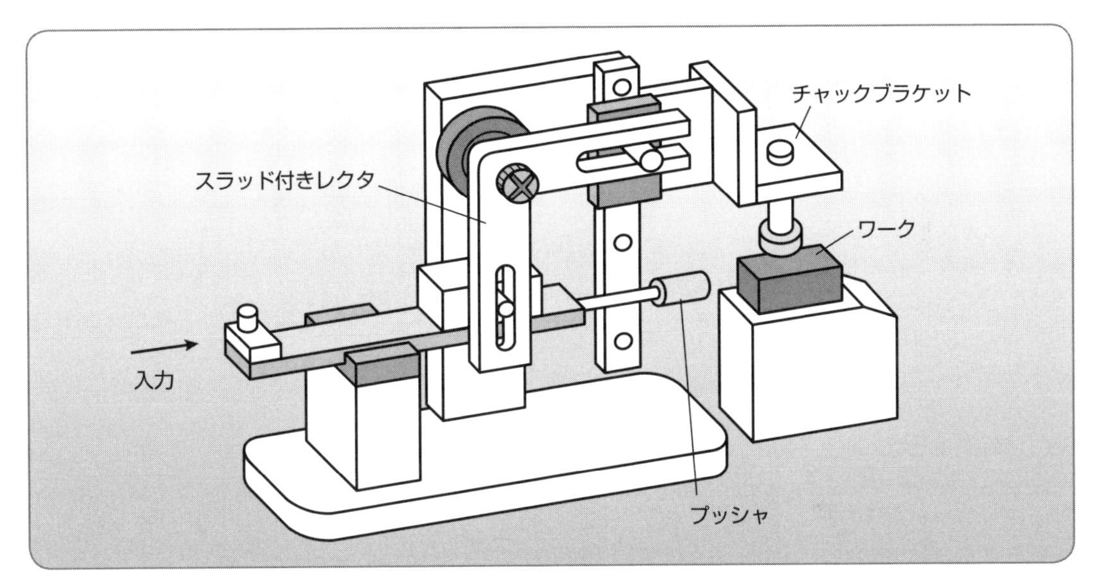

図 11-9-3　レクタ型プレスリムーバの構造

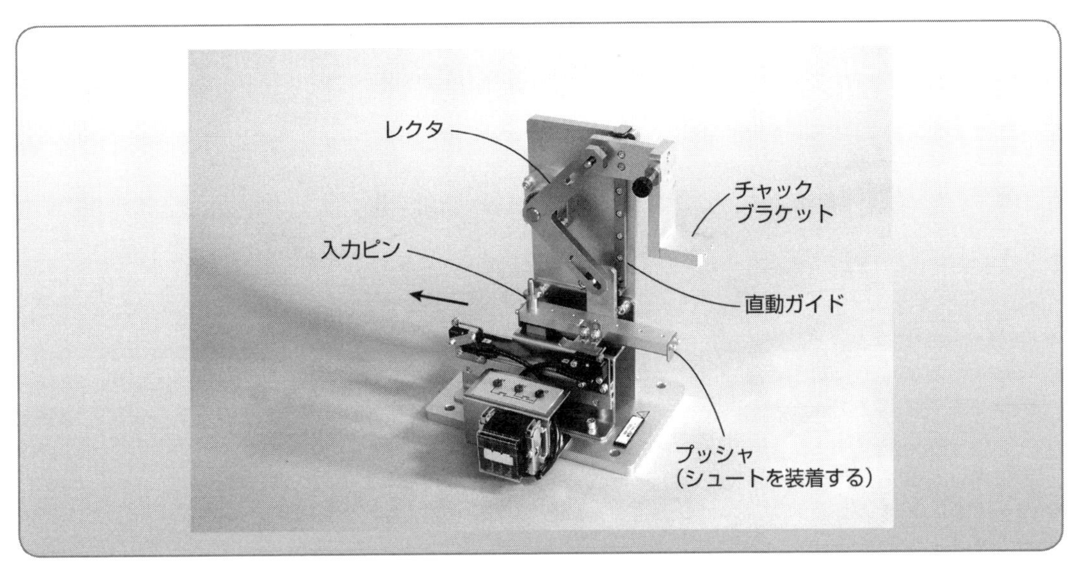

写真 11-9-1　レクタ型プレスリムーバ（VZ520）

図例 11-10 円筒型カムを使うと高速取り出しができる

円筒型カムを使ってテーブル上のワークをワンモーションで取り出す装置を考えてみましょう。

ワークをコンベヤやテーブル上の治具から取り出すときには、ワークをつかんだチャックを垂直方向に移動して、その後、取り出し方向に移動することになります。

この動作をピック&リムーバで行うと、上昇下降の運動と前進後退の運動を組み合わせて取り出すまでに、下降→チャック吸引→上昇→前進→チャック吸引切り→後退という動作になります。また、アーチモーションユニットでは、垂直方向の動きができないので、ワークを治具から垂直に移動して抜き取ることができません。

そこで、垂直に抜き取ってから横移動することができるように、この作業を空気圧シリンダ駆動の円筒型のカムを使って構成したものが、**図11-10-1**の装置です。空気圧シリンダとスライドシャフトは、回転ジョイントで連結していて、スライドシャフトが自由に回転できるようになっています。空気圧シリンダを上下に移動すると、チャックのついているスライドシャフトが、カム溝の形状に沿って回転しながら上下に移動します。

下降端でワークを吸着してからシリンダを上昇すると、カムの①の部分で垂直に上昇して、②の部分で上昇しながら90°旋回するので、そこでチャックの吸引を切ってワークを排出します。このようにして、空気圧シリンダの1往復の動作でワークの取り出しができるようになります。ピック&リムーバによる取り出しと比較すると前進後退の動作が不要になるので、その分サイクル時間を短縮することができます。

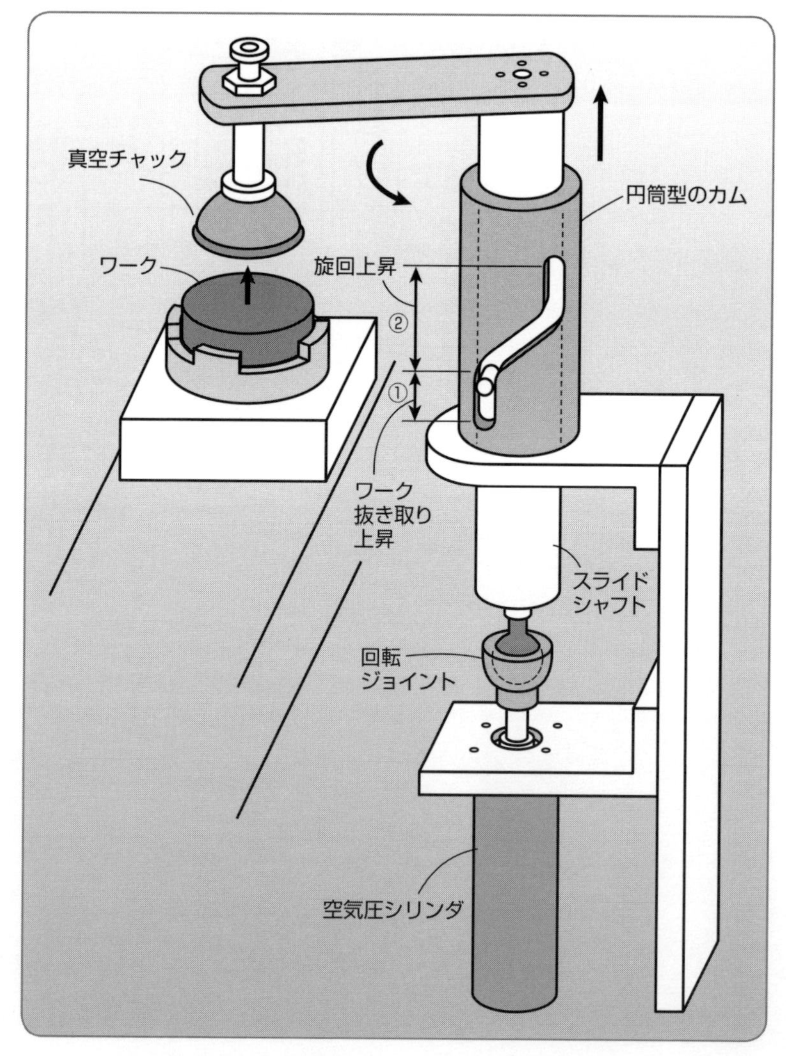

図11-10-1　円筒カムによるピック&リムーバ

図例 11-11 摩擦を使うと往復するだけでワークを引き込む動作ができる

摩擦を利用してワンストロークでワークを引き込む装置をつくってみます。

図 11-11-1 は、空気圧シリンダを1往復するだけで移動ブロックについている爪が上下してワークの引き込み動作をするユニットです。直動ガイドの摩擦は大きめに、回転軸の摩擦は小さく設定されています。

同図（1）のように移動ブロックを空気圧シリンダで前進するときには爪が上った状態で移動します。空気圧シリンダを後退すると、(2) のようにまず爪が下降してから移動ブロックが後退するので、空気圧シリンダの1往復でワークを引き込むことができます。

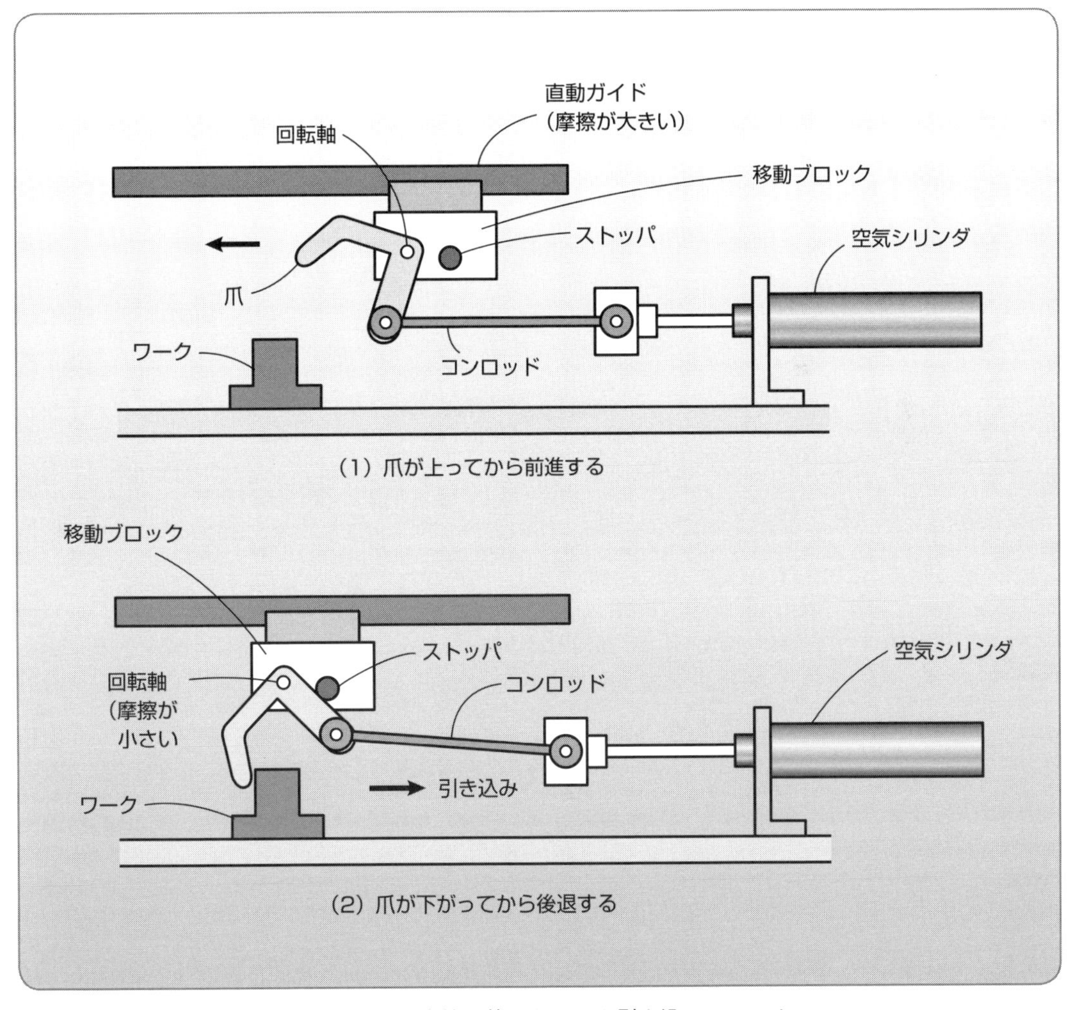

図 11-11-1　摩擦を使ったワーク引き込みユニット

索　　引（五十音順）

著者略歴

熊谷 英樹（くまがい ひでき）

1981 年　慶應義塾大学工学部電気工学科卒業。

1983 年　慶應義塾大学大学院電気工学専攻修了。住友商事株式会社入社。

1988 年　株式会社新興技術研究所入社。

フレクセキュア株式会社 CEO、日本教育企画株式会社代表取締役、山梨県立産業技術短期大学校非常勤講師、自動化推進協会理事、高齢・障害・求職者雇用支援機構非常勤講師。

主な著書

「ゼロからはじめるシーケンス制御」日刊工業新聞社、2001 年

「必携 シーケンス制御プログラム定石集―機構図付き」日刊工業新聞社、2003 年

「ゼロからはじめるシーケンスプログラム」日刊工業新聞社、2006 年

「絵とき『PLC 制御』基礎のきそ」日刊工業新聞社、2007 年

「MATLAB と実験でわかるはじめての自動制御」日刊工業新聞社、2008 年

「新・実践自動化機構図解集―ものづくりの要素と機械システム」日刊工業新聞社、2010 年

「実務に役立つ自動機設計 ABC」日刊工業新聞社、2010 年

「トコトンやさしいシーケンス制御の本」日刊工業新聞社、2012 年

「熊谷英樹のシーケンス道場 シーケンス制御プログラムの極意」日刊工業新聞社、2014 年

「必携 シーケンス制御プログラム定石集 Part2―機構図付き」日刊工業新聞社、2015 年

「必携『からくり設計』メカニズム定石集―ゼロからはじめる簡易自動化」日刊工業新聞社、2017 年

「ゼロからはじめる PID 制御」日刊工業新聞社、2018 年

「必携『からくり設計』メカニズム定石集 Part2―図でわかる簡易自動化の勘どころ」日刊工業新聞社、2020 年

「必携 PLC を使ったシーケンス制御プログラム定石集―装置を動かすラダー図作成のテクニック」日刊工業新聞社、2021 年

ほか多数

NDC 548

「からくり設計」実用メカニズム図例集
――思いどおりに動く自動機を簡単に実現できる――

2022年 7月30日　初版1刷発行
2024年 4月19日　初版3刷発行

ⓒ著　者　熊谷英樹
発行者　井水治博
発行所　日刊工業新聞社　〒103-8548 東京都中央区日本橋小網町14番1号
書籍編集部　電話 03-5644-7490
販売・管理部　電話 03-5644-7403　FAX 03-5644-7400
URL　https://pub.nikkan.co.jp/
e-mail　info_shuppan@nikkan.tech
振替口座　00190-2-186076

企画・編集　エム編集事務所
印刷・製本　美研プリンティング(株)

◉定価はカバーに表示してあります

2022 Printed in Japan　落丁・乱丁本はお取り替えいたします。
ISBN 978-4-526-08217-7 C3053